2 항공산업기사 항공기관

과년도 출제문제 해설집

개정증보판
Fourth Edition

항공산업기사 검정연구회 편저

이 책의 특징
- 최종 마무리를 위한 핵심내용을 요약정리, 수록하였습니다.
- 중요한 문항마다 정확한 해설을 게재하였습니다.
- 과년도 항공산업기사 문제를 빠짐없이 수록하였습니다.

연경문화사

머리말

100년 전 라이트형제가 제작한 항공기와 현재 첨단 산업기술력으로 제작 된 항공기는 그 제작에서부터 활용에 이르기까지 전혀 다른 개념이 되었고, 멀지 않은 미래에는 더욱 다르게 변화할 것이 분명합니다.

또한, 50여 년의 길지 않은 우리나라 항공산업의 역사를 돌이켜 볼 때 항공기 제작분야와 사용사업분야에 있어 눈부신 발전을 보았다고 할 수 있으며 앞으로도 그 이상의 발전을 예상할 수 있습니다.

어떠한 분야도 그러하지만 현재까지의 항공산업 발전의 근간에는 항공기술인력의 양적, 질적 발전이 있었기에 가능하였으며 앞으로도 항공 기술인력의 개발만이 선진 항공기술국가외 대열에 설 수 있는 길일 것입니다.

우리나라 항공산업 발전을 위한 항공 기술인력 양성의 첫 번째는 가장 기초적이고 실무적인 항공관련 자격 취득자의 양적인 증가일 것입니다. 기초 항공 기술인력의 양적인 증가야말로 든든한 항공분야의 저변을 확대할 수 있으며, 이러한 선고한 마당에서민이 길적으로도 우수한 인재의 양성도 가능할 것입니다.

기초 항공기술 인력을 양성하는 항공관련 학교 및 사설 교육기관은 항공산업의 저변 확대를 위해 많은 노력을 기울여 왔으며 기여해 왔습니다. 그러나 다양한 항공관련 도서의 개발과 보급은 다른 노력에 비해 큰 변화가 없는 것은 안타까운 일입니다. 항공분야를 접하며 어려움을 겪는 일 중 하나가 빈곤한 학습서이며, 시간이 흘러도 여전히 크게 변함이 없는 빈곤한 항공관련 도서 역시 항공산업의 발전을 저해하는 요소일 것입니다. 이에 비추어 다양한 항공관련 도서의 개발과 보급은 시급하고도 중요한 일로 항공관련 분야의 전문가들은 보다 많은 노력이 필요할 것입니다.

항공산업기사 자격 검정의 시행 이후 출제되었던 기출문제의 정리와 정확한 해설집을 발간하여 자격 취득을 준비하는 분들에게 도움이 되길 희망하며, 나가서는 국가 항공기술인력의 양적인 증가에도 작게나마 도움이 되기를 바랍니다.

항공기관

Contents

핵심 내용 정리 • 7
1995년도 기능사1급 1회 • 45
1995년도 기능사1급 2회 • 48
1995년도 기능사1급 3회 • 51
1995년도 기능사1급 4회 • 54
1996년도 기능사1급 1회 • 57
1996년도 기능사1급 2회 • 60
1996년도 기능사1급 3회 • 63
1996년도 기능사1급 4회 • 66
1996년도 기능사1급 5회 • 69
1997년도 기능사1급 1회 • 72
1997년도 기능사1급 2회 • 75
1997년도 기능사1급 3회 • 78
1997년도 기능사1급 4회 • 81
1997년도 기능사1급 5회 • 84
1998년도 기능사1급 1회 • 87
1998년도 기능사1급 2회 • 90
1998년도 기능사1급 3회 • 93
1998년도 기능사1급 4회 • 96
1999년도 산업기사 1회 • 98
1999년도 산업기사 2회 • 102

1999년도 산업기사 3회 • 106
2000년도 산업기사 1회 • 109
2000년도 산업기사 2회 • 112
2000년도 산업기사 3회 • 115
2001년도 산업기사 1회 • 119
2001년도 산업기사 2회 • 123
2001년도 산업기사 3회 • 126
2002년도 산업기사 1회 • 129
2002년도 산업기사 2회 • 132
2002년도 산업기사 3회 • 136
2003년도 산업기사 1회 • 140
2003년도 산업기사 2회 • 144
2003년도 산업기사 3회 • 148
2004년도 산업기사 1회 • 152
2004년도 산업기사 2회 • 156
2004년도 산업기사 3회 • 159
2005년도 산업기사 1회 • 162
2005년도 산업기사 2회 • 165
2005년도 산업기사 3회 • 168
2006년도 산업기사 1회 • 171
2006년도 산업기사 2회 • 174

2006년도 산업기사 3회 • 177
2007년도 산업기사 1회 • 180
2007년도 산업기사 2회 • 183
2007년도 산업기사 4회 • 186
2008년도 산업기사 1회 • 189
2008년도 산업기사 2회 • 193
2008년도 산업기사 4회 • 196
2009년도 산업기사 1회 • 200
2009년도 산업기사 2회 • 204
2009년도 산업기사 4회 • 208
2010년도 산업기사 1회 • 211
2010년도 산업기사 2회 • 214
2010년도 산업기사 4회 • 217
2011년도 산업기사 1회 • 220
2011년도 산업기사 2회 • 223
2011년도 산업기사 4회 • 227
2012년도 산업기사 1회 • 230
2012년도 산업기사 2회 • 234
2012년도 산업기사 4회 • 238
2013년도 산업기사 1회 • 241
2013년도 산업기사 2회 • 244
2013년도 산업기사 4회 • 247

핵심내용

항공기관

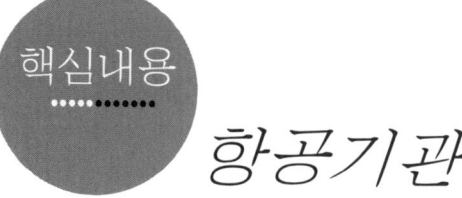
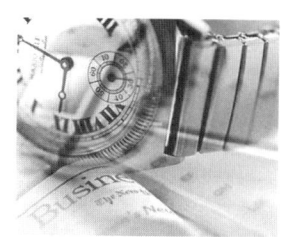

I. 동력 장치(Powerplant)의 개요

1 항공기용 기관의 분류

㉮ 왕복기관의 분류

(1) 냉각 방법에 의한 분류
  액냉식(liquid cooling), 공랭식(air cooling)

(2) 실린더 배열방법에 의한 분류
  직렬형(In-line type), V형(V type), 대향형(Opposed type), 성형(Radial type)

㉯ 가스 터빈 기관의 분류

(1) 터보제트 기관(turbo-jet)
(2) 터보 팬 기관(turbo fan)

  ※ 바이패스비(BPR : By Pass Ratio) $BPR = \dfrac{2차공기의\ 중량유량}{1차공기의\ 중량유량} = \dfrac{W_s}{W_p}$

(3) 터보 프롭 기관(turbo prop) : 프로펠러에 의한 추력이 약 70~80% 차지
(4) 터보 샤프트 기관(turbo shaft) : 헬리콥터 기관에 사용

㉰ 기타 제트 기관의 분류

(1) 램제트 기관(ram jet engine) : 흡입구, 연소실, 분사노즐로 구성.
  가장 간단한 구조이며 정지 상태에서 사용할 수 없다.
(2) 펄스제트 기관(pulse jet engine) : 흡입구, 밸브망(flapper valve), 연소실, 배기노즐로 구성(독일의 V-1 로켓 기관에 사용).
(3) 로켓 기관(rocket engine) : 연료와 산화제를 탑재하여 공기가 없는 우주 공간에서 사용 가능.

2 열 역학의 기초

가 단위와 용어

(1) 단위계
  (가) 공학 단위계 : MKS(m, kg, sec)
  (나) 미국 단위계 : FPS(ft, pound, sec)
      ※ 단위 환산 예
          ① 1mile = 1609m = 5280ft
          ② 1feet = 30cm = 12inch
          ③ 1inch = 25.4mm
          ④ 1pound(lb) = 0.45kg = 16ounce(oz)
  (다) 국제 단위계(SI : International system of units)
      m(길이), kg(무게), sec(시간), K(온도), Cd(칸델라, 광도), A(암페어, 전류), mol(몰, 물질량) 등.

(2) 힘(Force) : F=ma, $1N=1kg \times 1m/s^2 = 10^5 dyn$

(3) 일(Work) : W=FS, $1J = 1Nm = 10^7 erg$

(4) 일률(동력, Power)

$$P = \frac{W}{t} = \frac{F \cdot S}{t} = F \cdot V, \quad 1\ W = 1\ J/sec$$

※ 1HP(영마력) = 746W = 550lb · ft/sec
  1PS(불마력) = 736W = 75 kg · m/sec

(5) 온도와 절대 온도
  (가) 온도(temperature)
      1) 섭씨(celcius, centigrade) : 미터제
      2) 화씨(fahrenheit) : 영국계

$$t_C = \frac{5}{9}(t_F - 32) \quad t_F = \frac{9}{5}t_C + 32$$

  (나) 절대온도(absolute temp')
      섭씨의 절대온도는 캘빈(Kelvin), Tc=℃+273K
      화씨의 절대온도는 랭킨(Rankine), Tf=°F+460R

(6) 비열(specific heat)
   (가) 정의 : 단위 질량의 물질을 단위 온도까지 올리는 데 필요한 열량을 말하며, 기체의 경우에는 온도와 압력의 영향을 받는다(단위 kcal/kg·℃).
   (나) 정압비열(C_p)
   (다) 정적비열(C_v)
   (라) 비열비 : 정압비열과 정적비열의 비로 $k = C_p/C_v > 1$(공기의 비열비는 1.4이다.)
      ※ 1cal : 1기압 하에서 물 1g을 14.5℃에서 15.5℃까지 1℃ 올리는 데 필요한 열량.
      1BTU : 1기압 하에서 물 1lb를 60.5°F에서 61.5°F 까지 1°F 올리는 데 필요한 열량.

(7) 비체적과 밀도
   (가) 비체적(specific volume) : m^3/kg
      단위 질량당의 체적을 말하며 기호로 v를 사용.
   (나) 밀도(density) : kg/m^3
      단위 체적의 물질이 차지하는 질량을 말하며 기호로 ρ를 사용.

(8) 압력(pressure) : $1Pa=1N/m^2$
   단위 면적에 수직으로 작용하는 힘의 세기, 즉 단위 면적당의 무게를 말한다.

나 열역학 제1법칙

(1) 에너지 보존의 법칙 : 에너지에는 여러 가지가 있지만 상호간에 변환이 가능하고 그 물체가 가지고 있는 에너지의 총합은 외부와 에너지를 교환하지 않는 한 일정하다.
(2) 열과 일의 관계
$$W = JQ \quad Q = \frac{1}{J}W$$
   W : 일(kg.m). Q : 온도상승에 필요한 열(kcal).
   J : 열의 일당량(427 kg.m/kcal) ⇒ 1kcal의 열량이 427kgm의 일로 변환
   1/J=1/427kcal/kg.m (일의 열당량)
(3) 엔탈피(Enthalpy) : 내부 에너지와 유동 에너지의 합으로 정의되는 열역학적 성질로 기호 H를 사용하는 종량적 성질(H=U+PV).
   ※ 엔트로피(Entropy) : 더 이상 사용할 수 없는 에너지, 즉 무효 에너지(무질서도)
      전체에너지=엔탈피+엔트로피

다 유체의 열역학적 특성

(1) 이상기체의 상태 방정식

$P_v = R_T$ (P : 압력, v : 비체적, T : 절대온도, R : 기체상수)

$\dfrac{P_1 v_1}{T_1} = \dfrac{P_2 v_2}{T_2}$ 즉, 온도가 일정할 때 압력과 체적은 반비례한다.

(2) 과정과 사이클

  (가) 과정(process) : 계가 어떤 열평형 상태에서 다른 열평형 상태로 변화하는 경로.

  (나) 사이클(cycle) : 어떤 계가 임의의 과정을 밟아서 맨 처음 상태로 되돌아오는 것.

  (다) 가역과정(reversible process) : 계가 한 과정을 진행한 다음, 반대로 그 과정을 따라 처음 상태로 되돌아 올 수 있는 과정.

라 작동 유체의 상태 변화

(1) 등온과정(isothermal process) : $P_v = C$ (일정), 또는 $P_1 v_1 = P_2 v_2$

(2) 정적과정(constant volume process) : $\dfrac{P}{T} = \dfrac{R}{v} = C$ 또는 $\dfrac{P_1}{T_1} = \dfrac{P_2}{T_2}$ 가 된다.

(3) 정압과정(constant pressure process) : $\dfrac{v}{T} = \dfrac{R}{P} = C$ 또는 $\dfrac{v_1}{T_1} = \dfrac{v_2}{T_2}$ 가 된다.

(4) 단열과정(adiabatic process) : $Pv^k = C$

$P_1 v_1^k = P_2 v_2^k$, 또는 $\dfrac{P_2}{P_1} = \left(\dfrac{v_1}{v_2}\right)^k$ 가 되고 $Pv = RT$ 를 이용하면 $\dfrac{T_2}{T_1} = \left(\dfrac{v_1}{v_2}\right)^{k-1} = \left(\dfrac{P_2}{P_1}\right)^{\frac{k-1}{k}}$ 가 된다.

마 열역학 제 2법칙

(1) 열의 방향성

  (가) 열역학 제2법칙의 서술

    • Clausius의 정의(열의 이동 방향) : 열은 저온부로부터 고온부로 자연적으로는 전달되지 않는다. 즉, 일을 소비하지 않고 열을 저온부에서 고온부로 이동시키는 것은 불가능하다.

    • Kelvin-Plank의 정의(열의 변환 방향) : 단지 하나만의 열원과 열 교환함으로서, 사이클에 의해 열을 일로 변화시킬 수 있는 열기관을 제작할 수 없다.

(2) 열기관의 이상적 사이클

  (가) 카르노 사이클(Carnot's cycle) : 열기관 중에서 열효율이 가장 좋은 이상적인 기관으로 2개의 등온과정과 2개의 단열과정으로 이루어진다.

(나) 카르노 사이클의 열효율

$\eta_{th} = \dfrac{W}{Q_1} = \dfrac{Q_1 - Q_2}{Q_1} = 1 - \dfrac{Q_2}{Q_1}$ 이상적 열기관에서는 $\dfrac{Q_2}{Q_1} = \dfrac{T_2}{T_1}$ 이 성립하므로

$\eta_{th} = \dfrac{W}{Q_1} = \dfrac{Q_1 - Q_2}{Q_1} = 1 - \dfrac{T_2}{T_1}$

🔳 왕복 기관의 기본 사이클

(1) 오토 사이클(otto cycle)

1876년 독일의 오토가 고안한 4행정기관의 사이클로서 전기(spark plug)로 점화되는 내연기관의 이상적인 사이클이며 정적 사이클이라 한다.

※ 오토 사이클의 과정 : 단열 압축, 정적 수열(가열), 단열 팽창, 정적 방열

(2) 이론 열효율

$\eta_{tho} = 1 - \left(\dfrac{v_2}{v_1}\right)^{k-1} = 1 - \left(\dfrac{1}{\epsilon}\right)^{k-1}$, 단, 여기서 ε는 압축비이며 $\dfrac{V_1}{V_2}$ 이다.

🔳 가스 터빈 기관의 기본 사이클

(1) 브레이턴(Brayton) 사이클 : 1872년 브레이턴에 의해 고안된 가스 터빈 기관의 이상적인 사이클로서 연소 과정이 정압 상태에서 이루어지므로 정압 사이클이라 한다.

※ 브레이턴 사이클의 과정 : 단열 압축, 정압 수열(가열), 단열 팽창, 정압 방열

(2) 열효율

$\eta_B = 1 - \dfrac{T_1}{T_2} = 1 - \left(\dfrac{1}{\gamma_p}\right)^{\frac{k-1}{k}}$, 여기서 γ_p 는 압축기의 압력비 이다.

압력비가 클수록 열효율은 증가하나 터빈 입구 온도(TIT)가 상승한다.

※ 사바테 사이클(Sabathe cycle, 합성 사이클) : 고속 디젤 엔진의 기본 사이클

II. 왕복 기관(Reciprocating Engine)

1 왕복 기관의 종류

(1) 냉각 방법에 따른 분류 : 액냉식, 공랭식(cooling fin, baffle, cowl flap)
(2) 실린더 배열 방법에 따른 분류 : 직렬형, V형, X형, 대항형, 성형

2 왕복 기관의 작동 원리

가 기관 사이클

(1) 오토 사이클
　(가) 작동 원리 : 정적 사이클로서 2개의 단열 과정과 2개의 정적 과정으로 이루어짐.
　(나) 마력
　　① 지시마력(Indicated Horse Power : iHP)

$$iHP = \frac{PmiLANK}{75 \times 2 \times 60} = \frac{PmiLANK}{2 \times 4500}$$

Pmi : 지시평균유효압력(kgf/cm^2), L : 행정거리(m),
A : 실린더 단면의 넓이, $A = \frac{\pi D^2}{4}$(D는 실린더 안지름),
N : 기관의 분당 회전수, K : 실린더 수

※ • 단위가 P(lb/in2), L(ft), A(in2), N(rpm/2) 일 때의 마력.

$$iHP = \frac{PLANK}{550 \times 60} = \frac{PLANK}{33000} \ (HP)$$

• Torque(T), rpm(n)이 주어질 때의 마력.

$$마력 = \frac{2\pi nT}{75 \times 60} = \frac{nT}{716} \ (PS)$$

　　② 마찰마력(friction Horse Power : fHP)
　　③ 제동마력(brake Horse Power : bHP, 축마력)

$$bHP = \frac{PmbLANK}{75 \times 2 \times 60}, \quad bHP = iHP - fHP$$

제동마력은 크랭크축에 부착하는 prony brake나 dynamometer로 측정할 수 있으며 지시마력의 85~90%의 값을 가진다.

(다) 기계 효율(mechanical efficiency) : 제동마력과 지시마력의 비로서 현재 약 85%~95% 정도이다.
$$\eta_m = \frac{bHP}{iHP}$$

(라) 제동 열효율(brake thermal efficiency) : 제동마력과 단위시간당 기관이 소비한 연료에너지(저발열량)와의 비.
$$\eta_m = \frac{제동마력}{시간당\ 연료소비량} = \frac{75 \times bHP}{J \times Fb \times H_L}$$

J : 열의 일당량(427kg.m/kcal), Fb : 연료소비율(kg/s), HL : 저발열량(kcal/kg)

(마) 비연료소비율(specific fuel consumption) : 1시간당 1마력을 발생시키는데 소비된 연료의 질량.
$$mf_b = \frac{F_b}{bHP} \times 3600 \times 1000 (g/PS\text{-}h)$$

(바) 열 분배 : 대표적 왕복기관의 열량분포는 배기손실이 34%로 가장 많고 냉각손실이 28.5%, 마찰손실이 9.5% 정도이며 나머지 28% 정도가 제동 일로 사용된다.

나 4행정 기관의 원리

(1) 용어의 정의
- 상사점(Top Dead Center : TDC or TC)
- 하사점(Bottom Dead Center : BDC or BC)
- cylinder bore : 실린더 안지름.
- 행정(stroke) : 상사점과 하사점 사이의 거리.
- 주기(cycle) : 실린더 내의 piston에 의해 4행정 5현상의 열역학 제법칙을 1회 완료하는 것으로 크랭크축의 완전한 2회전, 즉 720° 회전하는 것이다.

(2) valve lead : 밸브가 상(하)사점 전에서 열리고 닫히는 것.
- valve lag : 밸브가 상(하)사점 후에서 열리고 닫히는 것.

(3) 점화 진각(spark advanced angle)

(4) 밸브 오버랩(valve overlap)
- 시기 : 배기행정 말기에서 흡입행정 초기까지.
- 상태 : 두 밸브가 동시에 열려있는 상태.
- 장점 : 실린더 및 배기밸브의 냉각, 배기가스의 완전배출, 체적효율 증가.
- 단점 : 연료소모의 증가, back fire의 유발 가능성.

(5) 압축비(compression ratio)
piston이 상사점에 있을 때 연소실 체적과, piston이 하사점에 있을 때 기통 전체적의 비로

ε이라 하면 $\epsilon = \dfrac{Vc + Vd}{Vc}$ 가 된다.

(6) 비정상 연소
- detonation : 정상 점화 후에 발생.
- 조기점화(pre-ignition) : 정상 점화 전에 발생.

(7) 총배기량(displacement) : $\dfrac{\pi D^2}{4} \times l \times N$

3 왕복 기관의 구조

가 전방 부분(Front or Nose Section)

(1) 프로펠러 축(propeller shaft)
(2) 감속 기어(reduction Gear)
   (가) 목적 : 크랭크축의 회전속도를 크게 하여 출력을 증가시키되, 프로펠러의 tip speed를 음속이하로 감소시키기 위해 사용.
   (나) 종류
      ① 평기어식(spur-reduction gear) : 일부의 저출력기관에 사용.
      ② 유성기어식(planetary reduction gear system) : 대부분의 성형기관에 사용.

      감속비 $R = \dfrac{Na}{Na + Nc}$, $R = \dfrac{Nc}{Na + Nc}$
      (Na : 구동기어 잇 수, Nc : 고정기어 잇 수)
      ※ 감속비 계산 시, 유성기어의 잇 수는 포함하지 않는다.

(3) front case
(4) 추력베어링(thrust bearing) : 볼베어링이 많이 사용.
(5) 캠 판(cam plate-cam ring) : 성형 기관에만 있음.
(6) 기타 악세서리 : nose scavenge oil pump, governor, magneto 등.

나 동력부분(Power Section)

(1) 실린더(cylinder)
   (가) 중요 구성요소
      ① 실린더 헤드(cylinder head)
         - 냉각 핀(cooling fin)
         - 연소실 : 원통형, 반구형, 원뿔형이 있으나 반구형이 일반적이다.
         - Rocker box, Valve guide, Valve seat

② 실린더 동체(cylinder barrel)
- 표면 경화
  - 질화처리(Nitriding)
  - 크롬도금(Cr plating)
- 종통형(choke bore) : 실린더의 열팽창을 고려하여 상사점 부근의 직경을 작게 한 것.
  ※ - 실린더 헤드와 실린더 동체의 접합 방법
      · 나사 접합(threaded joint) : 가장 많이 사용.
      · 수축 접합(shrink fit)
      · 스터드와 너트 접합(stud & nut joint)
    - 유압 폐쇄(hydraulic lock) : 작동 하지 않는 성형 기관의 하부 실린더에 윤활유가 흘러내려 고여 있다가 시동 시 문제를 일으키는 현상으로 하부 실린더의 스커트를 길게 하거나, 시동 전 방지 작업을 하고 시동 한다.

(2) 피스톤(piston)
 (가) 역할 : 연소가스에 의한 압력을 받아 커넥팅 로드를 통해 크랭크축에 힘을 전달하고 밸브를 통해 흡기 및 배기를 시킨다. 피스톤은 약 2000℃ 정도의 연소가스온도와 40~60kg/cm^2의 고압을 받으면서 10~15m/s에 달하는 고속으로 왕복운동을 하므로 상당한 관성력도 받는다.
 (나) 구조
  - head : 평면형, 오목형, 컵형, 돔형, 반원뿔형
  - 냉각 핀
  - 피스톤 간격(piston clearance) : 열팽창에 의해 피스톤이 실린더에 달라붙는 것을 방지하기 위하여 피스톤의 바깥지름을 실린더의 안지름보다 조금 작게 만들어 실린더와 피스톤 사이에 간격을 둔다.
 (다) 피스톤 링(piston ring)
  ① 목적
   - 기밀 유지 : 피스톤 간격을 메움.
   - 오일 제어 : 윤활
   - 열 전도 : 냉각
  ② 재질 : 마멸에 잘 견디고 고온에서도 탄성을 유지할 수 있으며 열전도율이 좋은 고급 회 주철을 사용한다.
  ③ 종류
   - 압축 링(compression ring)
   - 오일 조절링(oil control ring)

- 오일 제거링(oil wiper ring)
④ 링의 단면모양 : 직사각형, 경사형, 쐐기형
⑤ 링의 끝간격(joint) 모양 : 맞대기형(많이 사용), 계단형, 경사형
(라) 피스톤 핀(piston pin) : 전부동식

(3) 밸브 및 밸브 기구(valve & valve mechanism)
(가) 밸브
① 종류(head의 모양에 따라)
- 평면형(flat type) : 저출력기관의 흡기, 배기.
- 튤립형(tulip type) : 고출력기관의 흡기.
- 버섯형(mushroom type) : 고출력기관의 배기.
② 흡입 밸브(intake valve) : 니켈-크롬강을 주로 사용.
③ 배기 밸브(exhaust valve) : 밸브 스템 속에 sodium(금속나트륨 : 약 200°F에서 녹아 대류 작용)을 넣어 냉각을 기한다.
(나) 밸브 스프링(valve spring)
(다) 밸브 작동 기구(valve operating mechanism)
① 대향형 기관의 밸브 기구
- 크랭크축 회전 → 캠 축 회전(크랭크축의 1/2 회전) → 태핏(유압식 밸브 리프터) → 푸시로드 → 로커 암 → 밸브 (밸브 닫힘 : 밸브스프링)
② 성형 기관의 밸브 기구
- 크랭크축 회전 → 캠 플레이트(판) 회전 → 태핏 → 푸시로드 → 로커 암 → 밸브 (밸브 닫힘 : 밸브스프링)
③ 구성
- 캠판(cam plate : cam ring) : 크랭크축에 대한 캠판의 속도는 $\frac{1}{\text{로브수} \times 2}$ 이므로 기어모양과 회전 방향에 따라 다음과 같은 공식이 적용된다.

$$n = \frac{N \pm 1}{2}, \quad r = \frac{1}{N \pm 1}$$ (n=캠로브 수, N=실린더 수, r=회전비)

※ 대향형 기관에서는 cam shaft에 기통수×2, 즉 밸브 수만큼의 cam lobe가 있어 크랭크축의 1/2속도로 회전한다.
- 태핏(tappet)
※ 대향형 기관에서는 hydraulic valve lifter로 되어 있어 오일압력에 의해 작동 중 밸브간격을 항상 0으로 유지하므로, 정비가 간단(오버홀시만 간격검사) 하고 작동이 유연해진다.
- 푸시로드(push rod)
- 로커암(rocker arm)

(라) 밸브 간극(valve clearance)

Push rod가 unload 상태일 때 valve tip과 rocker arm 사이의 간격(간격이 너무 좁으면 빨리 열리고 늦게 닫히고, 간격이 너무 넓으면 늦게 열리고 빨리 닫힌다.).
- 열간 간격(작동 간격) : 0.07″
- 냉간 간격(검사 간격) : 0.01″

(4) 커넥팅 로드(connecting rod)

(가) 연결
- 소단부(small end) : 피스톤 핀으로 피스톤과 연결.
- 대단부(large end) : 크랭크 핀으로 크랭크축에 연결.

(나) 종류
- plain type : 대향형, 열형기관에 사용.
- fork & blade type : V형 기관에 사용.
- master & articulated rod type : 성형기관에 사용.
  ※ Master rod의 운동 궤적 : 원
  　Articulated rod의 운동 궤적 : 타원

(5) 크랭크 축(crank shaft)

(가) 재질 : 고강도의 Ni-Cr-Mo steel을 단조하여 제작.

(나) 구성 요소
① 주저널(main journal)
② 크랭크암(crank arm : crank cheek)
③ 크랭크핀(crank pin : crank throw)
- connecting rod의 large end가 연결되는 부분이다.
- 무게 경감과 오일통로 및 sludge chamber의 역할을 위해 중공(hollow)이다.
④ 평형추(counter weight) & damper
- 평형추(counter weight) : 크랭크축의 정적평형을 맞춘다.
- dynamic damper : 크랭크축의 변형과 비틀림 진동을 방지한다.

(6) 크랭크 케이스(crank case) : 기관의 몸체를 이루고 있는 부분.

(7) 베어링(bearing)

(가) 평베어링(plain bearing) : 방사상 하중만 담당.

(나) 로울러베어링(roller bearing)
- 직선 로울러 베어링(straight roller bearing) : 방사상 하중에만 사용.

- 테이퍼 로울러 베어링(taper roller bearing) : 방사상 하중과 추력하중에 사용.
(다) 볼베어링(ball bearing) : 추력하중과 방사상 하중에 강하므로 추력 베어링으로 사용된다.

다 공기 흡입과 과급기 부분

(1) 공기 흡입 부분(air induction system)
- air filter
- alternate air valve
- heater muff
- carburetor
- intake manifold

(2) 과급기(supercharger)
(가) 이륙시 짧은 시간 동안에 최대출력을 증가시키고 기압이 낮은 고고도 비행시 출력을 증가시켜 고도증가를 기함.
(나) 종류
- 형식에 따라 : 원심력식, 루우츠식, 베인식
- 장착위치에 따라 : 내부 기계식과 배기 터빈식
(다) 원심력식 과급기(왕복 기관에 많이 사용) : 임펠러, 디퓨저, 매니폴드로 구성.

(3) 터보 컴파운드 기관(turbo compound engine) : turbo supercharger의 원리를 이용하여 배기가스로 power recovery turbine을 구동하고 이 회전력을 내부의 감속기어 장치에서 감속하여 크랭크축에 추가 동력을 공급한다.

라 뒷부분 (rear section, accessory section)
- Oil pump, magneto, carburetor, starter, generator, tachometer generator, fuel pump 등

4 연소 및 연료 계통(Fuel System)

가 연소

(1) 연료와 공기의 연소 : 항공용 연료는 탄소(C)와 수소(H)가 화합된 탄화수소($C_m H_n$)이다.
(2) 발열량

- 고 발열량 : 연소 생성물중 물이 액체로 존재할 경우의 발열량.
- 저 발열량 : 연소 생성물중 물이 기체로 존재할 경우의 발열량.

(3) 연소 형태
- 예혼합 화염
- 확산 화염
- 자연 발화

다 연료 : 항공용 가솔린(AV gas: aviation gasoline)

(1) 항공용 가솔린의 구비조건
- 발열량이 클 것.
- 기화성이 좋을 것.
- vapor lock를 잘 일으키지 않을 것.
- antiknocking value가 높을 것.
- 안전성, 내한성이 클 것.
- 부식성이 작을 것.

(2) 기화성과 vapor lock
(가) ASTM(American Society for Testing Materials) 증류시험장치 : 연료의 기화성을 측정.
(나) 증기 폐색(증기 폐쇄 : vapor lock) : 기화성이 너무 높은 연료가 관속을 흐를 때 열을 받으면 기포가 생기고 기포가 많아지면 연료의 흐름을 차단하는 현상.
 ※ 원인 ① 연료 증기압이 연료압력보다 클 때.
  ② 연료관에 열이 가해질 때.
  ③ 연료관이 심히 굴곡되거나 오리피스가 있을 때.
(다) 레이드 증기압계(reid vapor pressure bomb) - 연료의 증기압을 측정하는 장치.

(3) 연료의 제폭성
(가) antiknock성 : 연료가 가진 성질 중에서 노크를 잘 일으키지 않으려는 성질.
 ※ 안티노크제 : 4에틸납이 사용되고 2브롬화 에칠 및 염료를 함께 사용한다. 4에틸납은 연소할 때 산화납이 형성되어 실린더 내에 부착되므로 TCP(인산트리크레실)를 첨가하여 배기가스와 함께 밖으로 배출시킨다.
(나) Detonation : 연소실 내에서 정상적으로 점화되어 연소가 일어날 때 압축비가 너무 크면, 미 연소된 부분의 혼합기가 부분적으로 단열 압축되어 고온 고압이 되고 자연 발화 하는 충격파의 일종으로 이 때 발생하는 소리를 knock라 한다. 이 현상이 생기면 기통 내 압력과 온도가 급상승하고 출력이 감소하며 기관 파손의 원인이 된다.

(4) 안티노크성의 측정법

(가) CFR(Cooperative Fuel Reserch) 기관 : 연료의 안티노크성을 측정하는 기관으로 가변압축비를 가진 단일 기통 4행정 액냉식이다.

(나) 옥탄가(Octan Number : O.N) : 이소옥탄과 노말헵탄으로 만든 표준연료중 이소옥탄의 함유된 %(체적 비율)를 말한다.

(다) 성능가(Performance Number : P.N) : 이소옥탄만으로 이루어진 연료에 4에틸납을 섞어 출력증가분을 합한 성능번호.

다 연료 계통(Fuel System)

(1) 개요
- 중력식 연료 공급계통(gravity fuel feed system)
- 압력식 연료 공급계통(pressure fuel feed system)

(2) 주요 구성

(가) 연료 탱크(fuel tank)

(나) 부스터 펌프(booster pump)
① 형식 : 전기로 작동되는 원심력식.
② 작동시기 : 시동시, 이륙(상승)시, 비상시, 연료이송(배출)시.

(다) 선택 및 차단 밸브(selector & shut off valve)

(라) 여과기(filter)
① Type : cartridge, screen
② 위치 : 탱크의 입출구, 계통의 최저부(주필터), 기화기 입구 등.

(마) 주 연료 펌프(engine driven fuel pump)
① 형식 : sliding vane type
② 작동 : 구동기어에 물린 vane들이 회전하면서 가압하며 윤활은 연료 자체로 된다.
- relief valve : 펌프 출구 압력이 규정값 이상이면 흐름을 펌프 입구로 되돌려 줌.
- bypass valve : 펌프 고장시 우회하여 연료를 공급함.

(바) 프라이머(primer) : 시동시의 저온 상태에서는 연료의 기화가 되지 못해 과희박 상태로 시동이 어려우므로, 기통 벽에 직접 연료를 분사하여 농후한 혼합가스를 만들어 줌으로서 시동을 용이하게 한다.

라 기화기(Carburator)

(1) 혼합비와 기관출력

(가) 혼합비(mixture ratio) : 연료와 공기의 혼합 중량비(무게비).

※ 이론혼합비 − 1:15(0.067), 가연범위 − 1:8~18, 적정출력 혼합비 − 1:12~14
(나) 후화(after fire) : 과농후(overrich) 혼합비에서 발생.
(다) 역화(back fire) : 과희박(overlean) 혼합비에서 발생.

(2) 기화기 이론
 (가) 이론과 기능 : $V_1 A_1 = V_2 A_2$, $p + \dfrac{1}{2}\rho v^2 =$ 일정
 (나) 공기 블리드(air bleed)

(3) 기화기의 종류와 작동
 (가) 부자식 기화기(float type carburator)
  ① 특징
   • 구조가 간단하고 소형에 알맞다.
   • 비행자세의 영향이 크고 기화열에 의한 온도 강하로 결빙이 쉬워 대형 또는
   • 곡예용으로는 부적합하다.
  ② 각 구성품과 작동
   • 주메터링 장치(main metering system)
    − 구성 : main metering jet, main discharge nozzle
    − 기능 : 연료공기 혼합비를 맞춘다.
         방출노즐의 압력을 낮춘다.
         스로틀 전개 시, 공기 양을 조절한다.
   • 완속 장치(idle system) : 스로틀 밸브를 최대로 닫았을 때만 연료를 공급하는 장치.
   • 이코노마이저 장치(economizing system) : 정상 출력 이상의 고출력에서 추가 연료 공급하는 장치.
    − needle valve type
    − piston type
    − manifold pressure operated type
   • 가속 장치(acceleration system) : 엔진 급가속시에 추가적인 연료를 공급하는 장치.
   • 혼합비 조정장치(mixture control system)
    − 기능 : 고고도에서 과농 방지, 순항시 lean으로 연료절감.
    − 종류 : back suction type, needle valve type, air port type
 (나) 압력분사식 기화기(pressure injection type carburator)
  ① 특징
   • 결빙이 없다.
   • 비행자세에 관계없이 효율증가.

- 정확한 비율로 공급.
- 압력 분사하므로 작동이 유연하고 경제적이다.
- 출력맞춤이 간단하고 균일하다.
- 증기폐쇄의 염려가 없다.

② 작동원리
- A chamber : 임팩트 공기 압력(impact air pressure)
- B chamber : 벤츄리 부압(venturi suction pressure)
- C chamber : 계량된 연료 압력(metered fuel pressure)
- D chamber : 미계량된 연료 압력(unmetered fuel pressure)
- A-B=공기 계량 힘(air metering force) - △Pa
- D-C=연료 계량 힘(fuel metering force) - △Pf
- △Pa-△Pf = poppet valve opening rate

③ 자동 혼합비 조정장치(AMC : Automatic Mixture Control unit)
④ 물분사 장치(ADI : Anti Detonant Injection)

(4) 직접 연료 분사 장치(direct fuel injection system)
  (가) 장점
   - 비행자세에 영향을 받지 않는다.
   - 결빙의 염려가 없다.
   - 연료분배가 균일하다.
   - 역화의 우려가 없다.
   - 시동성 및 가속성이 좋다.
   - 엔진효율이 증가한다.
  (나) 구성품 : fuel air control unit, fuel injection pump, discharge nozzle

5 윤활유 및 윤활계통

가 윤활유(Lubricant)

(1) 윤활유의 종류
  (가) 식물성(vegetable lubricant)
  (나) 동물성(animal lubricant)
  (다) 광물성(mineral lubricant)
  (라) 합성유(synthetic lubricant)

MIL-L-7808 → type Ⅰ : 1960년대 사용.

MIL-L-23699 → type Ⅱ : 1970년대부터 현재까지 사용.

(2) 윤활유의 작용

   (가) 윤활작용 : oil film 형성, 마찰감소.
   (나) 냉각작용 : 고열부분에서 열을 흡수하여 부품냉각.
   (다) 기밀작용 : 가스누설 방지.
   (라) 청결작용 : 계통 내를 순환하면서 금속분이나 불순물 제거.
   (마) 방청작용 : 산소 및 습기 차단.

(3) 윤활유 공급방식 : 비산식(splash), 압송식(pressure), 복합식

(4) 윤활유의 구비조건

   (가) 유성이 좋을 것.
   (나) 점도가 적당할 것.
   (다) 점도지수가 높을 것.
   (라) 유동점이 낮을 것.
   (마) 산화, 탄화, 부식성이 적을 것.

나 윤활계통(Lubricating System)

(1) 윤활계통의 종류

   (가) 습식 섬프 계통(wet sump system)
   (나) 건식 섬프 계통(dry sump system) : 탱크와 섬프가 별도로 있으며, scavenge pump가 있다.

(2) 윤활계통의 구성품

   (가) oil tank - Hot tank : oil cooler가 공급 라인에 위치.
   　　　　　　　 cold tank : oil cooler가 귀유 라인에 위치.
   (나) 호퍼 탱크(hopper tank)
      ① 위치 : 오일탱크 내
      ② 역할 : 시동시 유온촉진, 배면비행시 오일공급, 거품방지
         ※ 오일 희석(oil dilution) : 추운 기후에서 엔진 시동 시, 오일 점도를 낮게 하기 위하여 엔진을 정지시키기 직전에 오일 계통에 연료를 분사하는 방식으로 사용.
   (다) 압력 펌프(oil pressure pump)
      ① 형식 : gear type
      ② oil pressure relief valve
      ③ bypass valve

④ check valve : 흐름의 역류를 방지.

(마) 오일 냉각기(ol cooler) : 공냉식
- 오일 온도 조절 밸브 : 냉각기 입구에 위치하여 귀유되는 오일의 온도에 따라 유로를 결정하여 온도를 유지한다.

6 시동 및 점화계통(Sarting & Ignition System)

가 시동계통(Starting System)

(1) 수동식(hand cranking)
(2) 전기식
   (가) 관성식 시동기(inertia type starter)
   (나) 직접구동 시동기(direct cranking starter) : 현재 대부분의 항공기 왕복 기관에서 사용.
- 소형기 : 12V 또는 24V, 50~100A
- 대형기 : 24V, 300~500A
- 직권식 전동기 사용

나 점화계통(Ignition System)

(1) 종류
   (가) 축전지식 : 자동차에서 사용.
   (나) 마그네토식 : 항공용 왕복기관에 사용.

(2) 점화방식
   (가) 단일 점화 방식 : 자동차에 적용.
   (나) 이중 점화 방식 : 항공기에 적용, 독립된 2개의 계통으로 구성되며, 1기통에 2개의 점화플러그가 있음.

(3) 계통의 종류
   (가) 고압 점화 계통(high tension ignition system)
   (나) 저압 점화 계통(low tension ignition system)

(4) 마그네토 작동원리와 구성
   (가) magneto 작동원리 : 구동축에 연결된 회전자석이 회전하면서 pole shoe를 통해

coil core에 자력선을 구축하고 1차 코일의 자속밀도가 최대로 됐을 때 단속점이 떨어져 1차 회로를 차단하면 1차 자속과 정 자속의 합성 자속을 급속히 붕괴시키고, 자속의 급격한 붕괴는 시간에 대한 자속의 변화율을 크게 하므로 2차 코일에 고압전기가 유도된다.

  (나) 각 구성품의 구조와 역할

    ① rotating magnet

      ※ 유효 회전 속도(comming-in speed) : 회전 영구자석이 회전하여 전기를 발생시킬 수 있는 가장 느린 속도이며 보통 100~200rpm이다. 시동시는 시동기 회전 속도가 느려 이 속도에 도달되기 어려우므로, 시동보조 장치가 필요하게 된다.

    ② pole shoe(fixed magneto)

    ③ coil assembly : 1차 코일(primary coil), 2차 코일(secondary coil)

    ④ 브레이커 포인트(breaker point) : condenser와 함께 1차 회로에 병렬.

      - breaker point의 재질은 백금과 이리디움의 합금

      • E-gap : rotating magnet가 neutral position을 출발하여 breaker point가 떨어질려는 순간까지 회전하는 각도를 크랭크축의 회전각도로 환산한 각도.

      • 보상 캠(compensated cam) : 성형기관의 커넥팅로드는 master & articulated rod를 사용하는 관계로 복경사각이 생긴다. 이를 보상하기 위해 각 실린너다 긱기 다른 크기의 cam lobe를 하나씩 가진 보상 캠을 사용한다.

    ⑤ 콘덴서(condenser) : breaker point와 1차 회로에 병렬로 연결되어 breaker point에 생기는 과도한 arcing을 방지하고 철심의 잔류 자기를 빨리 소멸시키는 역할을 한다.

    ⑥ 배전기(distributor) : 배전기 회전자(finger)는 크랭크축의 1/2 회전비로 회전.

    ⑦ 하네스(harness)

    ⑧ 점화 플러그(spark plug)

      • 구성 : 전극(중심전극, 접지전극), 세라믹 절연체, 금속 쉘

      • 분류

        - 접지전극 수 : 1극, 2극, 3극, 4극

        - 열에 의한 분류 : hot형, cold형

        - 직경에 의한 분류 : 14mm, 18mm

    ⑨ 점화 스위치(ignition(magneto) switch) : BOTH, R(Right), L(Left), OFF

    ⑩ P-lead : switch와 magneto의 1차 회로(breaker point)를 병렬 연결하여 switch의 기능을 magneto에 전달하는 1차선.

(5) 점화 순서(firing order)

    14기통(+9, -5) : 1-10-5-14-9-4-13-8-3-12-7-2-11-6

18기통(+11, -7) : 1-12-5-16-9-2-13-6-17-10-3-14-7-18-11-4-15-8

(6) 점화 보조 장치 : 시동시 마그네토가 유효 회전 속도에 도달되지 못할 때 사용.
　(가) 임펄스 커플링(impulse coupling) : 순간적인 고속 회전으로 유효 회전 속도 이상으로 만들어 줌(대향형 기관에 많이 사용).
　(나) 부스터 코일(booster coil) : 축전지에서 전기를 받아 마그네토의 역할을 대신 함.
　(다) 인덕션 바이브레이터(induction vibrator) : 축전지에서 전기를 받아 마그네토의 1차 코일에 맥류를 공급(시동기와 연동).

7 기관의 성능

가 항공기용 왕복기관의 구비조건

(1) 마력당 중량비가 작을 것(소형 경량화) : 0.61~1.22kg/kW(0.45~0.9kg/PS)
(2) 신뢰성이 클 것.
(3) 내구성이 좋을 것(수명시간이 길 것).
(4) 열효율이 높을 것(낮은 연료 소비율).
(5) 진동이 적을 것.
(6) 정비가 용이할 것.
(7) 적응성이 높을 것(작동의 유연성).

나 기관의 성능 요소

(1) 행정 체적
(2) 압축비(compression ratio)
(3) 왕복 기관의 동력
　(가) 제동마력의 증가
　(나) 이륙마력
　(다) 정격마력(METO마력)
　　※ 임계고도(critical altitude) : 정격마력을 유지할 수 있는 최고 고도로 무과급 기관에서는 해면 고도가 된다.
　(라) 순항마력
(4) 열효율과 체적효율

III. 프로펠러(Propeller)

■ 개요

왕복기관 또는 turbo prop eng'으로부터 마력을 받아 추력을 발생시킨다.

가 용어

(1) station : hub 중심에서 blade tip까지를 6" 간격으로 표시하는 가상적인 선으로 손상부분의 표시나 깃 각을 측정하기 위해 정한 위치이다.
(2) 깃 각(blade angle-β) : 비행기 날개의 붙임각과 같은 것으로, 프로펠러 회전면과 시위선이 이루는 각.
(3) 유입각(Φ, 전진각) : 비행 속도와 깃의 회전 선속도를 합하여 하나의 합성속도를 만든 다음, 이것과 회전면이 이루는 각.
(4) 받음각 : 깃 각에서 유입각을 뺀 각.
(5) pitch : 프로펠러 1회전에 얻을 수 있는 전진거리.
   (가) 기하학적 피치(GP : Geometric Pitch) : 공기를 강체로 가정하고 이론적으로 얻을 수 있는 피치, GP=$2\pi r \cdot \tan\beta$
   (나) 유효 피치(EP : Effective Pitch)
        프로펠러 1회전에 실제로 얻은 전진거리, $EP = V \times \frac{60}{n} = 2\pi r \cdot \tan\phi$
   (다) Slip=$\frac{GP-EP}{GP} \times 100(\%)$
(6) 스피너(spinner) : prop' blade root, hub를 덮는 유선형의 커버.

나 장착방법 : Flange type, Spline type, Taper type

다 비행중 프로펠러에 작용하는 힘과 응력

(1) 추력과 휨 응력
(2) 원심력과 인장 응력
(3) 비틀림력과 비틀림 응력

2 프로펠러의 성능

가 프로펠러의 추력

$$T = C_t \rho n^2 D^4, \quad Q = C_q \rho n^2 D^5, \quad P = C_p \rho n^3 D^5$$

나 프로펠러의 효율

$$\eta_p = \frac{TV}{P} = \frac{C_t \rho n^2 D^4 V}{C_p \rho n^3 D^5} = \frac{C_t}{C_p} \cdot \frac{V}{nD}$$

※ 진행율(advance ratio) : $J = \dfrac{V}{nD} = \dfrac{V}{n} \cdot \dfrac{1}{D}$

3 프로펠러의 분류

가 고정피치(Fixed Pitch)

나 조정피치(Ground Adjustable Pitch)

다 가변피치(Variable Pitch)

(1) 2단 가변피치
(2) 정속(constant speed)

4 프로펠러의 작동

가 2단 가변피치 프로펠러 : 저피치 → 저속(이·착륙시), 고피치 → 고속(순항시)

(1) 저 피치가 되게 하는 힘 : 엔진 오일압력
(2) 고 피치가 되게 하는 힘 : 카운터 웨이트(counter weight)의 원심력

나 정속 프로펠러(Constant Speed Prop')

(1) 2단 가변피치에서의 3 way valve 대신에 governor를 사용.
(2) 정해진 출력에서 조종사가 prop' lever로 정한 회전속도(on speed)를 스스로 깃 각을 변경시켜 유지.

(3) 저 피치가 되게 하는 힘 : 조속기 오일압력
(4) 고 피치가 되게 하는 힘 : 카운터 웨이트의 원심력

다 출력변경방법

(1) 엔진의 출력 감소 : 먼저 throttle로 MAP를 줄인 후, prop' lever로 회전수를 줄인다.
(2) 엔진의 출력 증가 : 먼저 prop' lever로 회전수를 증가시킨 후, throttle로 출력을 증가시킨다.

라 페더링(Feathering)

비행 중에 엔진이 고장 나면, 엔진이 정지하더라도 비행속도에 의해 프로펠러가 풍차 회전하여 엔진을 구동하므로 고장이 확대되고, 프로펠러는 전면저항을 많이 받아 항공기에 큰 항력을 주게 된다. 이를 방지하도록 엔진 고장 시는 프로펠러의 깃 각을 최대각(90°가까이)으로 만들어 엔진정지와 저항감소 효과를 얻게 한다.

마 역피치(Reverse Pitch)

착륙활주거리를 단축시키기 위해 깃 각을 저각으로 계속 줄이면 부(-)의 각이 되어 추력의 방향이 반대로 되어 역추력이 발생한다. 역추력은 반드시 바퀴가 접지된 후에 사용해야 한다.

IV. 가 스 터 빈 기 관

1 가스 터빈 기관의 종류와 특성

가 가스터빈 기관의 종류 및 분류

(1) 압축기 형태에 따른 분류
　(가) 원심식 압축기 기관
　(나) 축류식 압축기 기관
　(다) 축류-원심식 압축기 기관
(2) 출력 형태에 따른 분류
　(가) 제트 기관 : 터보 제트와 터보팬
　(나) 회전 동력 기관 : 터보 프롭과 터보 샤프트

나 가스 터빈 기관의 특성

(1) 왕복기관에 대한 장점
  (가) 연소가 연속적이므로 중량당 출력이 크다.
  (나) 왕복운동부분이 없어 진동이 적고 고회전이다.
  (다) 추운 기후에서도 시동이 쉽고 윤활유 소모가 적다.
  (라) 비교적 저급연료를 사용한다.
  (마) 비행속도가 클수록 효율이 높고 초음속비행이 가능하다.
(2) 단점 : 연료소모량이 많고, 소음이 심하다.

2 가스터빈 기관의 구조

가 가스 발생기(Gas Generator) : compressor, combustion chamber, turbine

나 공기흡입덕트(Air Inlet Duct)

(1) 개요
  (가) 압력 효율비(duct pressure efficiency ratio)
    duct 입구의 전압과 압축기 입구의 전압의 비율이며, 마찰손실이 적고 램 압력 상승에서 손실이 작을 때 98%의 값을 가진다.
  (나) 램압력 회복점(ram recovery point)
    ram 압력 상승이 마찰손실과 같아지는 항공기의 속도, 즉 CIP가 대기압과 같아지는 항공기 속도를 말하며 최적의 아음속덕트는 낮은 램 회복 점을 갖는 것이다.
(2) 종류
  (가) 확산형(divergent duct)
  (나) 수축-확산형(convergent-divergent duct)

다 압축기(Compressor)

(1) 원심력식 압축기(centrifugal force type comp')
  (가) 구성 : 임펠러, 디퓨져, 매니폴드
  (나) 종류 : 외쪽흡입, 겹흡입, 다단식
  (다) 장점
    ① 단당 압력비가 높다.
    ② 제작이 쉽고 값이 싸다.

③ 구조가 튼튼하고 경량이다.
④ 물분사 효과가 크고 가속이 빠르다.
⑤ 정비가 쉽고 신뢰성이 높다.
(라) 단점
① 입출구의 압력비가 낮다.
② 대량공기의 처리가 불가능하여 대형으론 불가.
③ 효율이 낮고 전면저항이 크다.

(2) 축류식 압축기(axial flow type comp')
(가) 구성 : 로터와 스테이터
(나) 1단(1 stage) : 1열의 로터 깃과 1열의 스테이터 깃.
(다) 압축기의 압력비 : 압축기의 단수를 n, 단당 압력비를 r_s라 할 때 압력비 γ는
$$\gamma = (r_s)^n$$
(라) 반동도 : 1단에서 일어날 수 있는 압력상승 중, 로터깃에 의한 압력상승의 백분율.
$$반동도 = \frac{동익에\ 의한\ 압력상승}{단의\ 압력상승} \times 100 = \frac{P_2 - P_1}{P_3 - P_1} \times 100(\%)$$
(마) 장점
① 대량공기 처리가능.
② 압력비 증가를 위해 다단으로 제작가능.
③ 입출구의 압력비가 높고,
④ 효율이 높고, 고성능기관에 사용할 수 있다.
(바) 단점
① FOD(Foreign Object Damage : 외부물질에 의한 손상)에 약하다.
② 제작비용이 비싸다.
③ 무게가 무겁다.
  ※ 입구 안내 깃(IGV : Inlet Guide Vane) : comp' front frame 내부에 있는 정익으로 공기가 흡입될 때 흐름방향을 동익이 압축하기 가장 좋은 각도로 안내하여 압축기 실속을 방지하고 효율을 높인다. 최근의 IGV는 가변으로 하여 VIGV라 한다.
(사) 압축기 실속(compressor stall)
① 실속원인
  • 압축기 출구 압력(CDP : Compressor Discharge Pressure)이 너무 클 때.
  • 압축기 입구 온도(CIT : Compressor Inlet Temperature)가 너무 높을 때.
  • choke 현상(공기의 누적 현상) 발생시.
② 실속 방지법

- 다축식 구조(multi spool)
- 가변 스테이터 깃(VSV : Variable Stator Vane)
- bleed valve : 기관 시동시, 저출력시, 역추력시, 급감속시 열림.

라 연소실(Combustion Chamber)

(1) 종류와 구성

　(가) 캔 형(Can type)
- 장점 : 구조 튼튼, 설계 및 정비 간단.
- 단점 : 고공저기압에서 연소 불안정으로 flame out, 시동시 hot start, 온도분포 불균일.

　(나) 애뉼러형(Annular type)
- 장점 : 구조 간단, 짧은 전장, 연소안정, 온도분포균일, 제작비 저렴.
- 단점 : 구조가 약하고 정비 불편.

　(다) 캔-애뉼러형(Can-Annular type) : 구조 견고, 온도분포 균일, 짧은 전장, 연소 및 냉각면적이 큼, 정비 간단.

(2) 연소실의 작동원리

　(가) 1차 연소영역(연소영역)

　(나) 2차 연소영역(혼합 및 냉각영역)

(3) 연소실의 성능

　(가) 연소효율

　(나) 압력손실

　(다) 출구온도분포

　(라) 고공재시동특성

마 터빈

(1) 반지름형 터빈(radial flow type turbine)

　(가) 장점 : 제작용이, 소형에서 효율이 양호, 1단에서 4.0정도의 팽창비.

　(나) 단점 : 다단으로 할 경우 효율이 감소하고 구조가 복잡해지므로 대형으론 부적합.

(2) 축류형 터빈(axial flow type turbine)

　(가) 구조 : 정익(stator, nozzle), 동익(rotor blade, bucket)

　　※ 반동도 : 한 단의 팽창중 동익에 의한 팽창의 백분율을 말한다.

$$\text{반동도}(\phi c) = \frac{\text{동익에 의한 팽창}}{\text{단의 팽창}} \times 100(\%) = \frac{P_2 - P_3}{P_1 - P_3} \times 100(\%)$$

  (나) 종류
  ① 반동 터빈(reaction turbine) : 반동도 50
  ② 충동 터빈(impulse turbine) : 반동도 0
  ③ 실제 터빈 깃(충동-반동 터빈)

(3) 터빈 깃의 냉각방법
  (가) 대류냉각(convection cooling)
  (나) 충돌냉각(impingement cooling)
  (다) 공기막 냉각(airfilm cooling)
  (라) 침출냉각(transpiration cooling)
  ※ ACCS(Active Clearance Control System) : 터빈 케이스를 팬 공기(fan air)로 강제 냉각하고 수축시켜, 터빈 블레이드의 팁 간격을 최적으로 유지하도록 하는 장치로 TCCS(Turbine Case Cooling System)라고도 한다.

바 배기 계통(Exhaust Section)

(1) 배기 덕트(exhaust duct : tail pipe) : 터빈을 통과한 배기가스를 정류하는 동시에 압력에너지를 속도에너지로 바꾸어 추력을 증가시킨다.
(2) 고정면적 배기노즐(convergent duct)
(3) 가변 면적 배기 노즐(variable area exhaust nozzle)

3 연료 계통(Fuel System)

가 연료(Fuel)

(1) 가스터빈기관 연료의 구비조건
  (가) 증기압이 낮을 것.
  (나) 어는점이 낮을 것.
  (다) 인화점이 높을 것.
  (라) 대량생산이 가능하고 가격이 저렴할 것.
  (마) 발열량이 크고 부식성이 없을 것.
  (바) 점성이 낮고 깨끗하며 균질일 것.

(2) 연료 선택 시 고려사항
   (가) 연료의 이용도
   (나) 기관 성능(연소실 효율, 고도한계, 기관 회전수, 탄소 찌꺼기, 고공 재시동 특성)
   (다) 계통내의 증기, 액체손실, 증기폐쇄, 청결성 등.

(3) 연료의 종류
   (가) 민간용 : 제트A-1, 제트A, 제트B
   (나) 군용 : JP-3, JP-4, JP-5, JP-6, JP-8

다 연료 계통(Fuel System)

(1) 연료 계통의 구성
   (가) 주 연료 펌프 : 원심형, 기어형, 피스톤형
   (나) 연료조정장치(FCU)
     ① 종류 : 유압기계식과 전자식, 현재까지는 유압기계식, 점차 전자식 사용 추세.
     ② 유압 기계식 : 수감부분(computing section)과 유량조절부분(metering section)으로 구성.
     ③ 수감 요소 : RPM(revolution per minute), CDP(compressor discharge pressure), CIT(compressor inlet temperature), PLA(power lever angle)
     ※ FADEC(Full Authority Digital Electronic Control) : 다수의 입력 신호(기관 상태량 외에 비행 상태량을 포함)를 전산 처리하고, 출력은 기관 연료 유량만이 아니라 압축기 가변 스테이터 각도, 실속 방지용 압축기 블리드 밸브, ACCS 등의 기관 특성을 종합적으로 일괄 조절한다.
   (다) 여압 및 드레인 밸브(P&D Valve)
     ① 위치 : 연료조정장치와 연료매니폴드사이
     ② 목적
       • 연료의 흐름을 1, 2차로 분리.
       • 일정한 압력이 될 때까지 여압.
       • 엔진 정지 시 매니폴드나 연료노즐에 남아있는 연료를 배출.
   (라) 연료 매니폴드
   (마) 연료노즐
     1) 증발식(vaporizing tube type)
     2) 분무식(atomizer type) : 고압에 의해 분사.
       ① 단식노즐(simplex nozzle) : 구조는 간단하나 대형으론 불가능.
       ② 복식노즐(duplex nozzle)

- 1차 연료 : 노즐중심의 작은 오리피스로부터 150° 각도로 넓게 분사, 시동 시 착화 용이.
- 2차 연료 : 큰 오리피스로부터 50° 각도로 좁고 멀리 분사, 균등한 연소 가능.

(바) 연료 여과기 : cartridge type, screen type, screen-disc type

4 윤활유 및 윤활 계통(Lubricating System)

가 윤활

(1) 윤활 부분
  (가) 압축기와 터빈을 지지하는 주 베어링들.
  (나) 악세서리를 구동하는 구동기어들과 그 축의 베어링들.
(2) 윤활 방법 : 고압 분무식(pressure spray)
(3) 윤활 목적
  (가) 윤활 작용 : 마찰과 마멸 감소.
  (나) 냉각 작용 : 고온부의 마찰열 흡수.

나 윤활유

(1) 구비 조건
  (가) 점성과 유동점이 낮을 것(-56~250℃까지).
  (나) 점도 지수가 높을 것.
  (다) 공기와 윤활유의 분리성이 좋을 것.
  (라) 인화점, 산화 안정성, 열적 안정성이 높고 기화성이 낮을 것.

(2) 종류
  (가) 광물성유
  (나) 합성유(synthetic lub')
   - Type Ⅰ : MIL-L-7808(1960년대까지 사용)
   - Type Ⅱ : MIL-L-23699(1970년대부터 현재까지 사용)
   - Advanced type Ⅱ : MIL-L-27502(type Ⅱ 오일의 내열성을 더 향상시킴)

딴 윤활 계통

(1) 탱크
    (가) 공기 분리기 : 섬프에서 들어온 공기를 대기 중으로 방출.
    (나) sump vent check valve : 섬프 내의 공기압력이 너무 높을 때 탱크로 방출.
    (다) 압력 조절 밸브 : 탱크 안의 압력이 너무 클 때 대기 중으로 방출.
       ※ hot tank : 공기와 오일을 쉽게 분리하기 위해 섬프에서 냉각기를 거치지 않고 바로 탱크로 return 시킨다.

(2) lube & scavenge pump
- 종류 : gear type, vane type, gerotor type
- 윤활 펌프(lube pump) : 기관으로 오일을 공급하는 펌프로 relief valve가 있다.
- 귀유 펌프(scavenge pump) : 섬프에 모인 오일을 탱크로 리턴시키는 펌프로 압력 펌프보다 용량이 크다(공기와 혼합되어 체적이 증가).

(3) 여과기 : cartridge, screen, screen-cartridge

(4) fuel oil cooler : 오일은 냉각, 연료는 가열시키며 윤활유 온도조절 밸브에 의해 오일의 온도가 낮으면 bypass 시키고, 높으면 냉각기를 통하게 한다.

(5) 블리더 및 여압계통
- 고도 및 대기압이 변하더라도 오일 공급을 원활히 하고,
- 배유펌프가 기능을 충분히 발휘하도록 하며,
- 섬프 내부압력을 대기압보다 약간 낮은 일정한 부압으로 유지한다.

5 시동 및 점화 계통

가 시동 계통

(1) 전기식 시동계통(electric starting system)
    (가) 전동기식 시동기
    (나) 시동기 발전기식 시동계통(starter-generator type)

(2) 공기식 시동계통(pneumatic starting system)
    (가) 공기 터빈식 시동기(air turbine type)
       ※ 압축 공기 공급원 : GPU, APU, 작동 중인 다른 기관의 블리드 공기.
    (나) 가스터빈 시동기(gas turbine type)
    (다) 공기 충돌식 시동기(air impingement type)

나 점화 계통(Ignition)

(1) 유도형 점화계통
- 직류 유도형 : 28v DC
- 교류 유도형 : 115v 400Hz

(2) 용량형 점화계통
- 직류 고전압 용량형 점화계통
- 교류 고전압 용량형 점화계통

(3) Ignitor
- annular gap type
- constrained gap type

(4) 왕복과의 차이점
- 시동할 때만 점화가 필요하다.
- 탑재용 분석 장비가 필요 없다.
- ignitor의 교환이 빈번하지 않다.
- ignitor가 두개 정도만 필요하다.
- 교류전력을 이용할 수 있다.
- 다이닝 장치가 필요 없다.

다 보조장비

(1) 지상동력장비(GPU : Ground Power Unit)
- GTC : Gas Turbine Compressor
- GTG : Gas Turbine Compressor & Generator

(2) 보조동력장비(APU : Auxiliary Power Uint)

6 그 밖의 계통

가 소음 감소 장치(Noise Suppressors)

(1) 개요
  (가) 소음의 원인은 배기소음(저주파)이다.

(나) 배기가스가 대기와 부딪혀 혼합되므로 발생.
(다) 소음의 크기는 가스속도의 6~8제곱에 비례하고 노즐지름의 제곱에 비례 한다.
(라) 터보제트에서 특히 심하다.

(2) 종류
(가) 꽃무늬형
(나) multi tube jet nozzle(다공형)

(3) 소음 감소의 원리
(가) 저주파음을 고주파음으로 바꾼다.
(나) 분출가스에 대한 대기의 상대속도를 줄인다.
(다) 대기와 혼합되는 면적을 넓힌다.

다 추력 증가 장치

(1) 후기 연소기(A.B : After Burner)
(가) 개요
- 주연소실에서 2차 공기의 양이 75% 되므로 배기 덕트에서 재연소.
- 기관의 전면 면적이나 중량 증가 없이 추력 증가.
- 총 추력의 50%까지 추력 증가가 가능하나 연료는 3배정도 소모되므로 군용에만 사용.

(나) 구조
- A.B liner
- 연료 분무대(fuel spray bar)
- 불꽃 모우개(flame holder)
- 가변면적 배기노즐(variable area exhaust nozzle)

(2) 물 분사 장치(water injection system)
(가) 물이나 물과 알콜의 혼합액을 이륙시에만 압축기 입구나 디퓨저 출구에 분사하여 흡입공기의 온도를 감소시키고 공기밀도가 증가하여 추력이 증가한다.
(나) 추력증가량은 10~30%이다.
(다) 대기온도가 높을수록 물 분사 효과가 크다.
(라) 알콜을 사용하는 이유는 물의 결빙을 막고 연소온도를 높이기 위함이다.

대 역추력 장치(Thrust Reversor)

(1) 항공역학적 차단방식(cascade type)
(2) 기계적 차단방식(calm shell type)
  ※ 역추력 장치의 작동 : thrust lever assembly의 reverse thrust lever

7 가스터빈 기관의 성능

가 가스터빈 기관의 출력

(1) 진추력(Net Thrust)
  (가) Turbo Jet :
  $$F_n = \frac{W_a}{g}(V_j - V_a) \quad \text{또는} \quad F_n(N) = \dot{m}_a(V_j - V_a)$$
  (나) Turbo Fan :
  $$F_n = \frac{W_p}{g}(V_p - V_a) + \frac{W_s}{g}(V_s - V_a) \quad \text{또는} \quad F_n = \dot{m}_{pa}(V_p - V_a) + \dot{m}_{sa}(V_s - V_a)$$
  (다) $BPR = \frac{W_s}{W_p}$ 또는 $BPR = \frac{\dot{m}_{sa}}{\dot{m}_{pa}}$

(2) 총추력(Gross Thrust)
  (가) Turbo Jet : $F_g = \frac{W_a}{g}V_j$
  (나) Turbo Fan : $F_g = \frac{W_p}{g}V_p + \frac{W_s}{g}V_s$

(3) 비추력(Specific Thrust)
  (가) Turbo Jet : $F_s = \frac{F_n}{W_a} = \frac{V_j - V_a}{g}$
  (나) Turbo Fan : $F_s = \frac{W_p(V_p - V_a) + W_s(V_s - V_a)}{g(W_p + W_s)}$

(4) 추력중량비(Thrust Weight Ratio) : $F_w = \frac{F_n}{W}(kg/kg)$

(5) 추력마력(Thrust Horse Power) : 진추력(Fn)을 발생하는 기관이 속도 (Va)로 비행 할 때 기관의 동력을 마력으로 환산한 것.
$$THP = \frac{F_n \times V_a}{75}(HP)$$

(6) 추력비연료소비율(TSFC) : 1N(kg·m/s²)의 추력을 발생하기 위해 1시간 동안 기관이 소비하는 연료의 중량.

$$TSFC = \frac{W_f \times 3{,}600}{F_n}$$

대 추력에 영향을 끼치는 요소

(1) 밀도
(2) 속도
(3) 고도

대 가스터빈기관의 효율

(1) 추진 효율(Propulsive Efficiency) : 공기가 기관을 통과하면서 얻은 운동에너지에 의한 동력과 추진동력(진추력×비행속도)의 비, 즉 공기에 공급된 전체에너지와 추력 발생에 사용된 에너지의 비.

$$\eta_p = \frac{2V_a}{V_j + V_a}$$

(2) 열 효율(Thermal Efficiency) : 공급된 열에너지와 그 중 기계적 에너지로 바꿔진 양의 비.

$$\eta_{th} = \frac{W_a(V_j^2 - V_a^2)}{2gW_F JH}$$

(3) 전 효율(Overall Efficiency) : 공급된 열량(연료에너지)에 의한 동력과 추력동력으로 변한 양의 비로 열 효율과 추진효율의 곱으로 나타난다.

$$\eta_o = \eta_p \times \eta_{th}$$

8 가스 터빈 기관의 작동

갸 비정상 시동

(1) 과열시동(hot start)
   (가) 정의 : 시동시 EGT가 규정치 이상 올라가는 현상.
      ※ EGT : Exhaust Gas Temperature(배기 가스 온도)
   (나) 원인 : FCU의 고장, 결빙, 압축기 입구에서의 공기흐름 제한.

(2) 결핍시동(hung start)
   (가) 정의 : 시동시 power lever를 idle까지 전진시켰으나 RPM이 올라가지 못하는 현상.

(나) 원인 : 시동기에 공급되는 동력의 불충분.

(3) 시동불능(No start, Abort start)
   (가) 정의 : 규정된 시간 내에 시동이 완료되지 않는 상태이며, RPM이나 EGT계기가 상승하지 않는 것으로 알 수 있다.
   (나) 원인 : 시동기나 점화장치의 불충분한 전력, 연료흐름의 막힘, 점화계통 및 FCU의 고장
   ※ 가스터빈 기관의 시동 순서 : 시동 스위치 ON - 점화 스위치 ON - 연료 공급 - 불꽃 발생 - 자립회전 속도 - 점화 스위치 OFF - 시동기 OFF - 압축기의 완속 rpm

다 기관의 정격

(1) 정격출력 : 이륙, 상승, 순항 등 기관의 사용목적에 적합한 조건에서 기관이 정상적으로 작동하도록 제작회사에서 정한 기관출력의 기준.
(2) 물 분사 이륙추력(wet take-off thrust) : 이륙할 때, 물 분사 장치를 사용하여 낼 수 있는 기관의 최대추력(1~5분간).
(3) 이륙추력(dry take-off thrust) : 이륙할 때, 물 분사 없이 낼 수 있는 기관의 최대추력(1~5분간).
(4) 최대 연속추력 : 시간제한 없이 연속적으로 사용할 수 있는 최대추력으로 이륙추력의 90% 정도이며, 수명과 안전을 위해 필요한 경우에만 사용한다.
(5) 최대 상승추력 : 항공기를 상승시킬 때 사용하는 최대추력인데 최대 연속추력과 같은 경우도 있다.
(6) 순항추력 : 순항시 사용하도록 정한 추력이며, TSFC가 가장 적은 추력으로 이륙추력의 70~80% 정도이다.
(7) 완속추력 : 지상이나 비행중 기관이 자립회전할 수 있는 가장 느린 속도이다.

라 기관의 조절

(1) 정격추력을 위한 기관의 특정상태 : CIT&CIP, RPM, EPR, TDP, A_8 등
   ※ CIT : Compressor Inlet Temperature(압축기 입구 온도)
      CIP : Compressor Inlet Pressure(압축기 입구 압력)
      RPM : Revolution Per Minute(분당 회전수)
      EPR : Engine Pressure Ratio(기관 압력비)
      TDP : Turbine Discharge Pressure(터빈 출구 압력)
      A_8 : 배기 노즐 넓이

(2) 추력 측정방법(간접적으로 비교) : 초기 - RPM, 현재 - EPR

$$※ EPR = \frac{TDP}{CIP} = \frac{P_{t7}}{P_{t2}}, \text{ (EPR은 추력에 정비례함)}$$

(3) 정격추력은 제작회사에서 이륙, 상승, 순항, 완속 등에 필요한 압력비를 미리 정해 둔 것이며, power lever를 그 압력비에 맞추면 그 추력이 나와야 하는데 대기의 압력이나 온도, 기관의 상태에 따라 변한다.

(4) engine trimming : 제작회사에서 정한 정격에 맞도록 엔진을 조절하는 행위를 말하며, 제작회사의 지시에 따라 수행하여야 하며, 비행기는 정풍이 되도록 하거나 무풍일 때가 좋다(시기는 주기검사시, 엔진교환시, FCU교환 시, exhaust nozzle 교환시).

(5) rigging : 조종석에 있는 lever의 위치와 engine에 있는 control의 위치가 일치할 수 있도록, 즉 lever를 조작한 만큼 엔진이 작동할 수 있도록 케이블이나 작동 arm을 조절하는 것이다.

과년도 출제문제

1995년도 기능사 1급 1회 항공기관

1. 다음 중에서 왕복기관의 Idle 혼합기가 정상일 때를 확인하는 방법은 무엇인가?

㉮ 배기가스의 색깔로 확인
㉯ rpm 지시가 감소한다.
㉰ Idle Cut-Off 위치에서 rpm이 감소한다.
㉱ Idle Cut-Off 위치에서 rpm이 증가했다가 감소한다.

● idle 혼합비의 설정이 농후한 상태인지, 희박한 상태인지를 알기 위해서 스로틀을 닫고, mixture레버를 idle cut-off 상태로 놓는다.
① rpm이 약간 증가했다가 감소하면(25~50 rpm) 정상
② rpm이 즉시 감소하면 희박한 상태 (희박 혼합비)

2. 다음 왕복 기관의 연소실 모양 중에서 가장 많이 사용되는 형태는 무엇인가?

㉮ 원통형   ㉯ 반구형
㉰ 원뿔형   ㉱ 돔형

3. 다음 중에서 가스터빈 기관 배기콘의 목적은 무엇인가?

㉮ 속도 증가   ㉯ 추력 증가
㉰ 흐름을 직선으로 ㉱ 모두 맞다.

● 배기콘(테일콘)의 목적은 배기가스의 흐름을 정류하는 데 있다.

4. 정속 프로펠러의 피치각을 조정해 주는 것은 무엇인가?

㉮ 공기 밀도   ㉯ 조속기
㉰ 오일압력   ㉱ 평형스프링

● 정속 프로펠러는 조속기(governor)에 의해, 2단 가변피치 프로펠러는 세 길밸브(3-way selecting valve)에 의해 피치각 조절

5. 다음 중 연료와 공기가 혼합되는 곳은?

㉮ Compressor
㉯ Hot Section
㉰ Combustion Section
㉱ Turbine Section

● 연소실 - Heater 또는 Combustion chamber

6. 다음 중에서 압축기의 실속은 언제 발생하는가?

㉮ 공기의 흡입속도가 압축기의 회전속도보다 빠를 때
㉯ 공기의 흡입속도가 압축기의 회전속도보다 느릴 때
㉰ 압축기의 회전 속도가 비행속도보다 느릴 때
㉱ 램 압력이 압축기의 압력보다 높을 때

● 압축기의 실속은 공기흡입속도가 작을수록, 회전속도가 클수록 회전자깃 받음각이 커진다. 과도한 받음각 증가는 회전자 깃에 실속을 유발하여, 압력비 급감, 기관출력이 감소하여 작동이 불가능해진다.

① 흡입공기 속도가 감소하는 경우
  - 기관가속시 연료의 흐름이 너무 많아 압축기 출구 압력이 높아진 경우
  - 압축기입구압력(CIP)이 낮은경우
  - 압축기입구온도(CIT)가 높은 경우
  - 지상기관 작동시 회전속도가 설계점 이하로 낮아지는 경우(압축기 뒤쪽 공기의 비체적이 커지고 공기누적(choking)현상이 생김)
② 압축기 로터의 회전속도가 너무 빠를 때

7. 체적이 50l, 압력이 760mmHG, 온도가 273°K일 때 체적이 일정하고 온도가 290K로 증가하였다면 압력은?

㉮ 736 ㉯ 807
㉰ 823 ㉱ 902

● 이상기체의 상태방정식에 의한 상태변화에서 체적이 일정하므로 등적변화 과정이다.
$Pv = RT$, $\frac{P_1}{T_1} = \frac{P_2}{T_2}$ = 일정, $\frac{760}{273} = \frac{P_2}{290}$

8. 다음 중 기관의 제동 마력과 단위시간당 기관이 소비한 연료 에너지와의 비를 무엇이라 하는가?

㉮ 제동열효율 ㉯ 기계효율
㉰ 연료소비율 ㉱ 지시효율

● 기계효율 $\eta_m = \frac{BHP}{IHP}$

제동열효율 $\eta_e = \frac{75 N_e A}{B \cdot H}$

(Ne:제동마력, A:일의 열당량 (kcal/kg·m), B: 연료소비량(kg/s), H:연료의 저발열량(kcal/kg))

9. 엔진 마운트(Engine Mount)에 대한 설명 중 틀린 것은?

㉮ 가장 큰 하중을 담당한다.
㉯ Tube로 된 강으로 만든다.
㉰ 기관의 무게를 지지한다.
㉱ 엔진을 유선형으로 감싼다.

● 엔진을 유선형으로 감싸는 구조물은 카울링(cowling)

10. 왕복 기관의 밸브 간극에 대한 설명중 틀린 것은?

㉮ 냉간간극은 엔진 정지시에 측정하며 검사간극이다.
㉯ Valve의 간극이 작으면 완전배기가 안된다.
㉰ 열간간극은 1.52mm~1.78mm이고 냉간간극은 0.25mm이다.
㉱ 열간간극이 큰 것은 열팽창중 Push Rod 보다 실린더 헤드의 열팽창이 더 크기 때문이다.

● ① 열간 간극: 엔진이 작동할 때의 간극 (0.07inch)
② 냉간 간극(검사 간극): 엔진이 정지해 식어있을 때의 간극 (0.01inch)
*밸브 간극이 작은 경우- 밸브는 일찍 열리고 늦게 닫히게 되므로 밸브작동기간이 길어져 배기의 시간이 길어진다.

11. 다음 평균 유효 압력에 관한 설명중 맞는 것은?

㉮ 1Cycle당 유효일을 행정거리로 나눈 것
㉯ 1Cycle당 유효일을 체적효율로 나눈 것
㉰ 1Cycle당 유효일을 행정체적으로 나눈 것
㉱ 행정체적을 1Cycle당 유효일로 나눈 것

● $P(압력) = \frac{F(힘)}{A(단위면적)} = \frac{\frac{W(일)}{S(거리)}}{A}$
$= \frac{W}{A \cdot S} = \frac{W}{V(체적)}$

12. 다음 중 출력가(퍼포먼스수) 115를 바르게 설명한 것은?

㉮ 이소옥탄으로 운전할 때보다 노크없이 출력이 15% 증가했다.
㉯ 옥탄가 100은 연료 체적비로 4 에틸납을 15% 첨가했다.
㉰ 옥탄가 100은 연료 질량비로 4 에틸납을 15% 첨가했다.
㉱ 115는 내폭성을 말한다.

● ① 안티노크제(제폭제, 내폭제): 4 에틸 납
② 옥탄가: 표준연료속의 이소옥탄의 체적비율
  • 표준연료: 이소옥탄(isooctane C_8H_{18})과 정헵탄(normal heptane C_7H_{16})의 혼합연료
③ 퍼포먼스 수: 옥탄가 100 이상의 안티노크성을 가진 연료의 안티노크성의 값(이소옥탄으로 운전할 때 보다 노크없이 발생한 출력증가분으로 표시)
  • 표준연료: 이소옥탄에 4에틸납 혼합

13. 배기 Pipe 또는 배기노즐을 다른 말로 무엇이라 하는가?

㉮ 배기덕트   ㉯ Nozzle Pipe
㉰ Turbine Nozzle ㉱ Gas nozzle

● • 터빈 노즐: 노즐 가이드 베인을 원형으로 배열한 것으로 베인(스테이터)과 그 지지구조물을 말한다.
• 배기 덕트: 배기가스의 압력에너지를 속도에너지로 바꾸어 추력을 얻는다.

14. 18기통 성형 엔진에서 행정지름이 6″, 행정 길이가 6″일 때 총행정체적은?

㉮ 3025   ㉯ 3052
㉰ 4052   ㉱ 4520

● 총 행정체적=1개 실린더의 행정체적×실린더 수=실린더 단면적×행정길이×실린더 수

총 행정체적 $= \dfrac{\pi \cdot 6^2}{4} \times 6 \times 18$

15. 다음 중에서 Diffuser의 위치는?

㉮ 두개의 압축기 사이
㉯ 압축기와 연소실 사이
㉰ 연소실과 터빈 사이
㉱ 터빈 입구

● diffuser: 속도를 감소시키고 압력을 증가시키는 (속도에너지를 압력에너지로 바꾸어주는) 확산 통로로서 공기 흐름의 압력이 가장 높은 곳이다.

1. ㉱	2. ㉯	3. ㉰	4. ㉯	5. ㉰
6. ㉯	7. ㉯	8. ㉮	9. ㉱	10. ㉯
11. ㉰	12. ㉮	13. ㉮	14. ㉯	15. ㉯

1995년도 기능사 1급 2회 항공기관

1. 100/130으로 표기되는 연료의 퍼포먼스수의 의미는?

㉮ 100/130은 옥탄가에 대한 퍼포먼스 비율이다.
㉯ 100은 희박 퍼포먼스수를 나타내며 130은 농후 혼합 퍼포먼스수를 나타낸다.
㉰ 100은 농후 퍼포먼스수를 나타내며 130은 희박 혼합 퍼포먼스수를 나타낸다.
㉱ 100은 옥탄가 표시, 130은 퍼포먼스수를 의미한다.

2. 지상 운전시 최대 마력이 얻어지지 않는다. 예상되는 원인은 무엇인가?

㉮ 스로틀이 완전히 전개되지 않는다.
㉯ 캬브레터 히터가 ON 위치에 있다.
㉰ 캬브레터에 Ice가 형성
㉱ 위 모두 맞다.

3. 가스터빈 기관 중에서 출력을 감속장치를 통해 프롭을 구동하고 배기가스에서 약간의 추력을 얻은 기관은 무엇인가?

㉮ Turbojet   ㉯ Turbofan
㉰ Turboprop ㉱ Turboshaft

● 터보프롭기관은 추력의 75~90% 정도를 프로펠러에서 얻고 나머지는 배기 노즐에서 얻는다.

4. 항공기 왕복기관 R1650의 실린더수가 14개이고, Piston의 행정거리가 6inch이다. 피스톤 면적은 몇 $inch^2$인가?

㉮ 19.6   ㉯ 48.2
㉰ 117.8   ㉱ 275.1

● R1650 : R-Radial(성형기관), 1650-총배기량(총행정체적, in^3)
1650 = 피스톤면적 × 6 × 14

5. 가스 터빈 기관에서의 공기 흐름 중에서 최고 압력 상승이 일어나는 곳은?

㉮ 터빈 노즐   ㉯ 터빈 로우터
㉰ 연소실   ㉱ 디퓨져

6. 연료유량과 흡입공기 손실을 고려하지 않은 진추력 공식은?

㉮ Wf(Vj+Va)/g   ㉯ Wf/g
㉰ Wf(Vj-Va)/g   ㉱ Wa(Vj-Va)/g

● 진추력의 식은 다음과 같다.
$$F_n = \frac{W_a}{g}(V_j - V_a) + \frac{W_f}{g}(V_j) + A_j(P_j - P_a)$$
그런데 연료유량을 고려하지 않으면 2번째 항은 0 이며, 흡입공기 손실 Wa (1~2%)을 고려하지 않고, 배기노즐 출구의 압력과 대기압이 같다면 식은 아래와 같이 단순화된다.
$$F_n = \frac{W_a}{g}(V_j - V_a)$$

7. 다음 열역학 제 1법칙에 대한 설명 중 맞는 것은?

㉮ 밀폐계가 사이클을 이룰 때의 열전달량은 이루어진 열보다 항상 많다.
㉯ 밀폐계가 사이클을 이룰 때의 열전달량은 이루어진 열과 정비례 관계를 가진다.
㉰ 밀폐계가 사이클을 이룰 때의 열전달량은 이루어진 열과 반비례 관계를 가진다.
㉱ 밀폐계가 사이클을 이룰 때의 열전달량은 이루어진 열보다 항상 적다.

▶ • 열역학 제1법칙: 에너지 보존 법칙으로 열과 일은 모두 에너지의 한 형태이며, 열을 일로 변환하는 것이 가능하며, 일을 열로 변환하는 것도 가능하다는 것이 열역학 1법칙이다.
• 열역학 제2법칙: 열과 일사이이 비가여성에 관한 법칙으로 역학적 일은 열로 모두 전환시키는 것은 가능하지만 주어진 열을 일로 모두 전환시키는 것은 불가능하다는 것이다. 열역학 제1법칙이 에너지의 양적 전환에 대한 것이라면 제2법칙은 에너지 전환의 방향성에 관한 법칙이라고 할 수 있다.

8. 다음 중 엔진 체적효율을 감소시키는 원인이 아닌 것은?

㉮ 밸브의 부적당한 타이밍
㉯ 고온공기의 사용
㉰ 흡입다기관의 누설
㉱ 작은 다기관의 직경

▶ η_v(체적효율) = $\dfrac{\text{실제 흡입된 가스의 체적}}{\text{행정 체적}}$
체적 효율을 감소시키는 원인으로는 부적절한 밸브 타이밍, 매우 높은 rpm, 높은 기화기 공기 온도, 고온의 연소실, 흡입 매니폴더(다기관)내의 방향전환 등이 있다.

9. 흡입압력계기의 퍼지 밸브(purge valve) 목적은 무엇인가?

㉮ 과도한 흡기 압력 배출
㉯ 흡기 압력을 낮추기 위하여
㉰ 엔진 오버 부스트 방지
㉱ 파이프라인으로 습기 오물(응축물) 배출

▶ 퍼지밸브 : 비행자세의 흔들림에 기인하거나, 온도의 상승에 의해 펌프의 공급관과 펌프 출구쪽에 거품이 생기게 되는데 이때 펌프의 배출압력이 낮아지게 되어 공기가 섞인 작동유를 배출시킨다.

10. 터보프롭 기관의 프로펠러를 지상에서 Fine Pitch에 두는데 그 이유 중 옳지 못한 것은?

㉮ 시동시 프로펠러의 토크를 적게 하기 위해
㉯ 저속 운전시 소비 마력을 적게 하기 위해
㉰ 지상 운전시 엔진 냉각을 돕기 위해
㉱ 착륙 거리를 줄이기 위해

▶ Fine Pitch - 저피치

11. 항공기가 속도 720km/h로 비행시, 항공기에 장착된 터보 제트 기관이 300kg/s로 공기를 흡입하여 400m/s로 배기시킨다. 진추력(Fn)은 얼마인가? (단, g=10m/s²)

㉮ 300kg   ㉯ 6,000kg
㉰ 8,000kg ㉱ 18,000kg

▶ $F_n = \dfrac{W_a}{g}(V_j - V_a) = \dfrac{300}{10}\left(400 - \dfrac{720}{3.6}\right)$

12. 다음 중 왕복 기관의 압축비를 구하는 식은 무엇인가? (Vc : 연소실 체적, Vs ; 행정 체적)

㉮ $\epsilon = Vs/Vc$ ㉯ $\epsilon = Vc/Vs$
㉰ $\epsilon = 1 + Vs/Vc$ ㉱ $\epsilon = 1 + Vc/Vs$

▶ 압축비 = $\dfrac{\text{피스톤이 하사점에 있을때의 실린더체적}}{\text{피스톤이 상사점에 있을때의 실린더체적}}$
= $\dfrac{\text{연소실체적} + \text{행정체적}}{\text{연소실체적}}$

13. 다음 중에서 오일의 온도가 올라가고 압력이 떨어지는 이유는?

㉮ 오일 양이 부족하다.
㉯ 오일 냉각기가 고장났다.
㉰ 오일 Pump가 고장났다.
㉱ 릴리프 v/v의 조절 불량

14. 설계 또는 상징적인 경계에 의하여 주위로 부터 구분하는 공간은?

㉮ 개방 ㉯ 밀폐
㉰ 경계 ㉱ 계

▶ 계(system)라는 것은 관찰자의 관심의 대상으로 일정 질량 및 동일성(identity)을 갖는 어떤 공간을 말하며 계를 제외한 나머지 부분은 주위(surroundings)라고 하며 계와 주위의 구분은 경계(boundary)라고 한다. 계에는 개방계와 밀폐계가 있다.

15. 다음 중에서 고출력 왕복기관의 오일계통에 쓰이는 형식은 무엇인가?

㉮ Gravity Fed dry sump
㉯ Pressure Fed dry sump
㉰ Gravity Fed wet sump
㉱ Pressure Fed wet sump

▶ * 윤활 계통의 분류
① 건식윤활계통(dry sump)-공급라인과 배유(귀유)라인이 별도로 존재하며 섬프와 배유펌프가 있다.
② 습식윤활계통(wet sump)-공급라인만 있으며 중력에 의해 탱크로 귀유된다.

1. ㉯	2. ㉱	3. ㉰	4. ㉮	5. ㉱
6. ㉱	7. ㉯	8. ㉱	9. ㉱	10. ㉰
11. ㉯	12. ㉰	13. ㉮	14. ㉱	15. ㉯

1995년도 기능사 1급 3회 항공기관

1. 크랭크 핀이 중공으로 된 이유와 관계가 먼 것은?

㉮ 무게 경감을 위해서
㉯ 슬러지 챔버(Sludge Chamber)로 사용하기 위해
㉰ 윤활유의 통로 역할을 위해
㉱ 커넥팅로드와 연결을 위해

● 중공(hollow)-가운데를 비게 한 것
슬러지 챔버(sludge chamber)-불순물질 저장 장소

2. 이상기체의 상태방정식(Pv=RT)에서 공기의 기체상수(R)는 몇 kg·m/kg·°K인가?

㉮ 29.27 ㉯ 27.29
㉰ 26.49 ㉱ 0.287

● ㉰ 는 산소의 기체 상수
공기의 기체 상수(다른 단위로)=0.287KJ/kg·°K

3. 항공기용 왕복기관에서 피스톤의 넓이가 165 cm², 행정길이가 155mm, 실린더 수가 4개, 제동평균유효압력이 8kg/cm², 회전수가 2,400 rpm일때 제동 마력은?

㉮ 203ps ㉯ 218ps
㉰ 235ps ㉱ 257ps

● 제동 마력을 구하는 데 있어서 단위 환산이 아주 중요하다.

$Bhp = \dfrac{PLANK}{75 \times 2 \times 60}$

$= \dfrac{8[kg_f/cm^2] \times 0.155[m] \times 165[cm^2] \times 2,400[rpm] \times 4}{75 \times 2 \times 60}$

4. 가스터빈 기관에 사용하는 연료중 등유와 낮은 증기압의 가솔린과 합성 연료이며 주로 군용으로 사용되는 것은?

㉮ Jet A   ㉯ Jet A-1
㉰ JP-4   ㉱ Jet B

● 군용: JP-4, JP-5, JP-6, JP-7, JP-8
민간용: Jet A, Jet A-1, Jet B

5. 왕복 엔진의 크랭크 샤프트 재질은?

㉮ 니켈강
㉯ 니켈-그롬강
㉰ 크롬-니켈-몰리브덴강
㉱ 크롬-바나듐강

● 크랭크축에는 피스톤에 작용하는 높은 연소 압력에 의해 굽혀지고, 고속회전에 의해 원심력과 관성모멘트 및 진동 등이 항시 작용하므로 니켈-크롬-몰리브덴 강과 같은 강한 합금강으로 만들어진다.

6. 다음 중에서 프로펠러의 유효 피치(effective pitch)를 구하는 공식으로 맞는 것은?
(단, α:받음각, β:깃각, Φ:유입각, r:프로펠러 반경)

㉮ $2\pi r \tan\alpha$ ㉯ $2\pi r \tan\beta$
㉰ $2\pi r \tan\Phi$ ㉱ $2\pi r \tan(\alpha+\beta)$

● 기하학적 피치(GP) : 공기를 강체로 가정하고 프로펠러 깃을 한바퀴 회전시켰을 때 앞으로 전진할 수 있는 이론적 거리= $2\pi r \tan\beta$
유효 피치(EP) : 공기 중에서 프로펠러가 1회전 할 때 실제로 전진하는 거리= $2\pi r \tan\Phi$
= $V \times \frac{60}{N}$

7. 터보 제트 엔진에서 흡입 속도가 감소하여 압축기 로우터 블레이드 받음각이 증가하므로서 압축기 압력비가 급격히 떨어지고 엔진 출력이 감소하여 작동이 불가능해진다. 이러한 현상을 무엇이라 하는가?

㉮ 동력 실속 ㉯ 압축기 실속
㉰ 날개 실속 ㉱ 헝 스타트

● 결핍시동(hung start): 비정상 시동(과열시동, 결핍시동, 시동불능)의 일종으로 시동이 시작된 다음 기관의 회전수가 완속 회전수까지 증가하지 않고 이보다 낮은 회전수에 머물러 있는 현상

8. 왕복기관 오일 계통에 사용하는 배유 펌프는 무슨 형태인가?

㉮ 기어   ㉯ 베인
㉰ 제로터   ㉱ 피스톤

9. 왕복 엔진에 사용되는 부스터 코일에 대한 설명으로 맞는 것은?

㉮ 축전지의 직류를 맥류로 만들어 마그네토에서 고전압으로 승압시킨다.
㉯ 점화시에만 마그네토의 회전속도를 순간적으로 가속시킨다.
㉰ 마그네토가 유효회전속도에 도달할 때까지 스파크 플러그에 점화불꽃을 일으키는 역할을 한다.
㉱ 시동스위치와 별도로 조작되는 점화보조장비이다.

● ㉮는 인덕션 바이브레이터이다.
㉯는 임펄스 커플링이다.
㉰는 부스터 코일이다.
㉱ 상기의 3가지는 모두 보조점화장비이며 인덕션 바이브레이터와 부스터 코일은 시동스위치와 연동되어 조작되며, 전원으로는 축전지(밧데리)가 이용된다.

10. 왕복 엔진 실린더의 과냉각이 기관에 미치는 영향을 옳게 설명한 것은?

㉮ 연료 소비율이 감소한다.
㉯ 연소가 활발히 진행된다.
㉰ 완전연소되며 배기가스와 불순물이 생성되지 않는다.
㉱ 연소를 나쁘게 하여 열효율이 떨어진다.

● ① 기관의 냉각이 불충분할 때 - 노크현상이나 조기점화의 원인이 되고, 재질이 손상되어 기관의 수명이 짧아진다.
② 기관 과냉각시 - 연소가 불완전하게 되어 열효율이 떨어진다.

11. 다음은 피스톤 링 장착 방법에 대한 설명이다. 옳은 것은?

㉮ 피스톤 링 끝간격이 한쪽방향에 일직선으로 배열되도록 한다.
㉯ 피스톤 링 옆간격이 한쪽방향에 일직선으로 배열되도록 한다.
㉰ 보통 360를 피스톤 링 수로 나눈 각도로 장착한다.
㉱ 보통 180를 피스톤 링 수로 나눈 각도로 장착한다.

● 가스의 누설을 방지하기 위하여

12. 다음은 타이밍 라이트 사용 방법에 대한 설명이다. 옳은 것은?

㉮ 검은색 도선은 기관에 접지한다.
㉯ 붉은색 도선은 기관에 접지한다.
㉰ 검은색 도선은 브레이커 포인트에 연결한다.
㉱ 검은색 도선은 콘덴서에 연결한다.

▶ 타이밍 라이트: 마그네토의 내부점화시기조정(브레이커포인트의 E갭을 맞추는 것)할 때 사용하는 것으로 붉은색 도선은 브레이커 포인트에 연결하고 검은색 도선은 기관에 접지시킨다.

13. 가스 터빈 엔진의 1차 및 2차 공기 흐름에 대한 설명으로 바른 것은?

㉮ 1차 공기는 냉각에, 2차 공기는 연소에 사용된다.
㉯ 1차 공기는 연소에, 2차 공기는 냉각에 사용된다.
㉰ 1차 및 2차 공기는 모두 냉각에 사용된다.
㉱ 1차 및 2차 공기는 모두 연소에 사용된다.

▶ ① 1차 공기: 1차 연소영역, 즉 연소영역에 유입되는 공기를 말한다. 1차 공기량은 기관에 유입되는 전체 공기의 20~30% 이며 연료와 섞이어 직접 연소에 참여한다.
② 2차 공기: 2차 연소영역내의 공기를 말하며 주로 연소가스의 냉각작용을 담당한다.

14. 윤활계통의 압력이 과도할 때 오일이 펌프 입구로 귀환되도록 제작된 밸브를 무엇이라 하는가?

㉮ 조절 밸브   ㉯ 바이패스 밸브
㉰ 릴리프 밸브   ㉱ 체크 밸브

▶ ① 릴리프 밸브: 계통내의 압력이 과도할 때 흐름을 펌프 입구로 되돌려 압력을 일정하게 유지
② 바이패스 밸브: 여과기가 막혔을 때, 펌프 고장시 등 일 때 그 장치를 거치지 않고 직접 흐름을 만들어 줌
③ 체크 밸브: 흐름의 역류를 방지

15. 제트엔진 터빈 깃의 냉각 방법 중에서 다공성 재료로 만든 후 블레이드의 내부를 중공으로 하여 냉각하는 것을 무엇이라고 하는가?

㉮ 침출 냉각   ㉯ 공기막 냉각
㉰ 충돌 냉각   ㉱ 대류 냉각

▶ ① 공기막 냉각: 터빈 깃의 안쪽에 공기통로를 만들고, 터빈 깃 표면에 작은 구멍을 뚫어 이 구멍을 통해 찬 공기가 나오게 한다.
② 대류냉각: 터빈 깃의 내부에 공기통로를 만들어 이곳으로 차가운 공기가 지나가도록 한다.
③ 충돌냉각: 터빈 깃의 내부에 작은 공기통로를 만들어 이 통로에서 터빈 깃의 앞전 안쪽 표면에 냉각 공기를 충돌시켜 깃을 냉각시킨다.

1. ㉱	2. ㉮	3. ㉯	4. ㉰	5. ㉰
6. ㉰	7. ㉯	8. ㉮	9. ㉰	10. ㉱
11. ㉰	12. ㉮	13. ㉯	14. ㉰	15. ㉮

1995년도 기능사 1급 4회 항공기관

1. 자동차가 내려오다 브레이크를 잡았을 때 열이 발생하였다. 이 때 바로 냉각했을 경우, 자동차가 위로 올라갔다. 이는 어느 법칙을 위배한 것인가? (단, 열손실량은 없다)

   ㉮ 열역학 제1법칙
   ㉯ 열역학 제2법칙
   ㉰ 열역학 제0법칙
   ㉱ 에너지 보존 법칙

2. 압력식 기화기에서 연료 압력을 측정하는 장소는?

   ㉮ 연료 펌프   ㉯ 기화기 입구
   ㉰ 보조 펌프   ㉱ 기화기 출구

3. 타이밍 라이트를 가지고 엔진 타이밍을 맞출 때 1차 코일을 끊어야 하는 이유는 무엇인가?

   ㉮ 콘덴서가 작동 타이밍과 간섭하는 것을 방지
   ㉯ 회전 영구자석의 자력 손실을 방지
   ㉰ 접점을 보호
   ㉱ 타이밍 하는 동안 1차 코일이 타는 것을 방지

4. 다음 중에서 임펄스 커플링의 역할은?

   ㉮ 시동시 고전압을 공급한다.
   ㉯ 점화시기를 앞당겨서 킥백을 방지한다.
   ㉰ 배전기로 고전압을 전달한다.
   ㉱ 밧데리에서 온 전기를 1차 코일로 직접 공급한다.

   ● 기관 시동시 유효회전속도(comming in speed)에 도달하기 전 불꽃점화가 필요할 때에만 마그네토의 회전영구자석의 회전속도를 순간적으로 가속시켜 고전압을 발생시키는 장비이다.

5. 브레이커 포인트가 손상되었을 때 교환해야 하는 부품은?

   ㉮ 1차 코일   ㉯ 2차 코일
   ㉰ 배전기 점검   ㉱ 콘덴서

   ● 콘덴서는 브레이크 포인트에서 생기는 아크(arc), 즉 전기불꽃을 흡수하여 브레이크 포인트 부분의 불꽃에 의한 마멸을 방지하고, 철심에서 발생했던 잔류자기를 빨리 없애주는 역할을 한다. 콘덴서의 용량이 너무 작으면 브레이커 포인트가 타고 콘덴서가 손상되며, 용량이 너무 크면 2차 전압이 낮아진다. (브레이커 포인트의 재질: 백금-이리듐 합금)

6. 성형 기관에서 가장 나중에 장탈해야 하는 실린더는 무엇인가?

   ㉮ 1번 실린더   ㉯ 상부 실린더
   ㉰ 하부 실린더   ㉱ 마스터 실린더

   ● 마스터 실린더: 주커넥팅로드(마스터로드)가 들어있는 실린더

7. 왕복기관의 흡입 압력이 증가할 때 어떤 현상이 발생하는가?

㉮ 충진 체적 증가
㉯ 충진 체적 감소
㉰ 충진 밀도 증가
㉱ 연료공기 혼합비 무게 감소

▶ 압력과 밀도는 비례

8. 주위와 열출입을 차단하고 일어날 수 있는 계의 상태변화는?

㉮ 정압변화   ㉯ 정적변화
㉰ 단열변화   ㉱ 등온변화

▶ 계(system) 내부로의 열출입도, 외부로의 열방출도 없는 상태를 단열상태라고 한다.
실제로 100% 단열상태는 존재할 수 없다.
*단열상태의 이상기체 상태방정식: $Pv^k =$ 일정

9. 온도가 높아지면 평균유효압력은 어떻게 변하는가?

㉮ 저하된다.
㉯ 증가한다.
㉰ 일정하다.
㉱ 증가하다가 감소한다.

▶ 온도와 압력은 반비례

10. 다음은 프로펠러 효율과 진행율과의 관계를 설명한 것이다. 옳지 않은 것은?

㉮ 하나의 깃각에서 효율이 최대가 되는 진행율은 한 개뿐이다.
㉯ 진행율이 클 때 깃각을 작게 한다.
㉰ 진행율과 프로펠러 효율은 비례한다.
㉱ 이륙시 깃각을 작게 한다.

▶ ① 진행률이 작을 때는 깃각을 작게 하고, 진행률이 커짐에 따라 깃각을 크게 하면 효율이 좋아진다.
② 프로펠러의 효율 $\eta_p = \dfrac{C_t}{C_p}\dfrac{V}{nD} = \dfrac{C_t}{C_p}J$

11. 터보 제트 엔진에서 터빈에 대한 설명으로 옳지 않은 것은?

㉮ 고속 가스에서 운동 에너지를 축에 전달한다.
㉯ 첫 단 터빈 깃의 냉각은 오일을 사용한다.
㉰ 충동 터빈을 지나온 흐름은 압력, 속도는 변하지 않고 흐름 방향만 바꾼다.
㉱ 반동형은 속도와 압력이 변화한다.

▶ ① 터빈 깃의 냉각은 압축기 뒷단의 압축공기를 이용한다.
② 충동터빈(impulse turbine)-반동도 0
③ 반동터빈(reaction turbine)-반동도 50

12. 다음 중에서 FCU의 수감부가 아닌 것은?

㉮ 연소실 온도
㉯ 압축기 입구 온도
㉰ 압축기 출구 온도
㉱ rpm

▶ 연료조정장치(FCU: fuel control unit)의 수감요소
① 기관회전수(RPM)
② 압축기 출구압력 (CDP)
③ 압축기 입구 온도 (CIT) 또는 연소실의 압력 (P_b)
④ 동력레버의 위치(PLA : power lever angle)

13. 다음 브레이튼 사이클에 대한 설명으로 틀린 것은?

㉮ 한 개씩의 단열과정과 정압과정이 있다.
㉯ 두개의 단열과정과 두개의 정압과정이 있다.
㉰ 연소가 진행될 때 정압과정이다.
㉱ 가스터빈 기관의 이상적인 사이클이다.

● Brayton cycle: 가스터빈 기관을 설명하는 이상적인 사이클로 단열압축, 정압수열, 단열팽창, 정압방열 과정으로 이루어져 있다.

14. 축류식 압축기에 대한 설명으로 옳은 것은?

㉮ 전면 면적에 비해 많은 양의 공기를 처리할 수 있다.
㉯ 손상에 강하다.
㉰ 다단으로 제작하기 곤란하다.
㉱ 구조가 간단하다.

● ① 장점: 전면 면적에 비해 많은 양의 공기를 흡입, 압축할 수 있고, 여러 단으로 제작할 수 있으며, 입구와 출구와의 압력비 및 압축기 효율이 높다.
② 단점: 제작하기 힘들고, 값이 비싸며, 비교적 무게가 많이 나간다. 또한 높은 시동 파워가 필요하다.

15. 제트기관의 배기가스 소음을 줄이는 방법으로 옳은 것은?

㉮ 고주파를 저주파로 변환시킨다.
㉯ 대기와 혼합되는 면적을 줄인다.
㉰ 배기노즐의 면적을 넓혀 가스 속도를 줄인다.
㉱ 대기와 혼합되는 면적을 넓힌다.

● 배기 소음의 크기는 배기가스 속도의 6~8제곱에 비례하고, 배기노즐 지름의 제곱에 비례한다.
*배기 소음 감소장치의 원리는 다음과 같다.
① 배기소음의 저주파수를 고주파수로 바꾸어 준다.
② 배기가스의 상대속도를 줄여준다.
③ 배기가스가 대기와 혼합되는 면적을 넓게 한다.

1. ㉯	2. ㉯	3. ㉯	4. ㉮	5. ㉱
6. ㉱	7. ㉰	8. ㉰	9. ㉮	10. ㉯
11. ㉯	12. ㉰	13. ㉮	14. ㉮	15. ㉱

1996년도 기능사 1급 1회 항공기관

1. 다음 열기관 중에서 가장 효율이 좋은 기관은?

㉮ 카르노 기관 ㉯ 브레이튼 기관
㉰ 오토 기관   ㉱ 디젤 기관

● 카르노 사이클: 두 개의 단열과정과 두 개의 등온과정으로 구성
열효율 $\eta_{th} = \dfrac{W}{Q_1} = 1 - \dfrac{Q_2}{Q_1} = 1 - \dfrac{T_2}{T_1}$

2. 다음 중에서 왕복기관의 열효율을 구하는 공식은?

㉮ $1 - \left(\dfrac{1}{\epsilon}\right)^{k-1}$ ㉯ $\dfrac{1}{1 - \epsilon^{k-1}}$

㉰ $1 - \left(\dfrac{1}{\gamma_p}\right)^{\frac{k-1}{k}}$ ㉱ $1 + \left(\dfrac{1}{\epsilon}\right)^{k-1}$

● ㉰ 는 가스터빈기관(브레이튼 사이클)의 열효율 공식

3. 홈이 4개인 피스톤이 있다. 이 홈에 들어가는 피스톤 링은?

㉮ 압축링 3개, 오일링 1개
㉯ 압축링이 4개이다
㉰ 오일링 2개, 압축링 2개
㉱ 오일링 3개, 압축링 1개

● ① 피스톤링이 3개시: 압축링-2, 오일조절링-1
② 피스톤링이 4개시: 압축링-2, 오일조절링-1, 오일스크레이퍼링-1
③ 피스톤링이 5개시: 압축링-3, 오일조절링-1, 오일스크레이퍼링-1

4. 왕복 기관에서 혼합비가 과희박시 흡입밸브가 빨리 열릴 때 일어나는 현상은?

㉮ After Fire   ㉯ Back Fire
㉰ Detonation   ㉱ Kick Back

● ① 후화(After Fire): 과농후(over rich) 혼합비상태로 연소시 배기행정 후에도 연소가 진행되어 배기관을 통해 불꽃이 배출되는 현상
② 역화(Back Fire): 과희박(over lean) 혼합비상태로 연소시 흡입행정시 실린더 안에 남아 있는 화염불꽃에 의해 매니폴드나 기화기 안의 혼합가스로 까지 인화되는 현상
③ Detonation : 정상 점화에 의한 불꽃 전파가 도달하기 전에 미연소 가스가 자연발화에 의해 폭발하는 현상
④ Kick Back : 기관 저속 회전시 빠른 점화진각에 의한 기관 역회전 현상

5. 다음 시동기 중에서 그 구조가 가장 간단한 것은?

㉮ 공기 충돌식   ㉯ 가스 터빈식
㉰ 시동-발전기식 ㉱ 전동기식

● ① 공기 충돌식: 압축 공기를 기관 터빈에 직접 공급하는 방식
② 가스 터빈식: 외부의 동력 없이 자체적으로 기관 시동
③ 공기 터빈식: 출력이 큰 대형 기관에 적합하며 별도의 보조 가스터빈기관에 의해 형성된 기관 압축공기를 이용하여 시동하며, 가장 많이 사용
④ 전동기식 : 직권식 직류전동기를 이용하여 30초 이내에 시동(외부전원 : 발전기, 축전지 사용)

⑤ 시동-발전기식 : 항공기 무게를 감소시킬 목적으로 시동시에는 시동기 역할, 자립회전 속도 도달시는 발전기 역할

6. 프로펠러에서 Face란 어느 부분을 말하는가?

㉮ 프로펠러의 허브 부분
㉯ 프로펠러의 뿌리 부분
㉰ 프로펠러의 캠버가 있는 부분
㉱ 프로펠러의 평평한 면

● 프로펠러의 캠버가 있는 부분 : blade back (추력 발생 부분)

7. 밀폐된 계에서 일을 했을 때, 에너지가 소모되지 않고 그 형태만 바뀐다는 법칙은?

㉮ 열역학 제1법칙   ㉯ 열역학 제2법칙
㉰ 열역학 제3법칙   ㉱ 열역학 제4법칙

8. 터빈 깃의 냉각 방법 중에서 터빈의 내부를 중공으로 하여 이곳으로 공기가 통과하면서 냉각되는 방식은?

㉮ 대류 냉각   ㉯ 충돌 냉각
㉰ 침출 냉각   ㉱ 공기막 냉각

9. 스테인레스 강철망으로 만들어진 여과기에서 거를 수 있는 최대 입자의 크기는 몇 미크론인가?

㉮ 10   ㉯ 40
㉰ 100   ㉱ 200

● ① 카트리지형: 50~100μ, 필터가 종이로 되어 있으며, 주기적으로 교환 (1μ=0.001mm)
② 스크린형: 40μ, 주기적으로 세척하여 재사용
③ 스크린-디스크형: 주기적으로 세척하여 재사용

10. 다음 중 지상에서 피치각을 조절할 수 있는 프로펠러는?

㉮ 조정 피치 프로펠러
㉯ 가변 피치 프로펠러
㉰ 정속 프로펠러
㉱ 완전 페더링 프로펠러

● ① 고정피치 프로펠러 : 순항시 최대효율이 되도록 피치각 고정
② 가변피치 프로펠러 : 공중에서 비행목적에 따라 조종사에 의해서 피치의 조정이 가능
 • 2단 가변피치 : 저피치(저속), 고피치(고속)
 • 정속 프로펠러 : 조속기를 통해 자유 피치 변경 가능
 • 완전 페더링 프로펠러 : 기관 고장시 깃을 비행방향과 평행이 되도록하여 기관의 고장확대 방지
 • 역피치 프로펠러 : 역추력 발생으로 착륙거리 단축

11. 프로펠러가 평형 상태를 벗어났을 때 가장 현저하게 발견할 수 있으므로 나타나는 것은?

㉮ High RPM
㉯ Low RPM
㉰ Crusing RPM
㉱ Critical Range RPM

● 높은 RPM에서 프로펠러의 균형이 맞지 않을 때, 진동 현상이 발생한다.

12. 크랭크축에 달려 있는 다이나믹 댐퍼의 역할은 무엇인가?

㉮ 크랭크축에 정적 평형을 준다
㉯ 크랭크축에 동적 평형을 준다
㉰ 크랭크축의 비틀림과 진동을 방지한다
㉱ 크랭크축의 원심력 하중을 감소시킨다

- ① 평형추(counter weight): 크랭크축 회전시 무게의 균형을 맞추어 준다. (정적 평형)
- ② 다이나믹 댐퍼(dynamic damper): 크랭크축의 변형이나 비틀림 및 진동을 줄여준다.

13. 기관의 내부에서 크리프 현상이 가장 많이 발생하는 곳은?

㉮ 연소실 ㉯ 터빈 블레이드
㉰ 터빈 휠 ㉱ 가변 터빈 깃

- Creep는 응력을 받고 있는 재료의 영구 비틀림이 시간과 함께 증가하는 현상으로 온도가 높은 만큼 현저하다. 가스터빈기관에서는 고속 회전에 의한 원심력과 연소가스에 의한 고압력과 고온도를 받는 터빈 블레이드가 이 크리프에 문제가 된다.

14. 보조 동력 장치가 자동적으로 셧 다운 될 수 있는 조건이 아닌 것은?

㉮ N_1, N_2 이상 over speed시
㉯ Low oil pressure
㉰ EGT over temperature
㉱ rpm nomal

- ① 보조 동력 장비 (APU): 지상에서 엔진을 작동시킬 필요가 없고 지상동력장비(GPU) 없이도 기내에서 필요한 동력이 확보된다. 또 비행중 비상시 필요한 동력원이 확보된다.
- ② APU가 자동 정지되는 현상: rpm overspeed, battery 전압저하, APU화재, 공기동력원 배관파괴 등

15. 다음 중에서 스파크 플러그의 오염 원인은?

㉮ 피스톤 링의 과도한 마모
㉯ 갭이 너무 클 때
㉰ 오일 여과기가 막힘
㉱ 불꽃이 전극 사이에서 튀지 않고 접지 될 때

- 피스톤 링의 과도한 마모에 의하여 연소실 내부로 윤활유의 유입이 가능하고, 때문에 탄소 찌꺼기에 의한 점화 플러그의 오염 원인이 된다.

1. ㉮	2. ㉮	3. ㉰	4. ㉯	5. ㉮
6. ㉱	7. ㉮	8. ㉮	9. ㉯	10. ㉮
11. ㉮	12. ㉰	13. ㉯	14. ㉱	15. ㉮

1996년도 기능사 1급  항공기관

1. 기화기의 결빙시 나타나는 현상 중 옳은 것은?

㉮ C.H.T에 이상이 생긴다
㉯ 흡입 압력 증가
㉰ Engine R.P.M 이상
㉱ 흡입 압력 강하

▶ 기화기가 결빙되면 흡입 공기의 양이 감소하여 혼합가스의 압력 저하

2. 차가운 날 엔진 시동을 돕기 위하여 오일 희석 장치는 엔진 오일을 다음 어느 것으로 희석하는가?

㉮ kerosene ㉯ gasoline
㉰ alcohol   ㉱ propane

▶ * 오일 희석 장치 (oil dilution system)
 • 추운 기후에 시동시 윤활유를 저점도로 만들기 위해
 • 기관 정지전 연료(가솔린)를 윤활계통에 보내 희석

3. 연소실 입구 압력이 절대압력 80inHg, 출구압력이 77inHg일 때, 연소실 압력 손실계수는?

㉮ 0.0375 ㉯ 0.1375
㉰ 0.2375 ㉱ 0.3375

▶ 압력손실: 연소실 입구와 출구의 압력차를 의미하며, 이것은 마찰에 의하여 나타나는 형상 손실과 연소에 의한 가열팽창 손실 등을 합한 것이다.

압력손실계수 = $\dfrac{(입구압력 - 출구압력)}{입구압력} = \dfrac{3}{80}$

4. 다음 중에서 경항공기의 오일펌프로 쓰이는 것은?

㉮ 원심식 pump ㉯ 피스톤식 pump
㉰ 베인식 pump ㉱ 기어식 pump

5. 가스터빈 엔진 항공기는 장거리 순항시 다음 사항 중 어떠한 이유로 36,000ft를 최량고도로 하는가?

㉮ 36,000ft 이상부터는 기압이 일정해지고, 기온이 강하하기 때문이다
㉯ 36,000ft 이상부터는 기온이 일정해지고, 기압이 강하하기 때문이다
㉰ 36,000ft에서는 항공기의 비행에 알맞은 jet 기류가 있기 때문이다
㉱ 36,000ft 이상에서는 기압과 기온이 급격히 강하하기 때문이다

▶ 36,000ft = 11km 대류권계면

6. 4행정 싸이클 엔진에서 흡입밸브가 일찍 열리면 어떤 현상이 생기는가?

㉮ 실린더의 부적당한 소기
㉯ 과도한 실린더 압력
㉰ 낮은 오일 압력
㉱ 흡입계통으로 역화

▶ 역화(back fire) : 흡입행정시 밸브가 일찍 열리면 실린더 안에 남아 있는 불꽃에 의해 매니폴드나 기화기 안의 혼합가스까지 인화되는 현상

7. 일종의 압축기로 흡입 가스를 압축시켜 많은 양의 공기 또는 혼합 가스를 실린더로 보내어 큰 출력을 내는 장치는?

㉮ 기화기　　㉯ 공기덕트
㉰ 매니폴드　　㉱ 과급기

● 과급기(supercharger): 고고도에서 출력감소 방지, 이륙시 출력 증가
　• 원심식, 루츠식, 베인식

8. 터보제트 엔진에서 추력을 증가시키는 장치는?

㉮ 압력 분사식 캬브레터에 의하여
㉯ 높은 휘발성 연료를 사용해서
㉰ 저고도에서만 얻을 수 있다
㉱ 후기 연소(After Burner)에 의하여

● 추력증가장치: 물분사 장치(water injection), 후기연소기(After Burner)

9. 어떤 기관의 피스톤 지름이 145mm, 행정길이가 155mm, 실린더수가 4, 제동평균 유효압력이 8kg/cm², 회전수가 2,300rpm일 때 제동마력은 얼마인가?

㉮ 209 ps　　㉯ 202 ps
㉰ 173 ps　　㉱ 165 ps

● $bHP = \dfrac{P_{mb} \cdot L \cdot A \cdot N \cdot K}{75 \times 2 \times 60}$

$= \dfrac{8 \times 0.155 \times \dfrac{3.14 \times (14.5)^2}{4} \times 2,300 \times 4}{9,000}$

10. 다음 중에서 프로펠러 회전시 작용하는 하중이 아닌 것은?

㉮ 인장력　　㉯ 압축력
㉰ 비틀림력　　㉱ 굽힘력

● 원심력-인장응력, 추력-굽힘응력, 비틀림력-비틀림응력

11. 원심식 압축기의 장점이 아닌 것은?

㉮ 경량이다.
㉯ F.O.D에 의한 저항력이 없다.
㉰ 구조가 간단하다.
㉱ 제작비가 저렴하다.

● ① 장점: 단당 압력비가 높고, 아이들에서 최대 출력까지의 넓은 속도 범위에서 좋은 효율을 가지며, 제작이 쉽고, 구조가 튼튼하며, 값이 싸다
② 단점: 압축기 입구와 출구의 압력비가 낮고, 많은 양의 공기를 처리할 수 없고, 추력에 비해 큰 전면 면적으로 항력이 크다.

12. 연료계통의 주스트레이너는 주로 어느 곳에 위치하는가?

㉮ 연료계통에서 화염원과 먼 곳에 위치한다.
㉯ 연료펌프 relief valve 다음에 위치한다.
㉰ 연료계통의 가장 낮은 곳에 위치한다.
㉱ 연료 Tank 다음에 위치한다.

● 스트레이너(strainer) = 여과기(filter)

13. piston 링은 연소실의 기밀 유지를 하며, 다음과 같은 역할을 한다. 어느 것인가?

㉮ piston pin 윤활
㉯ 방열의 통로
㉰ 연소압력초과를 방지
㉱ 크랭크 case 내압의 저하

● 피스톤 링의 작용: 기밀작용, 열전도 작용, 윤활유 조절작용

14. 다음 중 열기관의 열효율을 바르게 나타낸 것은?

㉮ 열효율=방출열량/공급열량
㉯ 열효율=공급열량/방출열량
㉰ 열효율=방출열량/일
㉱ 열효율=일/공급열량

▶ $\eta_{th} = \dfrac{\text{유효한 일}}{\text{공급된 열량}} = \dfrac{W}{Q_1} = \dfrac{Q_1 - Q_2}{Q_1} = 1 - \dfrac{Q_2}{Q_1}$

15. 가스터빈 엔진에서 엔진의 작동상태와 기계적 안전을 표시하는 계기는?

㉮ CIT 계기   ㉯ RPM 계기
㉰ EPR 계기   ㉱ EGT 계기

▶ ① CIT: 압축기 흡입 온도
② RPM: 분당 회전수
③ EPR : 엔진 압력비
④ EGT: 배기가스 온도

1. ㉱	2. ㉯	3. ㉮	4. ㉱	5. ㉰
6. ㉱	7. ㉱	8. ㉰	9. ㉮	10. ㉯
11. ㉯	12. ㉰	13. ㉯	14. ㉱	15. ㉱

1996년도 기능사 1급 3회 항공기관

1. 온도가 일정하게 유지되는 상태 변화를 무엇이라 하는가?

㉮ 정압 과정 ㉯ 등온 과정
㉰ 정적 과정 ㉱ 단열 과정

2. 다음 중에서 프로펠러의 회전속도가 증가하게 되는 요인에 해당되지 않는 것은?

㉮ 비행고도의 증가
㉯ 감속기어를 삽입할 경우
㉰ 비행자세를 강하 자세로 취할 경우
㉱ 기관의 스로틀 개폐 증가에 의한 기관 출력 증가

● 정속 프로펠러에서 위의 요인에 의해 과속회전 상태(overspeed)가 되면 조속기에 의해 프로펠러의 피치를 고피치로 만들어 감속시켜 정속회전상태로 돌아오게 한다.
• 고피치로 만들어주는 힘: 프로펠러의 원심력
• 저피치로 만들어주는 힘: 조속기 오일 압력

3. 9기통 성형기관에서 회전 영구자석이 6극형이라면, 회전 영구 자석의 회전속도는 크랭크축 회전속도의 몇 배인가?

㉮ 3배 ㉯ 1.5배
㉰ 3/4배 ㉱ 2/3배

● $\dfrac{\text{마그네토회전속도}}{\text{크랭크축회전속도}} = \dfrac{\text{실린더수}}{2 \times \text{극수}}$

4. 가스 터빈 엔진에서 오일을 냉각시키기 위한 방법은?

㉮ 오일을 냉각시키기 위해 작동유를 이용
㉯ 오일을 냉각시키기 위해 연료를 이용
㉰ 오일을 냉각시키기 위해 알콜을 이용
㉱ 오일을 냉각시키기 위해 물을 이용

● 왕복 기관: 공랭식, 가스 터빈 기관: 연료-윤활유 냉각기(fuel-oil cooler)

5. 다음 물분사 장치에 대한 설명 중 사실과 다른 것은?

㉮ 물을 분사시키면 흡입공기의 온도가 낮아지고 공기밀도가 증가
㉯ 이륙시 10~30% 추력 증가
㉰ 물분사에 의한 추력증가량은 대기 온도가 높을 때 효과가 크다
㉱ 물과 알콜을 혼합하는 이유는 연소가스 압력을 증가시키기 위함

● 물분사는 일명 ADI(AntiDetonant Injection)라고도 하며, 물에 알콜을 혼합하는 이유는 물이 어는 것을 방지하고, 또 물에 의해 낮아진 연소가스의 온도를 알콜이 연소됨으로써 증가시킬 수 있기 때문이다.

6. D.C를 주전원으로 하는 항공기 시동을 위해 전원을 넣으면 점화 릴레이에 어떤 전원이 공급되는가?

㉮ 24V D.C 모터에 의해 공급
㉯ 115V A.C 400cycle Eng' Gen'에 의해
㉰ 115V A.C 600cycle Eng' Gen'에 의해
㉱ 인버터에 의한 115V 400cycle 교류에 의해 공급

● 인버터: 직류를 교류로 변환시키는 장치

7. 가스 터빈 기관의 기어형 윤활유 펌프에 관한 내용이다. 가장 바른 것은?

㉮ 배유펌프가 압력펌프보다 크기가 더 크다.
㉯ 압력펌프가 배유펌프보다 크기가 더 크다.
㉰ 압력펌프와 배유펌프와 크기가 꼭 같다.
㉱ 압력펌프와 배유펌프의 크기는 무관하다.

● 탱크로 윤활유를 되돌릴 때는 기관 내부에서 공기와 혼합되어 체적이 증가하기 때문에 배유펌프가 압력펌프보다 용량이 더 커야 한다.

8. 9기통 성형기관의 점화 순서로 맞는 것은?

㉮ 1-6-3-2-5-4-9-8-7
㉯ 1-2-3-4-5-6-7-8-9
㉰ 1-3-5-7-9-2-4-6-8
㉱ 9-8-7-6-5-4-3-2-1

● • 성형 2열 14실린더(+9, -5)
 :1-10-5-14-9-4-13-8-3-12-7-2-11-6
• 성형 2열 18실린더(+11,-7)
 :1-12-5-16-9-2-13-6-17-10-3-14-7-18-11-4-15-8
• 수평 대항형 6실린더
 :1-6-3-2-5-4 또는 1-4-5-2-3-6

9. 다음 중 왕복기관 피스톤의 안쪽이 움푹 패인 이유는?

㉮ 무게 감소
㉯ 체적효율 증가
㉰ 냉각 효과 증가
㉱ 팽창계수를 좀더 좋게 하기 위해

10. 왕복기관의 과급기를 장착하는 이유는?

㉮ 출력 증가
㉯ 고공에 출력 저하 방지
㉰ 엔진 효율 증가
㉱ 착륙시 출력 감소 방지

11. 왕복기관의 경우 밸브 개폐시기는 흡입밸브가 상사점전 30°에서 열리고, 하사점후 60°에서 닫히며, 배기밸브가 하사점전 60°에서 열리고, 상사점후 15°에서 닫히는 경우 밸브 오버랩은 몇 도인가?

㉮ 15° ㉯ 45°
㉰ 60° ㉱ 75°

● 밸브 오버랩: IO(intake valve open) 과 EC (exhaust valve close)의 각도
즉, 흡입밸브가 상사점 전에 열림과 배기밸브의 상사점 후에 닫힘 사이의 각도
※ v/v overlap을 두는 이유
① 체적효율의 향상
② 배기가스를 완전히 배출시킴
③ 실린더 냉각을 돕는다.

12. 다음 중 가스터빈 기관의 이상적 싸이클은?

㉮ 오토 싸이클   ㉯ 카르노 싸이클
㉰ 정적 싸이클   ㉱ 브레이튼 싸이클

13. 항공용 왕복기관의 압축비는 어느 정도로 제한하는가?

  ㉮ 3∼4   ㉯ 5∼6
  ㉰ 6∼8   ㉱ 8∼10

● 이론적으로 압축비가 크면 클수록 열효율은 증가하나 실제 기관에서는 압축비가 너무 커지면 기관의 크기 및 중량이 증가하고, 진동이 커지며, 비정상적인 연소현상을 일으킨다.

14. 열역학에서 계의 구분에 맞는 것은?

  ㉮ 밀폐계와 경계계
  ㉯ 개방계와 밀폐계
  ㉰ 개방계와 경계계
  ㉱ 개방계와 형상계

● • 밀폐계(closed system) : 경계를 통해 에너지의 출입은 가능하나, 작동 물질의 출입은 불가능한 계
 • 개방계(open system) : 경계를 통해 에너지와 작동 물질의 출입이 모두 가능한 계

15. 가스터빈 기관의 캔-애뉼러형 연소실을 1차 연소영역과 2차 연소영역으로 구분, 2차 연소영역에서 공기 연료의 혼합비는 얼마인가?

  ㉮ 14∼18 : 1   ㉯ 3∼7 : 1
  ㉰ 60∼130 : 1 ㉱ 150∼180 : 1

● 1차 연소영역 : 14∼18 : 1

1. ㉯	2. ㉯	3. ㉰	4. ㉯	5. ㉱
6. ㉱	7. ㉮	8. ㉰	9. ㉰	10. ㉯
11. ㉯	12. ㉱	13. ㉰	14. ㉯	15. ㉰

1996년도 기능사 1급 4회 항공기관

1. Jet 엔진의 1차 연소 영역에 직접적인 최적 공연비는?

   ㉮ 15 : 1　　㉯ 25 : 1
   ㉰ 35 : 1　　㉱ 45 : 1

2. 화씨 온도에서 열의 존재를 인정하지 않는 온도는?

   ㉮ -273.15°F　　㉯ -359.4°F
   ㉰ -459.4°F　　㉱ -573.15°F

   ▶ ℃: 물이 어는 점 0℃,
   　　 끓는 점 100℃로 하여 100등분
   　°F: 물이 어는 점 32°F,
   　　 끓는 점 212°F로 하여 180등분
   　°k=℃+273, °R=°F+459.4
   　0°k=-273℃, 0°R=-459.4°F

3. 배기밸브가 닫혀있고, 흡입밸브가 막 닫히려 할 때 피스톤의 행정은?

   ㉮ 흡입 행정　　㉯ 압축 행정
   ㉰ 동력 행정　　㉱ 배기 행정

4. 터빈 엔진 압력비가 커지면 열효율은 증가하는 장점이 있는 반면 단점도 있어 압력비 증가를 제한한다. 이 단점은 다음 중 어느 것인가?

   ㉮ 압축기 입구 온도 증가
   ㉯ 압축기 출구 온도 증가
   ㉰ 터빈 입구 온도 증가
   ㉱ 연소실 입구 온도 증가

   ▶ 터빈 입구 온도(TIT)
   압축기의 압력비$(\gamma) = \dfrac{압축기\ 출구의\ 압력}{압축기\ 입구의\ 압력} = \gamma_s{}^n$
   (γ_s : 압축기 어느 한 단의 압력비, n = 압축기 단수)

5. 왕복기관으로 흡입되는 공기 중에 습기 또는 수증기가 증가하게 될 경우 발생할 수 있는 현상을 가장 바르게 설명한 것은?

   ㉮ 일정한 RPM과 다기관 압력하에서는 엔진 출력이 감소한다.
   ㉯ 체적효과가 증가하여 출력이 증가한다.
   ㉰ 고출력에서 연료 요구량이 감소하여 이상 연소현상이 감소한다
   ㉱ 자동 연료 조절 장치를 사용하지 않는 엔진에서는 혼합기가 희박해진다.

   ▶ 대기 중의 습도는 그 수증기 압력만큼 연소에 주는 공기량을 줄이므로 출력을 감소시킨다. 또, 기화기는 습도에 대한 보정을 하지 않으므로 실린더에 공급되는 실질 혼합비는 짙어지고 고압력 운전(농후 혼합기)시의 출력은 더 떨어진다.

6. 일반적인 Turbo Jet 엔진의 제어방식 중 옳은 것은?

   ㉮ 기관 RPM 제어방식과 Torque 제어 방식
   ㉯ 기관 RPM 제어방식과 기관 EPR 제어 방식

㉰ 기관 EPR 제어방식과 Torque 제어 방식
㉱ 기관 EPR 제어방식과 Throttle 제어 방식

● 초기의 가스터빈기관은 추력을 나타내는 작동 변수로 기관의 회전수만을 사용하였으나, 현재 생산되는 대부분의 기관은 추력을 측정하는 변수로 기관 압력비를 사용한다.

$$EPR = \frac{\text{터빈출구의 전압}(P_{t7})}{\text{압축기입구의 전압}(P_{t2})}$$

7. 로커암과 밸브 팁과의 간격이 작다면?

㉮ 밸브가 일찍 열리고 늦게 닫힌다.
㉯ 밸브가 열려 있는 기간이 길다.
㉰ 밸브가 열리는 높이가 길다.
㉱ 이상 모두 정답이다.

8. 밸브 가이드가 마모된 것으로 판단 할 수 있는 현상은?

㉮ 높은 오일 소모량
㉯ 낮은 실린더 압력
㉰ 낮은 오일 압력
㉱ 높은 오일 압력

● 밸브 가이드는 밸브의 직선운동을 안내하는 것으로 마모가 되면 밸브와 가이드 사이로 오일이 실린더 안쪽으로 흘러 들어갈 수 있다.

9. 연소 효율 이란?

㉮ 연소실에 공급된 열량과 공기의 실제증가된 에너지의 비율
㉯ 연소실에 공급된 열량과 방출된 에너지와의 비율
㉰ 연소실로 공급된 에너지와 방출된 에너지와의 비율
㉱ 연소실로 들어오는 1차 공기와 2차 공기와의 비율

● 연소효율은 연소실로 들어오는 공기의 압력 및 온도가 낮을수록(고고도), 그리고 공기의 속도가 빠를수록 낮아진다. 일반적으로 연소 효율은 95%이상이어야 한다.

$$\text{연소효율}(\eta_b) = \frac{\text{입구와출구의총에너지(엔탈피)차이}}{\text{공급된연료량} \times \text{연료의저발열량}}$$

10. 날개 아래 장착되는 엔진의 공기 흡입구를 무엇이라 하는가?

㉮ S자 덕트   ㉯ 노스 카울
㉰ 벨마우스   ㉱ 인렛 스크린

● • S자 덕트 : 기관이 후방 동체속에 장착되어 있을 때의 흡입 덕트
 • 벨마우스(Bellmouth) : 가스터빈엔진 입구에 공기를 안내하는데 사용하는 수축형의 흡입덕트로서 헬기의 엔진이나 지상에서 가스터빈기관 시운전시 흡입덕트로 사용
 • 인렛스크린(inlet screen) : 엔진 공기흡입구 전방에 설치되어 FOD(외부물질에 의한 손상) 등 방지

11. 다음 중 Jet 엔진 연료흐름의 3대 기본요소가 아닌 것은?

㉮ 센싱부   ㉯ 컴퓨팅부
㉰ 미터링부   ㉱ 드레인부

● 연료조정장치(FCU)의 구성 요소
 ① 센싱부, 컴퓨팅부 : 기관의 작동상태를 수감(CDP, CIT, RPM, PLA)해서 이 신호들을 종합 계산하여 유량조절부분으로 보낸다.
 ② 미터링부 : 유량조절 부분

12. Jet 엔진의 연료 흐름 순서로 맞는 것은?

㉮ 주연료펌프 → 연료 필터 → 연료조절장치 → 매니폴드 → 여압 및 드레인 밸브 → 연료 노즐

㈏ 주연료펌프 → 연료 필터 → 여압 및 드레인 밸브 → 연료조절장치 → 매니폴드 → 연료 노즐

㈐ 연료 필터 → 주연료펌프 → 연료조절장치 → 여압 및 드레인 밸브 → 매니폴드 → 연료 노즐

㈑ 주연료펌프 → 연료 필터 → 연료조절장치 → 여압 및 드레인 밸브 → 매니폴드 → 연료 노즐

13. 터빈엔진에 수분이 포함되어 있을 때의 문제점으로 적절하지 않는 것은?

㈎ 연료 필터의 빙결
㈏ 연료 탱크의 부식
㈐ 미생물 성장 촉진
㈑ 엔진 과열의 원인

14. 프로펠러 깃각이 스테이션 40in 에서 20°라면 기하학적 피치는?

㈎ 68.98in   ㈏ 174.27in
㈐ 91.44in   ㈑ 77.63in

● $GP = 2\pi r \cdot \tan\theta$

15. 이상 엔진의 싸이클을 공기싸이클(Air Cycle)이라 하는데 다음 중 공기싸이클이 아닌 것은?

㈎ 카르노싸이클   ㈏ 정적싸이클
㈐ 정압싸이클   ㈑ 합성싸이클

1. ㈎	2. ㈐	3. ㈏	4. ㈐	5. ㈎
6. ㈏	7. ㈑	8. ㈎	9. ㈎	10. ㈏
11. ㈑	12. ㈑	13. ㈑	14. ㈐	15. ㈎

1996년도 기능사 1급  5회 항공장비

1. 완전기체의 상태변화 중 옳지 않은 것은?

㉮ 등온변화   ㉯ 등압변화
㉰ 단열변화   ㉱ 비열변화

▶ 등온 변화 : $P_1 v_1 = P_2 v_2$
등적(정적)변화 : $\dfrac{P_1}{T_1} = \dfrac{P_2}{T_2}$
등압(정압)변화 : $\dfrac{v_1}{T_1} = \dfrac{v_2}{T_2}$
단열변화 : $\dfrac{P_2}{P_1} = \left(\dfrac{v_1}{v_2}\right)^k$

2. 다음 구성품 중 밀폐계의 원리로 작동하는 것과 관계가 있는 것은 무엇인가?

㉮ 피스톤과 실린더 사이에 갇혀진 내부 평형 상태에 있는 기체
㉯ 압축기 주위의 기체
㉰ 터빈 주위의 기체
㉱ 크랭크축 주위의 기체

▶ • 밀폐계 : 작동물질이 출입이 없는 계로서 왕복 기관에 적용
• 개방계 : 작동물질이 출입이 있는 계로서 가스터빈 기관에 적용

3. 다음 중 가스터빈 엔진 효율의 종류가 아닌 것은?

㉮ 추진효율   ㉯ 열효율
㉰ 전체효율   ㉱ 압축효율

▶ 추진효율 $= \dfrac{\text{추력동력}}{\text{운동에너지}}$
열효율 $= \dfrac{\text{기계적에너지}}{\text{열에너지}}$
전(체)효율 = 추진효율 × 열효율

4. 수평대향형 엔진의 점화 순서에서 특히 고려해야 할 점은?

㉮ 점화 순서의 균형을 맞추어 엔진의 진동을 최하가 되게
㉯ 순항 비행시 최대의 회전 토큐가 발생하도록
㉰ 기계적 효율이 최대가 되게
㉱ 설계가 간단하게

5. 다음 중에서 엔진의 후화 원인은?

㉮ 빠른 점화시기
㉯ 흡입 밸브의 고착
㉰ 희박 혼합비
㉱ 농후 혼합비

6. 다음 중에서 마그네토의 내부 타이밍을 나타내는 표시는 무엇과 일치하여야 하는가?

㉮ No1. 실린더의 점화시기가 접점이 닫히기 시작하는 점
㉯ 마그네토 E-gap위치
㉰ No1. 실린더가 압축행정 상사점에 위치
㉱ 배전기 기어와 회전축이 정확하게 맞는 점

▶ • 내부 점화시기 조절: 마그네토의 E갭 위치와 브레이커 포인트가 열리는 순간을 맞추는 것.
• 외부 점화시기 조절: 기관이 점화 진각에 위치할 때에 크랭크축의 위치와 마그네토 점화시기를 일치시키는 것.

7. 9개 실린더를 갖고 있는 성형 엔진의 마그네토 배전기에 6번 전극에 꽂혀 있는 점화 케이블은 몇 번 실린더에 연결시켜야 하는가?

㉮ 2 ㉯ 4
㉰ 6 ㉱ 8

● 9기통 성형엔진의 배전기 번호와 실린더 점화 순서와의 관계
1(1) → 2(3) → 3(5) → 4(7) → 5(9) → 6(2) → 7(4) → 8(6) → 9(8)

8. Cold spark plug를 높은 압축비의 왕복 기관에 사용하면 어떻게 되겠는가?

㉮ 조기점화
㉯ 정상
㉰ 점화플러그가 더러워짐
㉱ 이상폭발

● • 높은 압축비 기관에 고온 점화플러그 사용시 : 조기점화(pre-ignition)
• 낮은 압축비 기관에 저온 점화플러그 사용시 : 점화플러그가 더러워짐(fouling)

9. 다음 중 카르노 사이클은?

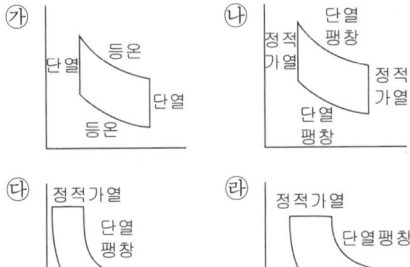

10. 연료 차단 밸브 레버를 열었을 때 FCU로부터 연소실로 보내는 밸브는?

㉮ 최소 가압 및 차단 밸브
㉯ 미터링 밸브
㉰ 여압 및 드레인 밸브
㉱ 부스터 펌프

● 여압 및 드레인 밸브 : 연료의 흐름을 1차 연료와 2차 연료로 분리, 기관이 정지되었을 때에 매니폴드나 연료 노즐에 남아 있는 연료를 외부로 방출, 연료의 압력이 일정 압력 이상이 될 때까지 연료의 흐름을 차단.

11. 축류형 압축기에서 1단이란?

㉮ 저압 압축기
㉯ 고압 압축기
㉰ 1열 로우터와 1열 스테이터
㉱ 저압압축기와 고압 압축기를 합한 것

12. 대형 상업용 항공기에 사용되는 시동기 중 일반적으로 가벼운 것은?

㉮ 전기식   ㉯ 시동기식 발전기
㉰ 공기식   ㉱ 유압식

13. 다음 중 연소 가스 출구 온도가 균일한 연소실은?

㉮ 캔형   ㉯ 애뉼러형
㉰ 캔 애뉼러형   ㉱ 라이너형

● • 캔형 : 정비가 용이, 과열시동 유발 가능성, 출구온도 불균일
• 애뉼러형 : 구조가 간단, 연소 안정, 출구 온도 균일, 정비 불편
• 캔애뉼러형 : 캔형과 애뉼러형의 중간 성질

14. 최근 고성능 대형 제트 엔진에 사용되는 연료 조절장치는?

㉮ 기계식 ㉯ 유압 기계식
㉰ 아날로그 전자식 ㉱ 디지털 전자식

▶ FCU의 종류
① 유압 기계식
② 전자식
- 아날로그 전자식: 일부 소형 기관과 APU에 사용
- 디지털 전자식 또는 FADEC: 최근 고성능 대형 엔진에 사용

15. 정속 프로펠러에서 프로펠러 피치레버를 조작했는데 프로펠러가 피치변경이 되지 않는 결함이 발생한 원인은?

㉮ 조속기의 릴리프 밸브가 고착되었다
㉯ 파일럿 밸브의 틈새가 과도하게 크다
㉰ 조속기 스피더 스프링이 파손되었다
㉱ 페더링 스프링이 마모되었다

▶ 조속기(governor) : 정속프로펠러에서 선택된 프로펠러 속도를 유지하기 위해 피치를 자동으로 조정
① 파일럿 밸브: 상하로 움직이면서 프로펠러로 흐르는 오일의 흐름 방향을 결정
② 플라이웨이트: 프로펠러와 연결되어 회전속도에 따라 움직여 파일럿 밸브를 움직이게 함
③ 스피더 스프링: 속도 조정 레버를 움직이면 스피더 스프링이 플라이웨이트에 가하는 압력을 조절하여 정속 프로펠러의 회전수 설정

1. ㉱	2. ㉮	3. ㉱	4. ㉮	5. ㉱
6. ㉯	7. ㉮	8. ㉯	9. ㉮	10. ㉰
11. ㉰	12. ㉰	13. ㉯	14. ㉱	15. ㉰

1997년도 기능사 1급 1회 항공기관

1. If the exhaust valve of a four-stroke cycle engine is closed and the intake valve is closing, the piston is on the _____.

㉮ intake stroke ㉯ power stroke
㉰ compression stroke ㉱ exhaust stroke

▸ 배기밸브가 닫혀 있고 흡입밸브가 닫히는 중에 있을 때 피스톤이 위치한 행정

2. 흡입관의 누수시 어느 엔진 성능에서 가장 나쁜 영향을 주는가?

㉮ 고출력시
㉯ 연속 최대 출력시
㉰ 저속시
㉱ 이륙출력시

▸ 저속 작동시에는 기화된 연료의 양이 적당하게 유지되는 것을 보장하고 안정적인 작동을 위하여 가장 농후한 혼합비로 하는 것이 보통이다. 흡입관의 누수시 가장 농후한 혼합비가 요구되는 저속시에 영향을 많이 받음.

3. 압력 분사식 기화기에서 스로틀을 내리면 A 챔버와 B 챔버의 압력차는 어떻게 변화하는가?

㉮ 스로틀을 내리면 변화하지 않는다.
㉯ 감소한다.
㉰ 처음에는 감소하다가 증가한다.
㉱ 처음에는 증가하다가 감소한다.

▸ A 챔버(chamber) : 임팩트 공기 압력
 B 챔버 : 벤튜리 목부분의 공기 압력
 C 챔버 : 미터된 연료 압력
 D 챔버 : 미터되지 않은 연료 압력
 A,B chamber의 압력차: 공기 계량힘(air metering force)
 C,D chamber의 압력차: 연료 계량힘(fuel metreing force)

4. 오일 계통에서 오일을 베어링까지 보내주는 것은?

㉮ 가압 펌프(Pressure pump)
㉯ 스케빈지 펌프(Scavange pump)
㉰ 브리더(Breather) 계통
㉱ 드레인(Drain) 밸브

▸ • 가압(압력)펌프 : 오일을 베어링까지 공급
 • 스케빈지(배유,귀유)펌프 : 섬프에서 탱크로
 • 블리더 계통: 섬프 내부의 압력은 압력이 변하더라도 항상 대기압과 일정한 차압이 되도록 함.

5. 화씨 온도에서 얼음의 융점과 물의 비등점은?

㉮ 0, 100 ㉯ 12, 192
㉰ 32, 132 ㉱ 32, 212

▸ ㉮는 섭씨 온도

6. 타이밍 라이트를 사용시 마그네토 스위치의 위치는?

㉮ Both ㉯ Off
㉰ Left ㉱ Right

7. 연료-오일 냉각기의 역할은?

㉮ 연료와 오일을 냉각시킨다.
㉯ 연료의 이물질을 제거하고 오일을 냉각시킨다.
㉰ 오일의 이물질을 제거하고 연료를 냉각시킨다.
㉱ 연료를 가열하고 오일을 냉각시킨다.

8. 램 압력 회복점이란?

㉮ 마찰 압력 손실이 최대가 되는 점
㉯ 램 압력 상승이 최소가 되는 점
㉰ 마찰 압력 손실과 램압력 상승이 같아지는 점
㉱ 마찰 압력 손실이 최소가 되는 점

▶ 압축기 입구에서의 정압 상승이 도관안에서 마찰로 인한 압력 강하와 같아지는 속도, 즉 압축기 입구 정압이 대기압과 같아지는 항공기 속도를 말하며, 압력 회복점이 낮을수록 좋은 흡입 덕트임.

9. 프로펠러의 풍동시험시 풍동데이터로 알 수 있는 효율은?

㉮ 추진 효율
㉯ 프로펠러 효율
㉰ 엔진 효율
㉱ 항공기 상승 효율

10. 연료의 등급 100/130에서 130이 의미하는 것은?

㉮ 130은 희박혼합가스의 옥탄값이다.
㉯ 표준연료속의 이소옥탄 체적비율이다.
㉰ 표준연료속의 정헵탄 체적비율이다.
㉱ 130은 농후혼합가스의 옥탄값이다.

11. 다음의 P-v선도를 설명한 것으로 옳은 것은?

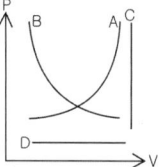

㉮ A - 단열 과정
㉯ B - 등온 과정
㉰ C - 정압 과정
㉱ D - 정적 과정

12. 다음의 P-v선도는 가스 터빈 기관의 이상적 사이클이다. 과정의 설명중 틀린 것은?

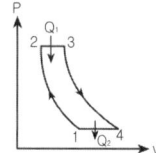

㉮ 1 → 2 단열 압축
㉯ 2 → 3 정압 수열
㉰ 3 → 4 단열 팽창
㉱ 4 → 1 정적 방열

13. 다음 중에서 직접연료분사장치의 구성요소가 아닌 것은?

㉮ 주공기 블리드   ㉯ 연료분사펌프
㉰ 주조정 장치   ㉱ 분사 노즐

▶ 직접연료분사장치는 기화기가 없이 연료를 실린더 내에 직접 분사하여 혼합가스가 만들어 연소시키는 장치

14. 다음 중 제트 엔진에서 연소실의 냉각은?

㉮ 흡입구로부터 블리드되는 공기에 의하여
㉯ 2차 공기 흐름에 의하여
㉰ 노즐 다이어프램에 의하여
㉱ 압축기로부터 블리드 되는 공기에 의하여

▶ • 연소실 냉각: 압축기에서 연소실로 들어온 공기 중 2차 공기
• 터빈 냉각: 압축기 뒷단에서 빼낸 고압의 블리드 공기

15. 가스터빈 엔진에서 반동 터빈의 반동도는?

㉮ 0% ㉯ 25%
㉰ 50% ㉱ 100%

● 터빈의 반동도 = $\dfrac{\text{로우터깃에서의 압력 팽창}}{\text{1단의 압력 팽창}}$

충동 터빈의 반동도는 0이다.
현재 터빈 블레이드는, 뿌리부분은 충동터빈으로 깃 끝부분은 반동터빈으로 되어 있다.

1. ㉰	2. ㉰	3. ㉯	4. ㉮	5. ㉱
6. ㉮	7. ㉱	8. ㉰	9. ㉯	10. ㉱
11. ㉯	12. ㉱	13. ㉮	14. ㉯	15. ㉰

1997년도 기능사 1급  항공기관

1. 내부 에너지와 외부로의 열량을 합한 상태량을 무엇이라고 하는가?

㉮ 비열　　㉯ 열량
㉰ 체적　　㉱ 엔탈피

● 비열: 단위 질량의 물질을 단위 온도만큼 높이는 데 필요한 열량으로 정적비열과 정압비열이 있다.

2. 유압 타펫(hydraulic tappet)을 사용하는 엔진의 작동 밸브간극은 얼마인가?

㉮ 0.15～0.18inch　　㉯ 0.00inch
㉰ 0.25～0.32inch　　㉱ 0.30～0.410inch

● 유압식 밸브 리프터라고도 하며 내부에 엔진오일이 공급되어 그 압력에 의해 밸브 간극을 없애 주는 것으로 대향형 왕복 기관의 밸브 기구에 사용된다.

3. 저속으로 작동중인 왕복 기관에서 흡입계통으로 역화되고 있다면 다음중 그 원인은?

㉮ 너무 낮은 저속운전
㉯ 너무 과도한 혼합기
㉰ 디리치먼트 밸브의 막힘
㉱ 너무 희박한 혼합기

4. 가스터빈엔진 시동후 엔진계기로 점검하니 배기가스온도가 시동할 때보다 낮게 지시하고 있다면 어떤 현상 때문인가?

㉮ 연료압력 이상
㉯ 베어링 손상
㉰ 배기가스온도의 열전대가 끊어졌다.
㉱ 정상이다.

5. 정적사이클에서 체적 $V_1=210cm^3$, $V_2=30cm^3$, $V_3=60cm^3$, $V_4=420cm^3$일 때 압축비는?

㉮ 3.5　　㉯ 7
㉰ 14　　㉱ 20

● $\dfrac{V_1}{V_2} = \dfrac{V_4}{V_3}$

6. 유압리프터를 사용하는 대향형 엔진에서 밸브간극을 조절 하려면?

㉮ 로커암 조절
㉯ 로커암 교환
㉰ 푸시로드 교환
㉱ 밸브스템심으로 조정

● 유압식 밸브 리프터를 사용하면 밸브 간극 조절 나사가 없기 때문에 푸시로드의 길이로서 조절한다.

7. 정기점검중인 왕복엔진에서 반짝거리는 작은 금속편이 여과기에서 발견되고 마그네틱 드레인플러그에서는 발견되지 않았다면 어떻게 조치하여야 하는가?

㉮ 보기의 기어가 마모된 것으로 장탈하거나 오버홀시 필요하다.

⑭ 플레인 베어링이 비정상적으로 마모되어 발생된 것으로 점검해볼 필요가 있다.
⑮ 실린더 벽이나 링이 마모된 것으로 엔진을 장탈하여야 한다.
㉠ 플레인 베어링 또는 알루미늄 피스톤의 정상적인 마모이므로 문제가 되지 않는다.

● 평형 베어링은 저출력 항공기 엔진의 커넥팅 로드, 크랭크 축, 캠 축에 사용되고, 재질은 은, 납, 합금(청동 등)이 사용된다. 따라서 평형 베어링의 마모로 인한 금속은 마그네틱 드레인 플러그에서는 발견할수 없다. 그에 반해 실린더 벽은 크롬-몰리브덴강, 피스톤 링은 고급 회주철, 기어는 탄소강으로 제작된다.

8. 비행고도가 증가할 때 추력은 어떻게 변화하는가?

㉮ 점차 증가하다가 감소
㉯ 점차 감소하다가 증가
㉰ 감소
㉱ 증가

● 추력에 영향을 끼치는 요소
① 공기 밀도: 추력과 비례
② 비행 속도: 추력과 비례 (비행속도가 증가하면 추력은 약간 감소하다가 증가)
③ 공기 습도: 추력과 반비례
④ 비행 고도: 추력과 반비례

9. 미연방항공규정(FAA)에 명시된 고고도 비행 시 객실고도는?

㉮ 6,000ft   ㉯ 7,000ft
㉰ 8,000ft   ㉱ 9,000ft

10. 터보팬 기관의 역추력장치 중에서 바이패스되는 공기를 막아주는 장치는 무엇인가?

㉮ 공기모터(pneumatic motor)
㉯ 블록도어(blocker door)
㉰ 캐스케이드 베인(cascade vane)
㉱ 트랜슬레이팅 슬리브(translating sleeve)

● • 역추력장치(thrust reverser): 착륙시 배기가스를 항공기의 앞쪽으로 분사시킴으로써 항공기 제동에 사용
 • 최대 정상 추력의 40~50 % 정도
 • 블록도어(blocker door): 차단판
 • 캐스케이드 베인(cascade vane): 역추력을 위해 바이패스되는 공기가 흡입구로 재흡입되어 실속되지 않도록 공기의 배출 방향을 만들어 주는 방향 전환 깃

11. 제트엔진에서 추력비연료 소비율이란?

㉮ 단위추력당 연료소비량
㉯ 단위시간당 연료소비량
㉰ 단위거리당 연료소비량
㉱ 단위추력당 단위시간당 연료소비량

● 추력비연료소비율 $(TSFC) = \dfrac{W_f \times 3,600}{F_n}$ (kg/kg-h)

12. 엔진을 통해 지나는 공기흐름량이 322lb/s이고 흡입구속도가 600ft/s, 출구속도가 800ft/s이면 발생하는 추력은?

㉮ 2,000LBs   ㉯ 4,000LBs
㉰ 8,000LBs   ㉱ 12,000LBs

● $F_n = \dfrac{W_a}{g}(V_j - V_a) = \dfrac{322}{32.2}(800 - 600)$

13. 지상 작동시 카울 플랩의 위치는?

㉮ 완전 닫힘   ㉯ 완전 열림
㉰ 1/3 열림   ㉱ 1/3 닫힘

* 공랭식 왕복 기관의 구성 요소: 냉각핀, 배플, 카울플랩
* 카울 플랩을 완전히 열어줄 때: 지상 작동시, 최대 출력시(이륙시, 상승시)

14. 에너지에는 여러 가지 종류가 있지만 상호간에 변환이 가능하므로 물체가 갖고 있는 에너지의 총합은 외부와 에너지를 교환하지 않는 한 일정하다. 이것을 무엇이라고 하는가?

㉮ 에너지 보존의 법칙
㉯ 샤를의 법칙
㉰ 보일의 법칙
㉱ 열역학 제2 법칙

15. What is the primary purpose of the oil-to-fuel heat exchanger?

㉮ cool the fuel   ㉯ cool the oil
㉰ de-aerate oil   ㉱ heat the oil

연료 오일 열교환기의 첫 번째 목적

1. ㉱	2. ㉯	3. ㉱	4. ㉱	5. ㉯
6. ㉰	7. ㉯	8. ㉰	9. ㉰	10. ㉯
11. ㉱	12. ㉮	13. ㉯	14. ㉮	15. ㉯

1997년도 기능사 1급 3회 항공기관

1. Which type of pump is commonly used as a fuel pump on reciprocating engine?

㉮ gear ㉯ impeller
㉰ vane ㉱ geroter

◉ 왕복 기관에 일반적으로 사용하는 연료 펌프의 형식

2. 지상에서 왕복기관 시운전 중 점화스위치를 both에서 left나 right로 전환시키면 rpm은 어떻게 변화하는가?

㉮ 크게 떨어진다.
㉯ rpm이 약간 증가한다.
㉰ rpm이 변화 없다.
㉱ rpm이 약간 감소한다.

◉ • 마그네토 낙차시험 (magneto drop check)
 • 마그네토가 정상적으로 작동하는 지를 검사
 • 점화스위치 전환: Both - Right(Left) - Both - Left(Right) - Both
 • 점화스위치를 Both에서 Right나 Left 위치로 전환시 rpm이 규정값 이내로 감소해야 한다.

3. 원심형 압축기에서 고속의 운동에너지가 저속의 압력에너지로 바뀌는 곳은 어느 부분인가?

㉮ 임펠러 ㉯ 디퓨져
㉰ 매니폴드 ㉱ 배기 노즐

4. 차압 시험기를 이용하여 압축점검을 수행할 때 피스톤이 하사점에 있으면 안 되는 이유는?

㉮ 너무 위험하다.
㉯ 최소한 한 개의 밸브가 열려 있으므로
㉰ 게이지가 손상되므로
㉱ 실린더 체적이 최대가 되어 부정확하므로

◉ • 차압 시험(실린더 압축시험)
 • 실린더의 밸브와 피스톤링이 연소실 내의 기밀을 정상적으로 유지하는지 검사하는 것
 • 피스톤을 압축 상사점에 위치시킨다. (두개의 밸브가 완전히 닫혀 있는 상태)

5. 대기압에서 물 1g을 1℃ 올리는 데 필요한 열량은?

㉮ 1칼로리 ㉯ 1BTU
㉰ 1주울 ㉱ 1비열

◉ • 1BTU : 1lb의 질량을 1°F 높이는데 필요한 열량
 • 1주울 : 1N의 힘을 1m이동시키는 데 필요한 일

6. 다음 중 축류형 압축기의 실속방지장치가 아닌 것은?

㉮ 다축식 구조
㉯ 가변 스테이터 베인
㉰ 블리드 밸브
㉱ 공기흡입덕트

● ① 다축식 구조(multi spool)
② 가변 스테이터 베인(가변정익, VSV) - 압축기 전방쪽의 베인을 가변으로 한다.
③ 블리드 밸브 - 압축기 출구쪽에서 누적된 공기를 배출시킨다. (압축기 저속 회전시)

7. 부자식 기화기에서 부자의 높이를 조절하는데 사용되는 일반적인 방법은?

㉮ 부자의 축을 길게나 짧게 조절
㉯ 부자의 무게를 증감시켜서 조절
㉰ 니들밸브시트에 심을 추가하거나 제거시킨다.
㉱ 부자의 피봇암의 길이 변경

● 부자실(플로우트실)의 유면 조절은 부자실로 연료를 받아들이는 니들밸브의 밸브 시트 높이를 조절하면 된다.

8. 디젤기관의 사이클은 어떤 사이클인가?

㉮ 카르노 사이클   ㉯ 정적 사이클
㉰ 정압 사이클   ㉱ 합성 사이클

● • 디젤 사이클: 단열 압축, 정압 수열(가열), 단열 팽창, 정적 방열
• 합성 사이클(사바테 사이클): 단열 압축, 정적 정압 가열, 단열 팽창, 정적 방열

9. 축류식 압축기의 반동도를 나타낸 것 중 알맞는 것은?

㉮ $\frac{rotor}{stage} \times 100\%$

㉯ $\frac{compressor}{turbine} \times 100\%$

㉰ $\frac{high\ pressure\ compressor}{low\ pressure\ compressor} \times 100\%$

㉱ $\frac{stator}{stage} \times 100\%$

● 압축기의 반동도 $= \frac{\text{로우터깃에서의 압력 상승}}{\text{1단}(1stage)\text{의 압력 상승}}$

10. 기체 온도가 일정한 조건에서의 상태 변화를 무엇이라고 하는가?

㉮ 등온변화   ㉯ 등압변화
㉰ 등적변화   ㉱ 단열변화

11. 폴슈(pole shoe)는 무엇으로 만드는가?

㉮ 고탄소강
㉯ 강철
㉰ 여러 장의 연철
㉱ 여러 장의 알루미늄

12. External Power를 조종하는 장비는 다음중 무엇인가?

㉮ GCU(Generator Control Unit)
㉯ TRU(Transformer Rectifire Unit)
㉰ BPCU(Bus Power Control Unit)
㉱ Load Controller

13. 항공기 최대이륙중량이 최대착륙중량의 105%보다 클 경우 어느 계통이 요구되는가?

㉮ 연료방출장치   ㉯ 연료분사장치
㉰ 크로스피드장치 ㉱ 연료이송장치

● ① 연료방출장치(fuel jettisoning): 기체 중량을 줄이기 위해 탑재하고 있는 연료를 방출하는 장치이다.
② 크로스피드장치(fuel crossfeed): 어느 한 기관이 작동하지 않을 때, 어떤 탱크에서 어느 쪽 기관으로도 연료를 공급할 수 있는 기구

14. 비행속도가 V, 회전속도가 N(rpm)인 프로펠러의 유효 피치를 맞게 표현한 것은?

㉮ $V + \dfrac{60}{N}$ ㉯ $V \times \dfrac{60}{N}$

㉰ $V + \dfrac{N}{60}$ ㉱ $V \times \dfrac{N}{60}$

15. 4행정 실린더 왕복기관에서 점화가 1분에 200번 점화되었다. 크랭크축의 회전속도는?

㉮ 200rpm ㉯ 400rpm
㉰ 800rpm ㉱ 1,600rpm

▶ 크랭크 축이 2회전할 때 (1 사이클시) 점화는 1번 발생

1. ㉰	2. ㉱	3. ㉯	4. ㉯	5. ㉮
6. ㉱	7. ㉰	8. ㉰	9. ㉮	10. ㉮
11. ㉰	12. ㉰	13. ㉮	14. ㉯	15. ㉯

1997년도 기능사 1급 4회 항공기관

1. A gas turbine engine comprises which four main sections?

㉮ compressor, diffuser, and stator, turbine
㉯ turbine, combustion, and stator, rotor
㉰ turbine, combustion, and compressor, exhaust nozzle
㉱ compressor, turbine, nozzle, stator

● 가스터빈 엔진의 4대 주요 구성 요소

2. 다음 중에서 제트 엔진 연료의 필요 조건이 아닌 것은?

㉮ 발열량이 클 것
㉯ 저온에서 동결되지 않을 것
㉰ 부식성이 없을 것
㉱ 휘발성이 높을 것

● 휘발성(기화성)이 너무 높으면 증기폐색(베이퍼록)현상이 일어나기 쉽다.

3. 다음 연료 계통 중에서 1차연료와 2차연료를 분배하는 역할을 하는 것은?

㉮ 연료 필터
㉯ 연료 매니폴드
㉰ 여압 및 덤프 밸브
㉱ 연료-오일 냉각기

● 여압 및 드레인 밸브라고도 함

4. 정속프로펠러를 장착한 항공기가 비행속도를 증가하면 블레이드는 어떻게 되는가?

㉮ 블레이드각 증가
㉯ 블레이드각 감소
㉰ 영각 증가
㉱ 영각 감소

● 프로펠러가 과속회전 상태가 되면 조속기에 의해 고피치가 되고, 고피치가 되면 프로펠러 회전 저항이 커지기 때문에 회전 속도가 증가하지 못하고 정속 회전 상태로 돌아오게 된다.

5. 아음속 항공기의 흡입덕트는 어떤 형태인가?

㉮ 확산형   ㉯ 수축형
㉰ 수축-확산형 ㉱ 가변

● 아음속 항공기: 확산형
  초음속 항공기: 가변 (초음속시-수축 확산형)

6. 카르노 사이클에서 $T_1 = 359K$, $T_2 = 223K$ 일 때의 열효율은?

㉮ 0.18   ㉯ 0.28
㉰ 0.38   ㉱ 0.48

● Carnot cycle의 열효율 $\eta_{th} = 1 - \dfrac{T_2}{T_1}$

7. "단지 하나만의 열원과 열교환을 함으로써 사이클에 의해 일로 변화시킬 수 있는 열기관을 제작할 수는 없다" 누구의 서술인가?

㉮ 카르노   ㉯ 캘빈-프랭크
㉰ 클로지우스   ㉱ 보일-샤를

- 열역학 제2법칙
  ① 클로지우스의 서술-열은 저온부로부터 고온부로 자연적으로는 전달되지 않는다.
  ② 캘빈-플랭크의 서술-단지 하나만의 열원과 열교환을 함으로서 사이클에 의해 열을일로 변화시킬 수 있는 열기관을 제작할 수는 없다.

8. 터보제트기관의 진추력에서 연료유량과 압력차를 무시했을 때 성립된 식은?

㉮ $F_n = \dfrac{\dot{w_f}}{g}(V_j + V_a)$

㉯ $F_n = \dfrac{\dot{w_a}}{g} A_j (P_j - P_a)$

㉰ $F_n = \dfrac{\dot{w_f}}{g}(V_j - V_a)$

㉱ $F_n = \dfrac{\dot{w_a}}{g}(V_j - V_a)$

9. 전기로 작동하여 연료를 primming할 때 연료의 압력은 어디서 얻어지는가?

㉮ 엔진구동펌프   ㉯ 연료승압펌프
㉰ 연료 인젝터   ㉱ 중력공급

- 연료승압펌프(부스터펌프): 연료 탱크의 가장 낮은 곳에 위치하여 전기식으로 작동되며, 엔진 시동시, 이륙시, 고고도에서, 주연료 펌프 고장시, 탱크간의 연료를 이송시에 사용한다.

10. 왕복기관 오일계통에 사용되는 슬러지 챔버의 위치는?

㉮ 소기펌프의 주위
㉯ 크랭크축 내의 크랭크핀
㉰ 오일저장탱크 내
㉱ 크랭크축의 크래스버링

11. 연료는 다음 부분 중 어느 곳을 지날 때 분무화가 진행되고 있는가?

㉮ carburator throat   ㉯ 흡입 파이프
㉰ 실린더   ㉱ 위 모든 것

12. 단위에 관한 설명중 맞는 것은?

㉮ 1N은 1kg의 질량에 1m/s²의 가속도를 발생시키는 데 필요한 힘의 크기를 말한다.
㉯ 비체적이란 단위질량의 물질이 차지하는 압력을 말한다.
㉰ 밀도는 단위 비체적의 물질이 차지하는 질량을 말하며, P_t로 표시
㉱ 비체적과 밀도는 정비례한다.

- $1N(\text{힘}) = 1\text{kg} \cdot \text{m/s}^2$, $1J(\text{일}) = 1N \cdot m$, $1W(\text{일률}) = 1J/\text{sec}$
  비체적(v): 단위 질량당 체적
  밀도(ρ): 단위 체적당 질량, $\rho = \dfrac{1}{v}$

13. 지상에서 작동중인 엔진이 거칠게 운전중인 것을 발견 확인 결과 마그네토 드롭은 정상이고 다기관 압력이 정상보다 높다면 그 원인으로 맞는 것은?

㉮ 마그네토 중 한 개의 하이텐션 리이드가 불확실하게 연결되어 있다.
㉯ 흡입다기관에서 공기가 새고 있다.
㉰ 하나의 실린더가 작동하지 않는다.
㉱ 실린더의 서로 다른 점화플러그의 결함이다.

- 마그네토 드롭: 마그네토 낙차시험

14. 고출력의 왕복기관을 지상에서 높은 출력으로 장시간 작동하다가 부주의로 인하여 순간적으로 급격하게 감소시켰다면 일어나는 현상은?

㉮ 피스톤 링 홈 사이에서 오일이 탄화가 일어난다.
㉯ 오일온도조절장치의 다이아프램이 손상된다.
㉰ 오일로 인하여 동력부에 과부하가 걸린다.
㉱ 동력부의 모든 오일이 소기된다.

15. 레이더 정비시 연료탱크는 얼마 정도 떨어지는가? [ft]

㉮ 50 이내
㉯ 50~75
㉰ 75~100
㉱ 100이상

1. ㉰	2. ㉱	3. ㉰	4. ㉮	5. ㉮
6. ㉰	7. ㉯	8. ㉱	9. ㉯	10. ㉯
11. ㉱	12. ㉮	13. ㉯	14. ㉰	15. ㉱

1997년도 기능사 1급  항공장비

1. At what speed must a crankshaft turn if each cylinder of a four-stroke cycle engine is to be fired 200 times a minute?

㉮ 800rpm ㉯ 1600rpm
㉰ 400rpm ㉱ 200rpm

● 4행정 사이클 기관의 각 실린더가 분당 200번 폭발할 때 크랭크축의 회전수

2. 제동마력을 구하는 식으로 옳은 것은?
(단, P:제동평균유효압력(psi), L:행정거리(feet), A:피스톤면적(in^2), BHP:제동마력)

㉮ $BHP=\dfrac{PLANK}{375}$

㉯ $BHP=\dfrac{PLANK}{475}$

㉰ $BHP=\dfrac{PLANK}{550}$

㉱ $BHP=\dfrac{PLANK}{33000}$

● 33000=550×60, N은 4행정 기관일 때 $\dfrac{rpm}{2}$

3. 다음 중 1마력(PS)은 몇 kg·m/s인가?

㉮ 860 ㉯ 632.5
㉰ 550 ㉱ 75

● 1PS(마력)=75kg·m/s=736J/s[W]
1HP(마력)=550lb·ft/sec=746 J/s[W]

4. 충분한 난기운전을 하지 않은 상태에서 갑작스럽게 왕복 기관을 고출력으로 작동하면?

㉮ 베어링과 다른 보기에 윤활이 불충분한 상태가 된다.
㉯ 엔진 오일의 유막이 매우 얇게 된다.
㉰ 베어링과 다른 부품에 오일이 넘치게 된다.
㉱ 엔진오일의 산화가 가속된다.

5. 다음 중 윤활유의 기능이 아닌 것은?

㉮ 윤활 ㉯ 기밀
㉰ 냉각 ㉱ 여과

● 윤활유의 기능: 윤활, 기밀, 냉각, 청결, 방청(방녹)작용

6. 제트엔진 오일계통에서 베어링에서 쓰고 남은 오일을 오일 계통에 다시 돌려주는 것은?

㉮ 가압 계통   ㉯ 스케벤지 계통
㉰ 브리더 계통 ㉱ 드레인 계통

7. 다음 중 아음속에서 추진효율이 우수하고 소음이 적어 민간 항공기에 사용하는 엔진은?

㉮ 램제트 ㉯ 펄스제트
㉰ 터보팬 ㉱ 터보제트

● • 램제트: 흡입구, 연소실, 분사노즐로 구성되며, 제트기관중에서 가장 간단한 구조, 정지 상태에서는 작동 불가능

- 펄스제트: 흡입구, 밸브망, 연소실, 분사노즐로 구성, 밸브의 개폐작용에 의해 간헐적으로 연소가 이루어지므로 밸브의 수명이 짧고 폭발성이 강해 소음이 크다.

8. 연료의 증기압이 높을수록 증기폐쇄 경향은 증가한다. 왕복기관 연료계통에서 증기압의 제한은 최대 얼마인가?

㉮ 4psi ㉯ 7psi
㉰ 10psi ㉱ 14psi

● 증기 폐쇄(증기 폐색, 베이퍼 락, vapor lock)
연료가 파이프 속을 흐를 때 기화성이 너무 좋으면 약간의 열만 받아도 증발되어 연료 속에 거품이 생기기 쉽고, 이 거품이 연료 파이프에 차서 연료의 흐름을 방해하는 현상.
연료의 증기압이 높으면 운송중 또는 저장중에 연료의 증발 손실이 많아지고, 베이퍼 락을 발생시킨다. 하지만, 너무 낮으면 한냉시에 엔진의 시동 및 난기가 곤란하게 된다. 이 때문에 현재의 항공 가솔린 규격에서는 5.5~7.0psi으로 정하고 있다.

9. 다음 중에서 뉴튼의 제 2 법칙은 무엇인가?

㉮ 관성의 법칙
㉯ 작용·반작용의 법칙
㉰ 가속도의 법칙
㉱ 양력발생의 법칙

● 1법칙 : 관성의 법칙, 2법칙 : F=ma, 3법칙 : 작용/반작용의 법칙

10. 다음은 축류형 압축기의 특징을 설명한 것이다. 맞는 것은?

㉮ 제작이 간단하고, 가격이 싸다.
㉯ 단당 압력상승이 높다.
㉰ 시동파워가 낮다.
㉱ 대량의 공기를 처리할 수 있다.

11. 왕복기관 실린더의 지름이 16cm, 행정길이가 0.16m, 실린더 수가 4개일 때 총행정체적은?

㉮ 10.95l ㉯ 11.28l
㉰ 12.87l ㉱ 15.98l

● 총 행정체적 = $\frac{\pi \cdot 16^2}{4} \times 16 \times 4$ (cm^3),
$1l = 1,000cm^3$

12. 오일냉각 흐름조절밸브(oil cooling flow control valve)가 열리는 조건은?

㉮ 엔진으로부터 나오는 오일의 온도가 너무 높을 때
㉯ 엔진 오일펌프 배출체적이 소기펌프 출구체적보다 클 때
㉰ 엔진으로부터 나오는 오일의 온도가 너무 낮을 때
㉱ 소기펌프 배출체적이 엔진 오일펌프 입구체적보다 클 때

● 윤활유 온도 조절 밸브라고도 하며 온도가 규정값보다 높으면 닫혀서 윤활유가 냉각기를 거치게 하고, 낮을 때는 열려서 바이패스 시켜 준다.

13. 처음의 압력이 20kg/cm², 150°C 상태에 있는 0.3m³의 공기가 가역 정적과정으로 50°C까지 냉각된다. 이때 압력은?
(단, 절대온도 T=273K)

㉮ 6.67kg/cm² ㉯ 15.27kg/cm²
㉰ 26.67kg/cm² ㉱ 25.27kg/cm²

● $\frac{P_1}{T_1} = \frac{P_2}{T_2}$, $\frac{20}{(150+273.15)} = \frac{P_2}{(50+273.15)}$

14. 다음 중 제트엔진의 추진 효율을 높이는 방법은?

㉮ 터보제트 ENG'을 사용하여 압력비를 낮춘다.
㉯ 터보팬 ENG'을 사용하여 분출속도를 줄이며 바이패스비를 높인다.
㉰ 터빈출구온도와 압력비를 높인다.
㉱ 터보제트 ENG'을 사용하여 터빈입구온도를 올린다.

● 추진 효율은 $\eta_p = \dfrac{2V_a}{V_j + V_a}$ 이므로 Vj(분출속도)를 Va에 가깝도록 하면 효율은 높아진다. 따라서 분출속도를 바이패스로 줄여주는 터보팬 엔진은 터보제트 엔진보다 추진 효율이 높다.

15. APU 정상운전속도는?

㉮ 10% rpm   ㉯ 50% rpm
㉰ 95% rpm   ㉱ 100% rpm

● 10% rpm : 오일 압력을 확인, 이그니션(점화장치)이 작동, 연료가 유입.
50% rpm : 스타터(시동기) 모터의 분리
95% rpm : 전력의 공급이 가능, 공기압의 공급이 가능, 이그니션을 off
100% rpm : 정상 운전

1. ㉰	2. ㉱	3. ㉱	4. ㉮	5. ㉱
6. ㉯	7. ㉰	8. ㉯	9. ㉰	10. ㉱
11. ㉰	12. ㉰	13. ㉯	14. ㉯	15. ㉱

1998년도 기능사 1급 1회 항공기관

1. 크랭크축의 회전각을 구하는 계기는?
㉮ 다이알 게이지   ㉯ 상사점 지시계
㉰ 타이밍 디스크   ㉱ 타이밍 라이트

▶ ㉮는 크랭크축의 변형 측정 (편심 측정)
㉱는 마그네토의 내부점화시기 조정시 사용

2. 일정고도에서 제트 항공기의 속도가 저속에서 고속으로 증가할 때 추력은?
㉮ 증가한다.
㉯ 감소한다.
㉰ 감소하나 증가한다.
㉱ 변화 없다.

3. 항공기용 왕복기관의 밸브에 2개 이상의 밸브 스프링을 사용하는 이유는?
㉮ 밸브가 인장되는 것을 방지
㉯ 밸브 스프링에 균등한 압력을 주기 위해
㉰ 밸브 스프링의 파동을 줄이기 위해
㉱ 밸브 스프링이 파손되는 것을 방지

▶ 밸브 스프링은 나선형으로 감겨진 방향이 서로 다르고, 스프링의 굵기와 지름이 다른 2개의 스프링을 겹치게 장착하여 진동을 감쇠시키며, 1개가 부러졌을 때에도 나머지 1개의 스프링이 안전하게 제기능을 유지할 수 있도록 2중으로 만들어 사용한다.

4. 열역학에서 문제의 대상이 되는 지정된 양의 물질이나 공간의 지정된 영역은?
㉮ 주위   ㉯ 경계
㉰ 물질   ㉱ 계

5. 다음 제트 엔진의 연료 부품 중 연료소비율을 알려주는 부품은?
㉮ 연료 매니폴드
㉯ 연료 오일 냉각기
㉰ 연료 조절장치
㉱ 연료흐름 트렌스미터

6. 터보팬 엔진에서 터빈노즐 가이드베인의 냉각에 사용되는 것은?
㉮ 저압 압축기 배출공기
㉯ 고압 압축기 배출공기
㉰ 팬 배기
㉱ 연소실의 냉각구멍을 통해 들어온 공기

▶ 터빈 노즐 다이어프램이라고도 하며, 터빈에서 맨 앞에 있는 고정자 깃(스테이터 베인)

7. E·gap각이란 마그네토의 폴(pole)의 중립 위치로부터 어떤 지점까지의 각도인가?
㉮ 접점이 닫히는 점
㉯ 접점이 열리는 점
㉰ 2차 전류 낮은 점
㉱ 1차 전류 낮은 점

● E gap angle이란 마그네토의 회전 영구 자석이 회전하면서 중립 위치를 지나 중립 위치와 브레이커 포인트가 열리는 사이에 크랭크축의 회전 각도이다.

8. 현재 사용중인 가스터빈기관의 냉각 방법이 아닌 것은?

㉮ 대류냉각 ㉯ 침출냉각
㉰ 공기막냉각 ㉱ 충돌냉각

● 침출냉각: 가장 냉각 성능이 우수하지만, 강도에 따른 문제가 아직 해결되지 않아 실용화되지 못하고 있다.

9. 여압 및 드레인 밸브의 작동에 대한 설명중 옳지 않은 것은?

㉮ 연료의 흐름을 1, 2차 연료로 분리한다.
㉯ 기관 정지시 매니폴드나 노즐에 남아 있는 연료를 외부로 방출한다.
㉰ 연료의 압력이 일정 압력 이상이 될 때까지 연료의 흐름을 차단한다.
㉱ 여러 가지 조건에서도 빠르고 확실한 연소가 이루어지도록 연소실의 연료를 미세하게 분무하는 장치

10. 프로펠러를 손으로 돌릴 때 배기관에서 (쉬) 소리가 나는 이유는 무엇인가?

㉮ 배기구의 균열
㉯ 밸브로부터 공기가 샌다
㉰ 피스톤의 마모
㉱ 리큐드 락크

● 프로펠러 밸브 블로우바이(valve blowby): 프로펠러를 회전시킬 때 바람이 새는 소리가 나는 것

11. 흡입 밸브가 상사점 전에 열리는 것을 무엇이라고 하는가?

㉮ valve lap ㉯ valve lead
㉰ valve lag ㉱ valve clearance

● • valve lead: 흡(배)기 밸브가 상(하)사점 전에서 열리거나 닫히는 것
• valve lag: 흡(배)기 밸브가 상(하)사점 후에서 열리거나 닫히는 것

12. 추운 날 엔진시동을 돕기 위한 오일희석장치는 오일을 다음 어느 것으로 희석하는가?

㉮ kerosene ㉯ gasoline
㉰ alcohol ㉱ propane

13. 드라이 모터링 점검(dry motoring check)을 할 때는 다음과 같이 한다. 틀린 것은?

㉮ 드로틀 저속
㉯ 점화스위치 ON
㉰ 연료부스터펌프 ON
㉱ 연료차단레버 OFF

● ① 건식 모터링: 연료를 FCU 이후로는 흐르지 못하게 차단한 상태에서 단순히 시동기에 의해 기관을 회전시키면서 점검하는 방법이다. 점화스위치 off, 연료차단레버 off, 연료부스터펌프 on, 스로틀 저속
② 습식 모터링: 건식 모터링 점검에 추가로 연료를 공급하면서 연료 흐름까지 점검해 주는 것

14. 제트엔진 연소실 냉각에 이용되는 공기의 양은 보통 몇 %인가?

㉮ 25% ㉯ 40%
㉰ 50% ㉱ 75%

15. The device that controls the volume of the fuel / air mixture to the cylinders is called a _____.

㉮ mixture control ㉯ metering jet
㉰ throttle valve   ㉱ venturi

● 실린더 연료공기 혼합기의 양을 조절해 주는 장치

1. ㉰	2. ㉰	3. ㉰	4. ㉱	5. ㉱
6. ㉯	7. ㉯	8. ㉯	9. ㉱	10. ㉯
11. ㉯	12. ㉯	13. ㉯	14. ㉱	15. ㉰

1998년도 기능사 1급  2회 항공기관

1. 정속 프로펠러에서 깃각을 자동적으로 변경하는 것은 일반적으로 어느 것에 의하여 이루어지는가?

㉮ 가버너 릴리프 밸브
㉯ 조속기
㉰ 프로펠러 브레이드에 작용하는 공기밀도에 의하여
㉱ 평형 스프링

2. 제트 기관에서 압축기의 실속은 언제 발생하는가?

㉮ 항공기의 속도가 압축기의 회전속도에 비해 너무 클 때
㉯ 항공기의 속도가 압축기의 회전속도에 비해 너무 작을 때
㉰ 항공기의 추력이 압축기 압력보다 너무 클 때
㉱ 항공기의 추력이 압축기 압력보다 너무 작을 때

3. 피스톤에 링 장착 방법으로 옳은 것은?

㉮ 링과 홈사이의 간격이 없게 한다.
㉯ 모든 링 조인트는 일직선이 되게 한다.
㉰ 모든 링 조인트는 간격을 없게 한다.
㉱ 모든 링 조인트는 서로 일정 간격으로 배열한다.

4. 이상 기체에서 압력이 2배, 체적이 3배로 증가했을 경우 온도는 어떻게 되는가?

㉮ 변함이 없다   ㉯ 1.5배 증가
㉰ 6배 증가   ㉱ 8배 증가

▶ $\dfrac{P_1 v_1}{T_1} = \dfrac{P_2 v_2}{T_2} = \dfrac{2P_1 \cdot 3v_1}{x\, T_1}$

5. 정기점검중인 왕복엔진에서 반짝거리는 작은 금속편이 여과기에서 발견되고 마그네틱 드레인 플러그에서는 발견되지 않았다면 어떻게 조치하여야 하는가?

㉮ 보기의 기어가 마모된 것으로 장탈하거나 오버홀시 필요하다.
㉯ 플레인 베어링이 비정상적으로 마모되어 발생된 것으로 점검해볼 필요가 있다.
㉰ 실린더 벽이나 링이 마모된 것으로 엔진을 장탈하여야 한다.
㉱ 플레인 베어링 또는 알루미늄 피스톤의 정상적인 마모이므로 문제가 되지 않는다.

6. 터보팬 기관의 역추력장치 중에서 바이패스되는 공기를 막아 주는 장치는 무엇인가?

㉮ 공기 모터(pneumatic motor)
㉯ 블록 도어(blocker door)
㉰ 캐스케이드 베인(cascade vane)
㉱ 트랜슬레이팅 슬리브(translating sleeve)

7. 왕복기관에서 혼합비가 희박하고 흡입밸브가 너무 빨리 열리면 어떤 현상이 일어나는가?
   - ㉮ After Fire
   - ㉯ knocking
   - ㉰ 이상 폭발
   - ㉱ Back Fire

8. 추운 날씨에 엔진 시동을 돕기 위해 오일 희석장치에서 엔진 오일을 희석시키는 것은?
   - ㉮ kerosene
   - ㉯ gasoline
   - ㉰ alcohol
   - ㉱ propane

9. 왕복기관의 경우 밸브 개폐 시기는 흡입 밸브가 상사점 전 30°에서 열리고 하사점 후 60°에서 닫히며, 배기 밸브가 하사점 전 60°에서 열리고 상사점 후 15°에서 닫히는 경우 밸브오버랩은 얼마인가?
   - ㉮ 15°
   - ㉯ 45°
   - ㉰ 60°
   - ㉱ 75°

10. 터빈 깃의 냉각 방법 중 깃은 다공성 재료로 만들고 깃 내부는 중공으로 하여 차가운 공기가 터빈 깃을 통하여 스며 나오게 하는 방법은?
    - ㉮ 대류 냉각
    - ㉯ 충돌 냉각
    - ㉰ 침출 냉각
    - ㉱ 공기막 냉각

11. 가스 터빈 기관의 기어형 윤활유 펌프에 관한 내용이다. 가장 바른 것은?
    - ㉮ 배유펌프가 압력펌프보다 크기가 더 크다.
    - ㉯ 압력펌프가 배유펌프보다 크기가 더 크다.
    - ㉰ 압력펌프와 배유펌프와 크기가 꼭 같다.
    - ㉱ 압력펌프와 배유펌프의 크기는 무관하다.

12. 가스터빈 기관의 연소실 성능에 대한 설명 중 맞는 것은?
    - ㉮ 연소실 효율은 고도가 높을수록 좋아진다.
    - ㉯ 연소실 출구 온도 분포는 안쪽 지름쪽이 바깥지름쪽보다 높은 것이 좋다.
    - ㉰ 입구와 출구의 전압력차가 클수록 좋다.
    - ㉱ 고공재시동 가능범위가 넓을수록 좋다.
    - ▶ ㉮ 연소효율은 연소실로 들어오는 공기의 압력 및 온도가 낮을수록, 속도가 빠를수록 낮아진다.
      ㉯ 출구 온도 분포는 바깥지름쪽이 안쪽보다 약간 높은 것이 좋은데, 그 이유는 터빈 회전자 깃에 작용하는 응력은 끝부분보다 뿌리 부분에서 더 크기 때문이다.
      ㉰ 입구와 출구의 전압력차를 압력 손실이라 한다.

13. 다음 중 주로 긴급시 사용되는 정격은?
    - ㉮ 이륙 정격
    - ㉯ 최대 연속 정격
    - ㉰ 최대 완속 정격
    - ㉱ 순항 정격

14. If an engine cylinder is to be removed, at that position in the cylinder should the piston be?
    - ㉮ bottom dead center
    - ㉯ top dead center
    - ㉰ halfway between top and bottom dead center
    - ㉱ bottom or top dead center
    - ▶ 실린더 장탈시 실린더의 피스톤 위치

15. 종통형(chock bore) 실린더의 설명으로 옳은 것은?

㉮ 정상 작동시 실린더를 직선으로 해주기 위해서
㉯ 연소실의 마모 방지
㉰ 피스톤 링의 고착 방지
㉱ 윤활유의 탄소찌꺼기 제거

● 초크보어 실린더: 실린더의 열팽창을 고려하여 상사점부근의 직경을 하사점보다 작게 만든 실린더

1. ㉯	2. ㉯	3. ㉱	4. ㉰	5. ㉱
6. ㉯	7. ㉱	8. ㉯	9. ㉯	10. ㉰
11. ㉮	12. ㉱	13. ㉯	14. ㉯	15. ㉮

1998년도 기능사 1급 3회 항공기관

1. 다음 열역학 제 1법칙에 대한 설명 중 맞는 것은?

   ㉮ 밀폐계가 사이클을 이룰 때의 열전달량은 이루어진 일보다 항상 많다.
   ㉯ 밀폐계가 사이클을 이룰 때의 열전달량은 이루어진 일과 정비례 관계를 가진다.
   ㉰ 밀폐계가 사이클을 이룰 때의 열전달량은 이루어진 일과 반비례 관계를 가진다.
   ㉱ 밀폐계가 사이클을 이룰 때의 열전달량은 이루어진 일보다 항상 적다.

2. 보편적으로 고출력 항공기 왕복기관에 사용하고 있는 윤활 장치 형식은 무엇인가?

   ㉮ Gravity Fed dry sump
   ㉯ Pressure Fed dry sump
   ㉰ Gravity Fed wet sump
   ㉱ Pressure Fed wet sump

3. 원심식 압축기보다 축류식 압축기가 좋은 설명으로 옳은 것은?

   ㉮ 무게가 가볍다.
   ㉯ 염가이다.
   ㉰ 단당압력비가 높다
   ㉱ 전면 면적에 비해 공기유량이 크다.

4. 축류식 압축기의 반동도를 나타낸 것 중 알맞는 것은?

   ㉮ $\dfrac{\text{로우터에 의한 압력상승}}{\text{스테이지에 의한 압력상승}} \times 100$
   ㉯ $\dfrac{\text{압축기에 의한 압력상승}}{\text{터빈에 의한 압력상승}} \times 100$
   ㉰ $\dfrac{\text{로우터에 의한 압력상승}}{\text{전체에 의한 압력상승}} \times 100$
   ㉱ $\dfrac{\text{스테이터에 의한 압력상승}}{\text{스테이지에 의한 압력상승}} \times 100$

5. 왕복기관을 시동할 때 실린더 안에 직접 연료를 분사시켜 농후한 혼합가스를 만들어 줌으로써 시동을 쉽게 하는 장치는?

   ㉮ 프라이머   ㉯ 기화기
   ㉰ 과급기   ㉱ 주연료펌프

6. 제트엔진에 사용되는 오일 펌프의 종류가 아닌 것은?

   ㉮ 기어 펌프   ㉯ 베인 펌프
   ㉰ 지로터 펌프 ㉱ 플런저 펌프

7. 내부점화시기 조절에 타이밍 라이트를 사용할 때 마그네토 스위치의 위치는?

   ㉮ BOTH   ㉯ LEFT
   ㉰ OFF   ㉱ RIGHT

8. 도시마력을 환산할 수 있는 공식은?

㉮ $\dfrac{75 \times 2 \times 60 \times BHP}{LANK}$

㉯ $\dfrac{P_{mi}LANK}{75 \times 2 \times 60}$

㉰ $\dfrac{75 \times 2 \times 60 \times BHP}{LANK}$

㉱ $\dfrac{P_{mb}LANK}{75 \times 2 \times 60}$

9. 다음 중 제트 엔진의 핫 섹션이 아닌 것은?

㉮ 터빈 ㉯ 배기 노즐
㉰ 연소실 ㉱ 기어박스

● 핫 섹션(hot section): 엔진 구조 내부에서 직접 고온의 연소 가스에 노출되는 부분, 즉 연소실, 터빈및 배기계통의 각 부분 - 그 외의 부분을 콜드 섹션이라 한다.

10. 홈이 5개인 피스톤의 위에 4개의 링이 끼워져 있다. 이 홈에 들어가는 피스톤 링은?

㉮ 압축링 2개, 오일링 2개
㉯ 압축링 3개, 오일링 1개
㉰ 압축링 1개, 오일링 3개
㉱ 압축링 4개

11. 듀얼 스풀형 APU에서 저압 터빈/저압 압축기 N_1 회전 속도는 무엇에 의해 조절되는가?

㉮ 시동기
㉯ 고압 터빈 / 고압 압축기 N^2
㉰ 연소가스
㉱ 가변노즐 다이어프램

● Dual spool type(2축식) APU의 터빈에 있어서 고압과 저압 터빈 사이에 가변노즐 가이드베인(다이어프램)이 있고, 이 작동에 의해 저압터빈/저압압축기(N_1)의 회전 속도를 조절한다.

12. 열효율이 25%이고 50PS인 내연기관의 발열량은 몇 Kcal/h인가?

(단, 1PS = 75kg · m/s이고, 열당량 A는 1/427 Kcal/kg · m이다)

㉮ 8.75   ㉯ 35
㉰ 31,500 ㉱ 126,500

● W=JQ
(W: 일, J: 열의 일량=427kg · m/Kcal, Q: 열량)
$Q = \dfrac{1}{J} = Q = AW$
(A: 일의 열당량=1/427Kcal/kg · m)
$Q = \dfrac{1}{427} \times 50 \times 75 \times \dfrac{1}{0.25} \times 3,600 \, (kcal/h)$

13. 제트엔진에서 추력을 증가시키는 방법은?

㉮ afterburner, water injection
㉯ reverse thrust, water injection
㉰ afterburner thrust, noise suppressor
㉱ reverse thrust, afterburner

14. 인티그럴 연료탱크의 장점은?

㉮ 연료 누설 방지가 용이
㉯ 화재 위험이 적다.
㉰ 무게가 감소된다.
㉱ 연료공급을 용이하게 한다.

● 인티그럴 연료탱크: 대형기에서 날개 안에 날개 모양과 같게 연료탱크를 만든 것
 • 장점: 무게감소, 내부공간 활용 최대
 • 단점: 화재위험, 누설위험

15. Which type of fuel control is used on most of today's turbine engines?

㉮ electromechanical
㉯ mechanical
㉰ hydro-mechanical or electronic
㉱ electrical

● 오늘날 터빈엔진의 대부분에서 사용하는 연료 조정장치

1. ㉯	2. ㉯	3. ㉱	4. ㉮	5. ㉮
6. ㉱	7. ㉮	8. ㉯	9. ㉱	10. ㉯
11. ㉱	12. ㉱	13. ㉮	14. ㉰	15. ㉰

1998년도 기능사 1급 4회 항공기관

1. 가스터빈 엔진의 블리드 밸브는 언제 완전히 열리는가?

㉮ 완속출력   ㉯ 이륙출력
㉰ 최대출력   ㉱ 순항출력

● 블리드 밸브는 압축기의 뒤쪽에 설치하는데, 기관을 저속 회전시킬 때에 자동적으로 밸브가 열려 누적된 공기를 배출시키고, 기관의 회전 속도가 규정보다 높아지면 블리드 밸브는 자동으로 닫힌다.

2. 다음 중 피스톤의 지름이 16cm, 행정길이 0.16m, 실린더수가 6개일 때, 총행정체적은 몇 l 인가?

㉮ 17.29   ㉯ 18.29
㉰ 19.29   ㉱ 20.29

3. 다음 중 터빈 블레이드 끝과 터빈 케이스 안쪽의 에어 시일과의 간격을 줄여주기 위해서 터빈 케이스 외부냉각을 시켜준다. 여기에 사용되는 냉각공기는?

㉮ 압축기 배출 공기
㉯ 연소실 냉각 공기
㉰ 팬 압축 공기
㉱ 외부 공기

● *ACCS(Active Clearance Control System) = TCCS(Turbine Case Cooling System)
터빈 케이스를 공기로 강제 냉각하고 수축시켜서 터빈 블레이드의 팁 간격을 최적으로 유지하고 연료비의 개선을 꾀한 것

4. 다음은 왕복기관의 노킹현상이 일어나기 쉬운 경우를 나열 한 것이다. 관계가 먼 것은?

㉮ 제동평균 유효압력이 낮은 경우
㉯ 흡기온도가 높은 경우
㉰ 혼합기의 화염전파속도가 느린 경우
㉱ 실린더 온도가 높은 경우

● 노킹(knocking): 정상 점화후 많은 양의 미연소 가스가 동시에 자연 발화하게 되면 실린더 안에 폭발적인 압력증가가 발생한다. 이러한 폭발적 자연발화현상에 의해 기관에서 큰 소음과 진동, 출력감소현상이 일어나는 것.

5. 9개 실린더를 가진 왕복 성형기관에서 4,5번 실린더가 계속 점화되지 않고 연기를 내는 가장 큰 이유는?

㉮ 불량한 점화 플러그 장착
㉯ 실린더 오일링의 마모
㉰ 배유관이 4번과 5번 실린더 사이에서 막혔기 때문에
㉱ 4, 5번 실린더에 오일펌프로 가는 배유관이 막혔기 때문에

6. 제트엔진의 1차 연소영역에서 연소에 직접 필요한 공연비는?

㉮ 15 : 1   ㉯ 25 : 1
㉰ 35 : 1   ㉱ 45 : 1

7. 가스터빈 오일의 구비 조건이 아닌 것은?
   ㉮ 유동점이 낮을 것
   ㉯ 인화점이 높을것
   ㉰ 화학안정성이 좋을 것
   ㉱ 공기와 오일의 혼합성이 좋을 것

8. 압축기 형태 중 아이들에서 최대 출력까지 넓은 속도에서 좋은 효율을 얻을 수 있는 것은?
   ㉮ 축류형   ㉯ 원심식
   ㉰ 임펠러   ㉱ 확산형

9. 항공기 기관의 소기펌프가 압력펌프보다 용량이 크다. 그 이유는?
   ㉮ 압력펌프보다 압력이 낮으므로
   ㉯ 공기가 혼합되어 체적이 증가하므로
   ㉰ 윤활유가 고온이 되어 팽창하므로
   ㉱ 소기펌프가 파괴되기 쉬우므로

10. 공냉식 엔진에서 냉각효과는 어떤 것에 의하여 좌우되는가?
    ㉮ 실린더의 크기에 의하여
    ㉯ 연료의 옥탄가에 의하여
    ㉰ 실린더 외부에 있는 Fin의 총면적에 의하여
    ㉱ 항공기의 평균속도에 의하여
    ● 공랭식 기관 구성 요소: 냉각핀, 배플, 카울플랩

11. 엔진정격(Engine Rating)은 정해진 조건하에서 엔진을 운전할 경우 보증되고 있는 성능 특성값이다. 다음 중 이 종류가 아닌 것은?
    ㉮ 이륙 정격   ㉯ 최대 연속 정격
    ㉰ 최대 상승 정격   ㉱ 최대 하강 정격

12. 둘 또는 그 이상의 밸브스프링을 사용하는 가장 큰 이유는?
    ㉮ 밸브 간격을 "0"으로 유지하기 위해
    ㉯ 한 개의 밸브 스프링이 깨졌을 경우에 대비하기 위해
    ㉰ 축을 감소시키기 위해
    ㉱ 밸브의 변형을 방지하기 위해

13. 설계 또는 상징적인 경계에 의하여 주위로부터 구분하는 공간은?
    ㉮ 개방   ㉯ 밀폐
    ㉰ 경계   ㉱ 계

14. 정확한 연료 대 공기의 비율을 얻기 위해 공기와 연료를 섞을 때 공기의 밀도가 상당히 중요하다. 다음 중 가장 좋은 조건은?
    ㉮ 98%의 건조공기와 2%의 수증기
    ㉯ 75%의 건조공기와 25%의 수증기
    ㉰ 100%의 건조공기
    ㉱ 50%의 건조공기와 50%의 수증기

15. If the hot clearance is used to set the valves when the engine is cold, what will occur during operating of the engine?
    ㉮ the valve will open eatly and close early
    ㉯ the valve will open late and close early
    ㉰ the valve will open eatly and close late
    ㉱ the valve will open late and close late
    ● 엔진이 냉각된 상태에서 밸브간극을 열간 간극으로 맞추었을 때의 문제점

1. ㉮	2. ㉰	3. ㉰	4. ㉮	5. ㉱
6. ㉮	7. ㉱	8. ㉮	9. ㉯	10. ㉰
11. ㉱	12. ㉯	13. ㉱	14. ㉰	15. ㉯

1999년도 산업기사 1회 항공기관

1. 저위 발열량이란 무엇인가?

㉮ 연료를 탄소만의 발열량을 말한다.
㉯ 연소가스 중 물(H_2O)이 증기인 상태일 때 측정한 발열량이다.
㉰ 연소가스 중 물(H_2O)이 액상일 때 측정한 발열량이다.
㉱ 연소 효율이 가장 나쁠 때의 발열량이다.

● • 고위 발열량: 연소 생성물 중 물이 액체 상태로 존재하는 경우의 발열량
• 저위 발열량: 기체 상태로 존재하는 경우의 발열량, 고위 발열량과 저위 발열량의 차이는 생성된 물을 기화시키는데 필요한 열량과 같다.

2. 프로펠러 커프(Cuff)의 주목적은 무엇인가?

㉮ 방빙 작동유를 분해하기 위하여
㉯ 프로펠러 강도를 보강하기 위하여
㉰ 공기를 유선형 흐름으로 하여 항력을 줄이기 위하여
㉱ 엔진 나셀(nacell)로 냉각공기의 흐름을 증가시키기 위하여

● 프로펠러 허브 부분이 원형으로 되어 있어 공기의 유입 효과가 저하될 수 있으므로 에어포일 모양의 정형재를 허브 부분에 장착하여 전체가 에어포일 모양을 하도록 한 것.

3. 속도 540km/h로 비행하는 항공기에 장착된 터보 제트 기관이 196kg/s로 공기를 흡입하여 250m/s로 배기할 때 진추력은?

㉮ 1,000kg ㉯ 1,500kg
㉰ 2,000kg ㉱ 2,500kg

● $F_N = \dfrac{196}{9.8}\left(250 - \dfrac{540}{3.6}\right)$

4. 왕복기관의 경우 밸브 개폐시기는 흡입 밸브가 상사점 전 30°에서 열리고 하사점 후 60°에서 닫히며, 배기 밸브가 하사점 전 60°에서 열리고 상사점 후 15°에서 닫히는 경우 밸브 오버랩은 얼마인가?

㉮ 15° ㉯ 45°
㉰ 60° ㉱ 75°

5. 터보프롭 엔진의 프로펠러 깃각은 무엇에 의해 조절되는가?

㉮ 속도 레버
㉯ 파워 레버
㉰ 프로펠러 조종레버
㉱ 컨디션 레버

● 동력 레버-드러스트 레버(thrust lever)

6. 가스 터빈 엔진의 종류 중 셔터 밸브의 그리드가 있어서 정적 과정에서 연소가 일어나는 엔진은?

㉮ 램제트 엔진 ㉯ 펄스제트 엔진
㉰ 터보제트 엔진 ㉱ 터보팬 엔진

7. 왕복엔진의 로커암과 밸브 끝의 간극이 작다면?

㉮ 밸브가 늦게 열리고 늦게 닫힌다.
㉯ 밸브가 열려 있는 기간이 짧다.
㉰ 밸브가 일찍 열리고 일찍 닫힌다.
㉱ 밸브가 일찍 열리고 늦게 닫힌다.

8. 내부에너지와 유동일을 합한 상태량을 무엇이라 하는가?

㉮ 비열 ㉯ 체적
㉰ 열량 ㉱ 엔탈피

▶ H=U+PV

9. 가스터빈 기관의 축류식 압축기에 로우터 깃의 받음각이 커짐으로 압축비가 떨어져 기관 출력이 감소하여 작동이 불가능하게 된다. 이와 같은 현상은?

㉮ 연소기 실속 ㉯ 로우터 실속
㉰ 스테이터 실속 ㉱ 압축기 실속

10. 압력식 기화기(Pressure Carburetor)에서 엔리치먼트 밸브(Enrichment Valve)는 다음 중 어느 압력에 의하여 열려지는가?

㉮ 공기압
㉯ 연료압
㉰ 수압
㉱ 벤튜리 진공압(Ventry suction)

▶ ① power enrichment valve: 순항 출력이상의 고출력일 때 여분의 연료를 공급하는 밸브로 부자식 기화기의 이코노마이저장치와 같은 역할을 한다.
② derichment valve: 물분사 장치 사용시 연료에 의한 과농후 혼합비를 방지하기 위하여 혼합비를 희박하게 해서 엔진을 정상적으로 작동하게 하는 밸브로 물의 압력에 의해 작동된다.

11. 열효율 25%, 유효마력 50마력일 때 총발열량은 몇 kcal/h인가?

(단, 1마력은 75kg·m/s, 열당량 A=$\frac{1}{427}$ kcal/kg·m)

㉮ 8.75 ㉯ 35
㉰ 31,500 ㉱ 126,500

12. 터빈 깃의 냉각 방법 중에서 터빈 내부를 중공으로 하여 이곳으로 공기가 통과하면서 냉각되는 방식은?

㉮ 충돌 냉각 ㉯ 공기막 냉각
㉰ 침출 냉각 ㉱ 대류 냉각

13. 이상 폭발과 조기 점화의 주된 차이점은?

㉮ 이상 폭발은 정상 점화 전에서 일어나고, 조기 점화는 정상 점화 후에 일어난다.
㉯ 조기 점화는 정상 점화 전에서 일어나고, 이상 폭발은 정상 점화 후에 일어난다.
㉰ 양쪽 모두 과도한 온도 상승이 되는 것 외에 차이점이 없다.

㉣ 양쪽 모두 실린더 내에서 일어난다는 점에서 차이가 없다.

▶ ① 조기 점화(preignition): 점화플러그에 의한 정상점화 이전에 연소실 내의 국부적인 과열 등에 의해 혼합가스가 점화하여 연소하는 현상
② 디토네이션(detonation): 정상 점화후에 아직 연소하지 않은 미연소가스가 자연발화에 의해 동시 폭발하는 현상으로 불꽃 속도는 음속을 넘어 금속적 충격음을 발생시킨다.

14. 가스터빈 엔진의 배기 덕트(Exhaust Duct)의 목적은?

㉮ 배기가스를 정류만 한다.
㉯ 배기가스의 압력에너지를 속도에너지로 바꾸어 추력을 얻는다.
㉰ 배기가스의 온도를 조절한다.
㉣ 배기가스의 속도에너지를 압력에너지로 바꾸어 추력을 얻는다.

▶ 배기관은 배기가스를 대기 중으로 방출하기 위한 통로 역할을 하고, 배기 가스를 정류하는 동시에 배기가스의 압력 에너지를 속도 에너지로 바꾸어 추력을 얻도록 하기도 한다.

15. 열역학에서 "밀폐계가 사이클을 수행할 때의 열전달량은 이루어진 일과 정비례 관계를 가진다"라는 말로 표현된 법칙은?

㉮ 열역학 제1법칙
㉯ 열역학 제2법칙
㉰ 열역학 제3법칙
㉣ 열역학 제4법칙

16. 연료 차단 밸브 레버(Fuel Shutoff Valve Lever)를 open 위치에 놓았을 때, 연료를 연료 조절 장치(F.C.U)로부터 연소실로 보내주는 밸브는?

㉮ 최소 가압 및 차단 밸브
  (Minimum metering valve and Shutoff Valve)
㉯ 메인 미터링 밸브(Main Metering Valve)
㉰ 여압 및 덤프 밸브
  (Pressurizing and Du mp Valve)
㉣ 부스터 펌프(Booster Pump)

17. 가스터빈 기관의 기어형 윤활 펌프에 관한 설명이다. 가장 올바른 것은?

㉮ 배유펌프가 압력펌프보다 크기가 더 크다.
㉯ 압력펌프가 배유펌프보다 크기가 더 크다.
㉰ 압력펌프와 배유펌프의 크기가 같다.
㉣ 압력펌프와 배유펌프의 크기는 무관하다.

18. 저압 점화 계통을 사용할 때 단점은 무엇인가?

㉮ 플래쉬 오버   ㉯ 무게의 증대
㉰ 고전압 코로나   ㉣ 캐패시턴스

▶ 저압 점화계통은 고고도 비행에 적합하지만 각 실린더마다 변압기를 설치하여야 하므로 무게가 증대된다. (㉮, ㉰, ㉣는 고압 점화 계통의 단점임)

19. 제트엔진의 1차 연소영역에서 연소에 필요한 최적 공연비는?

㉮ 15 : 1 ㉯ 25 : 1
㉰ 35 : 1 ㉱ 45 : 1

20. 왕복기관에서 발생되는 오일열은 어디서 발생하는가?

㉮ 커넥팅로드 베어링
㉯ 크랭크축 베어링
㉰ 배기 밸브
㉱ 피스톤 및 실린더 벽

● 왕복기관에서 피스톤의 왕복으로 인하여 오일열이 발생하는데 이를 냉각시키기 위하여 냉각핀, 배플, 카울플랩을 설치한다.

1. ㉯	2. ㉱	3. ㉰	4. ㉯	5. ㉯
6. ㉯	7. ㉱	8. ㉱	9. ㉱	10. ㉯
11. ㉱	12. ㉱	13. ㉯	14. ㉯	15. ㉮
16. ㉰	17. ㉮	18. ㉯	19. ㉮	20. ㉱

1999년도 산업기사 2회 항공기관

1. 최근 터보팬 엔진에서 사용하는 Thrust reverser에 사용 되는 형식은?

㉮ Fan reverser와 Thrust reverser와 같이 쓰인다.
㉯ Fan reverser만 쓰인다.
㉰ Turbine reverser만 작동한다.
㉱ Reverser를 작동유로 작동한다.

● 그 이유는 터빈 리버서의 발생 역추력은 전체 역추력의 20~30% 정도에 지나지 않고 동시에 터빈 역추력 장치가 고온 고압에 누출되기 때문에 고장의 발생률이 높다. 따라서, 터빈 리버서를 폐지함으로써 고장이 줄고 정비비가 절감되고 또한 중량 감소만큼 연료비의 절감이 가능하게 되는 등 많은 장점이 있다.

2. 제트 기관의 압축기 실속은 어느 때 일어나는가?

㉮ 항공기 속도가 압축기 회전 속도에 비해 너무 높을 때
㉯ 항공기 속도가 압축기 회전 속도에 비해 너무 작을 때
㉰ 항공기 추력이 압축기 압력보다 너무 작을 때
㉱ 항공기 추력이 압축기 압력보다 너무 클 때

3. 가스터빈 기관의 시동기중 가장 가볍고 간단한 시동기는?

㉮ 공기 충돌식   ㉯ 공기 터빈식
㉰ 가스 터빈식   ㉱ 유압식 시동기

4. 프로펠러의 Track이란?

㉮ 프로펠러의 피치각이다.
㉯ 프로펠러 브레이드 선단 회전의 궤적이다.
㉰ 프로펠러 1회전하여 전진한 거리이다.
㉱ 프로펠러 1회전하여 생기는 와류이다.

● 트랙(Track)이라는 것은 프로펠러 브레이드 팁의 회전 궤도이며 각 브레이드의 상대 위치를 나타내는 것이다. 그리고 어느 한 개의 브레이드를 기준으로 해서 다른 브레이드 팁이 같은 원 주위를 회전하는지를 점검하는 것을 궤도 검사(트랙킹, Tracking)이라고 한다.

5. Magneto breaker point cam의 회전 속도는?

㉮ $\gamma = \dfrac{N}{n}$ ㉯ $\gamma = \dfrac{N}{n+1}$
㉰ $\gamma = \dfrac{N}{2n}$ ㉱ $\gamma = \dfrac{N+1}{2n}$

● (크랭크축 1회전에 대한)
캠의 회전속도 = $\dfrac{실린더수}{2 \times 캠로브수}$

6. 터보팬 엔진에서의 바이패스 비란?

㉮ $\dfrac{2차유입공기량}{1차유입공기량}$

㉯ $\dfrac{1차유입공기량}{2차유입공기량}$

㉰ $\dfrac{1차유입공기량}{전체유입공기량}$

㉱ $\dfrac{2차유입공기량}{전체유입공기량}$

▶ 바이패스비:BPR-ByPass Ratio

7. 왕복기관의 윤활유 탱크에 대한 내용으로 바른 것은?

㉮ 윤활유 탱크는 윤활유 펌프 입구보다 약간 높게 설치한 경우가 많다.

㉯ 윤활유 열팽창을 고려하여 드레인 밸브가 있다.

㉰ 물과 불순물 제거를 위해 연료펌프 밑바닥에 딥스틱이 있다.

㉱ 윤활유 탱크는 일반적으로 강철의 재료를 사용한다.

▶ ㉮ 윤활유 펌프까지는 중력에 의해 윤활유 공급
  ㉯ 드레인 밸브는 이물질 제거
  ㉰ 딥스틱(dip stick)은 윤활유 양을 측정하는 스틱
  ㉱ 탱크의 재료는 알루미늄 합금 사용

8. 가스터빈 기관의 배기소음감소장치로 가장 올바른 것은?

㉮ 배기 소음중의 고주파음을 저주파로 변환시키는 것

㉯ 노즐 전체 면적 증가

㉰ 대기와의 상대속도를 크게 한다.

㉱ 대기와의 혼합되는 면적을 넓게 한다.

9. 가스터빈 엔진의 연소실에 대한 설명 내용으로 가장 올바른 것은?

㉮ 압축기 출구에서 공기와 연료가 혼합되어 연소실로 분사된다.

㉯ 연소실로 유입된 공기의 75% 정도는 연소에 이용되고 나머지 25% 정도의 공기는 냉각에 이용된다.

㉰ 1차 연소영역을 연소영역이라 하고 2차 연소영역을 혼합 냉각 영역이라고 한다.

㉱ 최근 JT9D, CF6, RB-211엔진 등은 물론 엔진 크기에 관계없이 캔형의 연소실이 사용된다.

▶ ㉮ 연소실에서 공기와 연료 혼합
  ㉯ 연소에 이용되는 공기는 25%, 나머지는 냉각에 이용
  ㉱ 최근의 터보팬 엔진은 모두 애뉼러형 연소실 사용

10. 다음 9기통 성형 엔진의 밸브 타이밍 파워 오버랩은?

I.O BTDC 30°, E.O BBDC 60°
I.C ABDC 60°, E.C ATDC 15°

㉮ 30°   ㉯ 40°
㉰ 50°   ㉱ 60°

▶ 밸브 타이밍 파워 오버랩이라는 것은 한 실린더가 팽창(폭발) 행정중에 있을 때, 다음 점화되는 실린더가 폭발하여 팽창(폭발)행정이 겹치는 동안의 크랭크축 회전 각도를 말한다. 9기통 성형 엔진에서 각 실린더는 80°차이를 두고 점화(폭발)가 이루어지고(720÷9=80), 배기밸브가 하사점 60°전에 열리므로, 팽창(폭발)행정 기간은 120°(180-60=120)이다. 120°중에서 각 실린더는 80°마다 폭발이 이루어지므로 40°가 겹치게 된다.

11. 다음 중 연소 효율이란?

㉮ 연소실로 공급된 열량과 공기의 실제 증가된 에너지의 비율
㉯ 연소실로 공급된 열량과 방출된 열량의 비율
㉰ 연소실로 공급된 에너지와 방출된 에너지의 비율
㉱ 연소실로 들어오는 1차 공기와 2차 공기와의 비율

12. 항공기의 고도변화에 따라 왕복기관의 기화기에서 공급하는 연료의 양은 AMCU에 의해 조절된다. 다른 조건이 동일한 경우 다음 중 옳은 것은?

㉮ 고도가 증가함에 따라 연료량을 감소시킨다.
㉯ 고도가 증가함에 따라 연료량을 증가시킨다.
㉰ 고도가 증가함에 따라 연료량을 증가시켰다 감소시킨다.
㉱ 고도가 증가함에 따라 연료량을 일정하게 한다.

▶ 자동 혼합비 조정 장치
(AMC: Automatic Mixture Contol)
고도가 높아짐에 따라 공기의 밀도가 감소하므로 혼합비가 농후 혼합비 상태로 되는 것을 막아 주기 위해 연료의 양을 줄이는 역할을 하는 것이 혼합비 조정 장치이며, 이 역할을 자동적으로 해주는 것이 AMC이다.

13. 보일-샤를 법칙을 설명한 내용으로 가장 바른 것은?

㉮ 완전기체의 체적은 압력에 반비례 절대온도에 비례
㉯ 완전기체의 체적은 압력에 비례 절대온도에 비례
㉰ 완전기체의 체적은 압력에 비례 절대온도에 반비례
㉱ 완전기체의 체적은 압력에 반비례 절대온도에 반비례

▶ $\dfrac{PV}{T}$ = 일정

14. 섭씨온도를 T_C, 화씨온도를 T_F로 표시할 때 화씨온도를 섭씨온도로 환산하는 관계식 중 옳은 것은?

㉮ $T_C = \dfrac{5}{9}(T_F - 32)$
㉯ $T_C = \dfrac{9}{5}(T_F - 32)$
㉰ $T_C = \dfrac{5}{9}(T_F + 32)$
㉱ $T_C = \dfrac{9}{5}(T_F + 32)$

▶ $T_F = \dfrac{9}{5}T_C + 32$

15. 어떤 기관의 피스톤 지름이 16cm, 행정길이가 0.16m, 실린더 수가 6, 제동평균유효압력이 8kg/cm², 회전수가 2,400rpm일 때의 제동마력은?

㉮ 411.6[ps]   ㉯ 511.6[ps]
㉰ 611.6[ps]   ㉱ 711.6[ps]

16. 시동시 혼합기 조절레버의 위치로 올바른 것은?

㉮ 레버를 Idle cutoff 위치에 놓고 Primer를 작동시킨다.
㉯ 레버를 Auto rich 위치에 놓는다.
㉰ 레버를 Full rich 위치에 놓는다.
㉱ 레버를 Full lean 위치에 놓고 Primer를 작동시킨다.

17. 조속기가 달려 있는 프로펠러에서 원심력에 의해 피치각이 변화하지 않는다. 그 이유는?

㉮ 조속기의 릴리프 밸브의 스프링이 고착되었다.
㉯ Pilot valve의 틈새가 과도하게 크다.
㉰ 조속기 Speeder spring이 파손되었다.
㉱ 페더링 스프링이 마모되었다.

● 스피더 스프링은 정속 프로펠러에서 플라이 웨이트에 장력을 조절하여 프로펠러 회전수를 설정하기 위해 필요한 것으로, 스피더 스프링이 파손되면 플라이 웨이트는 원심력에 의해 항상 벌어져 있으므로 피치는 고피치로 되어 고정될 것이다.

18. 둘 또는 그 이상의 밸브 스프링을 사용하는 가장 큰 이유는?

㉮ 밸브 간격을 0으로 유지하기위해
㉯ 한 개의 밸브스프링이 깨졌을 경우를 대비하기위해
㉰ 축을 감소시키기 위해
㉱ 밸브의 변형을 방지하기 위해

19. 전기로 작동되는 연료를 프라이밍(Priming)할 때 연료의 압력은 어디서 얻어지는가?

㉮ 기관구동 펌프   ㉯ 연료 승압 펌프
㉰ 연료 인젝터   ㉱ 중력식 공급

20. 볼베어링에서 금속 칩이 발견될 경우 손상부위의 위치를 알 수 있는 부속품은?

㉮ 오일 필터
㉯ 칩 디텍터(Chip detector)
㉰ 오일 압력 조절기
㉱ 딥 스틱(Dipstick)

● 칩 탐지기: 윤활유에 잔류하는 칩(조각)을 탐지하는 전기경고장치이다. 칩 탐지기는 일반적으로 배유플러그에 설치되며 플러그의 두 전극봉 사이로 칩이 움직이게 되면 회로가 연결되어 경고신호가 발생한다.

1. ㉯	2. ㉯	3. ㉮	4. ㉯	5. ㉰
6. ㉮	7. ㉮	8. ㉱	9. ㉯	10. ㉯
11. ㉮	12. ㉮	13. ㉮	14. ㉮	15. ㉮
16. ㉮	17. ㉰	18. ㉯	19. ㉯	20. ㉯

1999년도 산업기사 3회 항공기관

1. 마그네토 브레이커 포인트(breaker point)가 고착되었다면 다음 무엇을 초래하는가?
㉮ 스위치를 off 해도 점화되지 않는다.
㉯ 높은 속도에서 점화되지 않는다.
㉰ 마그네토 작동 불능
㉱ 시동시 역화 발생

● 브레이크 포인트가 열릴 때 합성 자속의 붕괴로 인해 2차 코일에 매우 높은 전압이 유도된다.

2. 터빈 기관 압축기 블레이드의 프로파일(profile) 이란?
㉮ 블레이드의 앞전
㉯ 블레이드 뿌리의 만곡
㉰ 블레이드 뿌리의 모양
㉱ 블레이드 선단 두께를 축소하기 위해 도려낸 것

● 블레이드의 팁에서 두께가 줄어들게 한 것을 프로파일이나 스퀼러 팁이라 한다. 프로파일링은 블레이드의 고유주파수를 크게 하는 방법으로 엔진의 회전주파수보다 크게 하면 진동경향이 감소한다. 또한 프로파일은 와류팁으로 설계된다. 얇은 뒷전부분이 와류를 일으켜 공기속도를 증가시켜 팁 누출을 최소화하며 축방향 공기흐름을 원활히 한다.

3. 완전기체의 상태변화가 아닌 것은?
㉮ 등온변화 ㉯ 등압변화
㉰ 단열변화 ㉱ 비열변화

4. 수평대향형 기관의 점화순서를 정하는데 특히 고려해야 할 사항은?
㉮ 점화순서에 균형을 맞추어 엔진의 진동을 최소화하기 위해
㉯ 순항출력에서 최대회전 토큐를 발생하기 위해
㉰ 기계적 효율을 높이기 위해
㉱ 설계를 간단하게 하기 위해

5. 크랭크축에 일반적으로 사용하는 베어링은?
㉮ 플레인 베어링   ㉯ 로울러 베어링
㉰ 보올 베어링   ㉱ 니들 베어링

● • 플레인 베어링 - 일반적으로 커넥팅 로드, 크랭크축, 캠축에 사용
• 롤러 베어링 - 고출력 항공기의 크랭크축을 지지하는 주베어링
• 볼베어링 - 대형 성형 엔진이나 가스 터빈 기관의 추력 베어링

6. Pressure injection type carburetor가 idle rpm에서 mixture control이 auto lean에 있을 때 연료유량을 계량하는 것은?
㉮ Auto lean jet와 manual mixture control valve
㉯ Auto lean jet와 auto rich jet
㉰ Auto lean jet와 auto rich jet, idle valve
㉱ Idle valve

● 저속 밸브(idle valve): 엔진이 저속 범위일 때 연료 조정

7. 고출력 왕복기관에서 높은 출력으로 작동하다가 부주위로 순간적으로 급격히 출력을 감소시켰다면?

㉮ 피스톤 링 홈에 오일이 탄화된다.
㉯ 자동오일 조정장치의 다이어프램이 손상된다.
㉰ 오일에 의해 동력부에 과부하가 걸린다.
㉱ 동력부의 오일이 소거된다.

8. 연료의 옥탄가와 왕복기관 압축비는 어떤 관계에 있는가?

㉮ 낮은 옥탄가면 가능한 압축비는 더 높아진다.
㉯ 높은 옥탄가면 가능한 압축비는 더 높아진다.
㉰ 높은 옥딘가면 필요한 압축비는 더 낮아진다.
㉱ 둘은 아무관계가 없다.

▶ 옥탄가가 높을수록 안티노크성이 크므로 압축비를 크게 할 수 있다.

9. 압축비가 8인 오토사이클의 열효율은 몇 %인가? (단, 작동유체는 공기이고, κ는 1.4이다)

㉮ 48.7 ㉯ 56.2
㉰ 78.2 ㉱ 94.6

10. 프로펠러가 항공기에 장착되어 있을 때 블레이드의 각을 측정하는 측정기구는?

㉮ 다이얼 게이지
㉯ 버어니어 캘리퍼스
㉰ 유니버설 프로펠러 프로트랙터
㉱ 블레이드 앵글 섹터

▶ 만능 프로펠러 각도기(universal propeller protractor)

11. 다음 연소실 중에서 연소실 출구 온도가 가장 균일한 형태는?

㉮ 캔형   ㉯ 애뉼러형
㉰ 캔-애뉼러형 ㉱ 라이너형

12. 가스터빈기관은 어느 부분에서 공기와 연료가 혼합되는가?

㉮ 악세서리 섹션(accessory section)
㉯ 컴프레서 섹션(compressor section)
㉰ 컴부션 섹션(combustion section)
㉱ 엑스허스트 섹션(exhaust section)

▶ ㉰는 연소실, ㉱는 배기 덕트

13. 오일계통의 소기펌프는 어떤 형태를 주로 사용하는가?

㉮ 압력펌프   ㉯ 베인형
㉰ 제로터형   ㉱ 기어형

14. 수축 및 확산 덕트에 대한 기술 중 틀린 것은?

㉮ 아음속시 수축덕트에서 압력은 감소하고 속도는 증가한다.
㉯ 초음속시 수축덕트에서 압력은 감소하고 속도는 증가한다.
㉰ 초음속시 확산덕트에서 압력은 감소하고 속도는 증가한다.
㉱ 아음속시 확산덕트에서 압력은 증가하고 속도는 감소한다.

15. 터빈 블레이드의 전연 부분의 냉각은 어떤 방법으로 이루어지는가?
- ㉮ 대류 냉각
- ㉯ 충돌 냉각
- ㉰ 필름 냉각
- ㉱ 증발 냉각

16. 시동할 때 정상적인 드로틀보다 적게 열린다면 무엇을 초래하는가?
- ㉮ 희박혼합비
- ㉯ 농후혼합비
- ㉰ 희박혼합비에 기인한 엔진의 역화
- ㉱ 조기점화

17. 720km/h의 속도로 비행하는 항공기에 장착된 터보제트 엔진에서 300kg/sec의 공기를 흡입하여 400m/sec로 배기시킨다. 이때의 진추력은 몇 kg인가? (단, 중력가속도는 $10m/sec^2$)
- ㉮ 3,000
- ㉯ 6,000
- ㉰ 9,000
- ㉱ 18,000

18. 정속프로펠러를 장착한 엔진에서 엔진출력 감소의 작동순서는?
- ㉮ rpm을 감소시키고 다기관 압력을 감소시킨다.
- ㉯ rpm을 감소시키고 propeller control을 조정한다.
- ㉰ 다기관 압력을 감소시키고 rpm을 감소시킨다.
- ㉱ 다기관 압력을 감소시키고 정확한 rpm을 정하기 위해 드로틀을 감소시킨다.

▶ 정속 프로펠러를 장착한 엔진의 출력 증가 방법: 혼합기 농후 → rpm 증대 → MAP(흡기압력) 증대

19. 터보팬 엔진에서 터빈노즐 가이드 베인의 냉각은 어떻게 이루어지는가?
- ㉮ 저압압축기의 배출공기(bleed air)
- ㉯ 고압압축기의 배출공기(bleed air)
- ㉰ 팬 배기
- ㉱ 연소실의 냉각구멍을 통해 들어온 공기

20. 열역학 제1법칙을 기술한 것 중 가장 올바른 것은?
- ㉮ 열평형에 관한 법칙이다.
- ㉯ 열과 일의 관계를 설명한 에너지 보존 법칙이다.
- ㉰ 엔트로피에 대한 설명이다.
- ㉱ Kelvin Flank의 표현으로 열역학 제1법칙을 설명한다.

1. ㉰	2. ㉱	3. ㉱	4. ㉮	5. ㉮
6. ㉱	7. ㉯	8. ㉯	9. ㉯	10. ㉰
11. ㉯	12. ㉰	13. ㉱	14. ㉯	15. ㉯
16. ㉯	17. ㉯	18. ㉰	19. ㉯	20. ㉯

2000년도 산업기사 1회 항공기관

1. 압력식 기화기에서 농후(enrichment) 밸브는 다음 중 어느 압력에 의하여 열려지는가?
㉮ 공기압
㉯ 수압
㉰ 연료압
㉱ 벤츄리 공기

2. 터보제트 엔진의 통상적인 오일 계통의 형(type)은?
㉮ wet sump, spray, and splash
㉯ wet sump, dip, and pressure
㉰ dry sump, pressure, and spray
㉱ dry sump, dip, and splash

3. F/A 혼합비에 대한 설명 중 가장 올바른 것은?
㉮ 최적의 출력을 내는 혼합비는 경제적인 혼합비보다 농후하다.
㉯ 정상 혼합비보다 희박한 혼합이 더 빨리 연소된다.
㉰ 정상 혼합비보다 농후한 혼합이 더 빨리 연소된다.
㉱ 설계된 최적혼합비가 가장 경제적이다.
▶ ① 최대출력혼합비-12.5:1, 이론혼합비-15:1, 최량경제혼합비-16:1
② 연소속도는 희박혼합비→농후혼합비→정상혼합비 순으로 빨라진다.

4. 실린더의 압축비는 피스톤이 행정의 하사점에 있는 때와 상사점에 있을 때의 실린더 공간체적의 비이다. 압축비가 너무 클때 일어나는 현상이 아닌 것은?
㉮ 하이드로릭 락
㉯ 디토네이션
㉰ 조기 점화
㉱ 고열 현상과 출력 감소
▶ 하이드로릭 락 (hydraulic lock)
성형기관의 하부 실린더 내에 축적된 액체로 인하여 기관이 시동될 때 그 작동을 멈추게 하고, 회전하려는 크랭크축의 힘에 의해 커넥팅 로드의 파손을 초래하는 현상

5. 정속 프로펠러에 대하여 가장 올바르게 설명한 것은?
㉮ 저피치와 고피치인 2개의 위치만을 선택할 수 있다.
㉯ 3방향 선택 v/v에 의해 피치가 변경된다.
㉰ 피치를 자유롭게 조절할 수 있다.
㉱ 깃각이 하나로 고정되어 피치변경이 불가능하다.

6. 왕복엔진의 오일냉각 흐름조절 밸브(oil cooling flow control vavle)가 열릴 만한 조건은?

㉮ 엔진으로부터 나오는 오일의 온도가 너무 높을 때
㉯ 엔진오일 펌프 배출체적이 소기펌프 출구체적보다 클 때
㉰ 엔진으로부터 나오는 오일의 온도가 너무 낮을 때
㉱ 소기펌프의 배출체적이 엔진오일 펌프 입구체적보다 클 때

7. 내부 과급기를 설치한 기관의 흡기계통 내 압력이 가장 낮은 곳은?
㉮ 기화기 입구   ㉯ 과급기 입구
㉰ 스로틀밸브 앞 ㉱ 흡입다기관

▶ 내부 과급기(internal type supercharger): 과급기가 기화기와 실린더 흡입구 사이에 위치하여 기화기에서 나오는 연료 혼합기를 압축

8. 제트엔진의 연료소비율의 정의는?
㉮ 엔진의 단위시간당 단위추력을 내는데 소비한 연료량이다.
㉯ 엔진이 단위거리를 비행하는데 소비한 연료량이다.
㉰ 엔진이 단위시간동안 소비한 연료량이다.
㉱ 엔진의 단위추력을 내는데 소비한 연료량이다.

9. 기어식 오일펌프의 사이드 크리어런스가 클 경우 어떻게 되는가?
㉮ 과도한 오일소모가 나타난다.
㉯ 과도한 오일압력이 생긴다.
㉰ 낮은 오일압력으로 된다.
㉱ 오일펌프의 진동에 의한 고장이 나타남.

▶ 엔진 압력 펌프가 엔진 시동 후 30초 이내에 오일 압력이 발생하지 않는다면 이것은 펌프가 마모로 인하여 프라임(prime)되지 않는다는 표시이다. 펌프에서 기어의 측면 간격(side clearance)이 너무 크면 오일은 기어를 지나치게 되고 압력도 높아지지 않는다.

10. 가스터빈 기관의 배기계통중 배기 파이프 또는 테일 파이프라고도 하고 터빈을 통과한 배기가스를 대기 중으로 방출하기 위한 통로는?
㉮ 배기 덕트
㉯ 고정면적 노즐
㉰ 배기 소음방지 장치
㉱ 역추력 장치

11. 열역학적 성질이 아닌 것은?
㉮ 온도   ㉯ 압력
㉰ 엔탈피   ㉱ 열

12. E-gap이란 마그네토의 폴의 중립위치로부터 어떤 지점까지의 각도를 말하는가?
㉮ 접점이 닫히는 지점
㉯ 접점이 열리는 지점
㉰ 1차 전류가 가장 낮은 지점
㉱ 2차 전류가 가장 낮은 지점

13. 프로펠러 깃각의 스테이션 40inch에서 20°라면 기하학적 피치는 얼마인가?
㉮ 68.58   ㉯ 77.63
㉰ 91.44   ㉱ 174.27

14. 에너지는 상호간에 변환이 가능하고 물체가 갖고 있는 에너지의 총합은 외부와 에너지를 교환하지 않는 한 일정하다는 법칙은?

㉮ 에너지 보존의 법칙
㉯ 보일의 법칙
㉰ 샤를의 법칙
㉱ 열역학 제 2법칙

15. 가스터빈 기관의 작동상태와 기계적 안정을 나타내는 계기는?

㉮ CIT 계기   ㉯ RPM 계기
㉰ EPR 계기   ㉱ EGT 계기

16. 가스터빈의 출력을 축 출력으로 빼낸 다음 감속장치로 개입시켜 프로펠러를 구동하여 비행기의 출력을 얻게 하는 동시에 배기가스에 의한 추력도 일부 얻는 가스터빈 엔진의 형식은?

㉮ 터보제트 엔진
㉯ 터보팬 엔진
㉰ 터보프롭 엔진
㉱ 터보샤프트 엔진

17. 크랭크 축의 런 아웃(run-out) 측정을 위하여 다이얼 게이지(dialgage)를 읽은 결과 +0.001inch부터 -0.002inch까지 지시하였다면 이때 런 아웃값은 몇 인치인가?

㉮ -0.001   ㉯ 0.002
㉰ 0.003   ㉱ -0.002

▶ 다이얼 게이지: 크랭크 축의 마멸 및 휨 측정 - 크랭크축의 런 아웃은 ±오차를 더한 값이다.

18. 대형 터보팬(Turbo fan)엔진을 장착한 항공기에서 점화계통(Ignition system)이 자화되었을 때, 익사이터(Exciter)의 일차 코일에 공급되는 전원은?

㉮ AC 115V, 60Hz
㉯ AC 115V, 400Hz
㉰ DC 28V, 400Hz
㉱ AC 220V, 60Hz

▶ 익사이터(Exciter): 이그나이터(igniter, 점화 플러그)에서 고온 고에너지의 강력한 전기 불꽃을 튀게 하기 위해 항공기의 저전원 전압을 고전압으로 변환하는 장치

19. 터보엔진에서 노즐 안내익(Turbine nozzle guid vane)의 목적은?

㉮ 가스의 압력을 증가시키기 위해
㉯ 가스의 속도를 증가시키기 위해
㉰ 가스의 흐름을 축방향으로 유도하기 위해
㉱ 반동도를 적게 하기위해

20. 압축비가 일정할 때 열효율이 좋은 순서대로 배열된 것은?

㉮ 정적과정 > 정압과정 > 합성과정
㉯ 정적과정 > 합성과정 > 정압과정
㉰ 정압과정 > 합성과정 > 정적과정
㉱ 정압과정 > 정적과정 > 합성과정

▶ 정적과정(오토사이클) > 합성과정(사바테사이클) > 정압과정(디젤사이클)

1. ㉰	2. ㉰	3. ㉮	4. ㉮	5. ㉰
6. ㉰	7. ㉯	8. ㉮	9. ㉰	10. ㉮
11. ㉱	12. ㉯	13. ㉰	14. ㉮	15. ㉱
16. ㉰	17. ㉰	18. ㉰	19. ㉰	20. ㉯

2000년도 산업기사 2회 항공기관

1. 자동차가 내려오다 브레이크를 잡았을 때 열이 발생하였다. 이 때 바로 냉각했을 경우, 자동차가 바로 올라갔다. 이는 어느 법칙을 위배한 것인가? (단 열손실량은 없다.)
   ㉮ 열역학 제1법칙
   ㉯ 열역학 제2법칙
   ㉰ 열역학 제0법칙
   ㉱ 에너지 보존 법칙

2. 온도가 일정하게 유지되는 상태 변화를 무엇이고 하는가?
   ㉮ 정압과정 ㉯ 등온과정
   ㉰ 정적과정 ㉱ 단열과정

3. 조속기를 설치하여 깃각을 자동으로 변하게 하는 프로펠러는?
   ㉮ 페더링 프로펠러 ㉯ 정속 프로펠러
   ㉰ 탠덤 프로펠러 ㉱ 유압 프로펠러

4. 일반적인 Turbo jet 엔진의 제어방식은?
   ㉮ 기관 RPM 제어방식과 Torque 제어방식
   ㉯ 기관 RPM 제어방식과 기관 EPR 제어방식
   ㉰ 기관 EPR 제어방식과 Torque 제어방식
   ㉱ 기관 EPR 제어방식과 Throttle 제어방식

5. 터빈 노즐 다이어프램(nozzle diaphragm)의 목적은 무엇인가?
   ㉮ 배기 가스의 속도를 증가시킨다.
   ㉯ 배기 가스의 속도를 감소시킨다.
   ㉰ 연소실 주위에 공기를 흐르게 한다.
   ㉱ 배기 가스의 압력을 증가시킨다.

6. 이상 기체의 상태 방정식은 Pv=RT 이다. 이것에 관한 설명 내용 중 틀린 것은?
   ㉮ P : 절대압력(kg/m^3)
   ㉯ v : 비체적(m^3/kg)
   ㉰ R : 기체상수(kg·m/kg·K)
   ㉱ T : 절대온도(R)

   ▶ 압력의 단위: kg/m^2, kg/cm^2, psi 등

7. 프로펠러를 장비한 경항공기에서 감속 기어(Reduction gear)를 사용하는 이유는?
   ㉮ 블레이드의 길이를 짧게 하기 위해서
   ㉯ 블레이드 팁(끝)에서의 실속을 방지하기 위해서
   ㉰ 연료 소비율을 감소시키기 위해서
   ㉱ 프로펠러의 회전속도를 증가시키기 의해서

   ▶ 깃끝 속도가 음속에 가깝게 되면 깃끝 실속이 발생하므로, 음속의 90% 이하로 제한하여야 한다. 이를 위해 깃의 길이를 제한하거나 크랭크축과 프로펠러축 사이에 감속기어를 장착하여 프로펠러 회전수를 감속시킨다.

8. 가역 카르노 싸이클의 열효율 η_c 는 어느 것인가?

    ㉮ $1-T_2/T_1$
    ㉯ $1-T_1/T_2$
    ㉰ T_2/T_1-1
    ㉱ T_1/T_2-1

9. 밸브 가이드가 마모된 것으로 판단할 수 있는 것은?

    ㉮ 높은 오일 소모량
    ㉯ 낮은 실린더 압력
    ㉰ 낮은 오일 압력
    ㉱ 높은 오일 압력

10. 터보팬(Turbo fan)제트엔진에서 1차 공기량이 50kg/sec, 2차 공기량이 60kg/sec, 1차 공기 배기 속도가 170m/sec, 2차 공기 배기속도가 100m/sec이었다. 이 기관의 바이패스비는 얼마인가?

    ㉮ 0.59
    ㉯ 0.83
    ㉰ 1.2
    ㉱ 1.7

11. 디토네이션(Detonation)의 발생 요인으로 맞는 것은?

    ㉮ 너무 늦은 점화 시기
    ㉯ 너무 낮은 옥탄가의 연료 사용
    ㉰ 오버홀시 부정확한 밸브 연마
    ㉱ 너무 높은 옥탄가의 연료 사용

    ● 디토네이션 발생 요인 - 높은 흡입 공기 온도, 너무 낮은 연료의 옥탄가, 너무 큰 엔진 하중, 너무 이른 점화시기, 너무 희박한 연료공기 혼합비, 너무 높은 압축비 등이다.

12. stage 당 압력비가 1.34인 9 stage 축류형 압축기의 출구 압력은 얼마인가?
    (단 압축기 입구 압력은 14.7psi이다.)

    ㉮ 177psi
    ㉯ 205psi
    ㉰ 255psi
    ㉱ 276psi

    ● 압축기의 압력비$(\gamma) = \dfrac{\text{압축기 출구의 압력}}{\text{압축기 입구의 압력}}$
    $= \gamma_s^{\,n} = 1.34^9$

13. 터빈 엔진의 압축기 내의 스테이터 베인(stator vane)의 목적은?

    ㉮ 압력을 안정시킨다.
    ㉯ 압력 파동(surge)을 방지한다.
    ㉰ 공기 흐름의 방향을 조절한다.
    ㉱ 공기 흐름의 속도를 증가시킨다.

    ● 스테이터 베인=스테이터 깃-정익

14. 초크(choked) 또는 테이퍼 그라운드(taper-ground) 실린더를 사용 하는 이유는?

    ㉮ 정상 작동 온도에서 실린더가 곧게 되기 위하여
    ㉯ 피스톤 링의 고착 비율을 줄이기 위하여
    ㉰ 정상적인 실린더 배럴의 마모를 보상하기 위하여
    ㉱ 시동시 압축 압력을 증가시키기 위하여

15. 플로우트식 기화기(float type carburetor)에서 부자(float)의 높이를 조절하는 데 사용하는 것은?

    ㉮ 부자의 축을 길거나 짧게 조절
    ㉯ 부자의 무게를 증감시켜서 조절

㉰ 니들밸브 시트의 심을 추가하거나 제거시킨다.
㉱ 부자의 피봇암의 길이 변경

16. 정기점검중인 왕복엔진에서 반짝거리는 작은 금속편이 여과기에서 발견되고 마그네틱 드레인 플러그에서는 발견되지 않았다면 어떻게 조치하여야 하는가?

㉮ 보기의 기어가 마모된 것으로 장탈하거나 오버홀시 필요하다.
㉯ 플레인 베어링이 비정상적으로 마모되어 발생한 것으로 점검해 볼 필요가 있다.
㉰ 실린더 벽이나 링이 마모된 것으로 엔진을 장탈하여야 한다.
㉱ 플레인 베어링 또는 알루미늄 피스톤의 정상적인 마모이므로 문제가 되지 않는다.

17. 제동 마력을 구하는 식으로 옳은 것은?
(단, P:압력(psi) L:행정 길이(ft) A:피스톤 면적(in^2) n:rpm/2 K:실린더 수 bhp:제동 마력)

㉮ PLANK/375   ㉯ PLANK/475
㉰ PLANK/550   ㉱ PLANK/33000

18. 부스터 코일식 점화 장치 전류(booster coil type ignition system current)는 다음 어느 것에 의해 코일에 공급되는가?

㉮ 제너레이터(generator)
㉯ 마그네토 1차선
㉰ 마그네토 2차선
㉱ 밧데리(battery)

19. 대부분의 제트 엔진에 사용하는 점화 장치는?

㉮ low tension   ㉯ high tension
㉰ capacitor discharge   ㉱ battery

▶ • 왕복 기관 마그네토 점화계통:
저압(low tension)마그네토, 고압(high tension)마그네토
가스 터빈 기관 점화계통: 유도형(induction coil type), 용량형(capacitor discharge type)

20. 제트 엔진 오일 계통에서 베어링에서 쓰고 남은 오일을 오일 계통에 다시 돌려주는 것은?

㉮ 가압 계통   ㉯ 스케벤지 계통
㉰ 브리더 계통   ㉱ 드레인 계통

1. ㉯	2. ㉯	3. ㉯	4. ㉯	5. ㉮
6. ㉮	7. ㉯	8. ㉮	9. ㉮	10. ㉰
11. ㉯	12. ㉯	13. ㉰	14. ㉮	15. ㉰
16. ㉯	17. ㉱	18. ㉱	19. ㉰	20. ㉯

2000년도 산업기사 3회 항공기관

1. 가스터빈 연료계통에서 Pressure and Dump 밸브의 역할은?

㉮ 연료탱크의 연료에 압력을 가해 연료조정장치로 보내줌
㉯ 연료에 압력을 가하고, 엔진정지시 연료를 배출시킨다.
㉰ 연료노즐에서 1차연료와 2차연료를 보내준다.
㉱ 엔진의 상태에 따라 연료를 보내준다.

● 여압 및 드레인 밸브는 FCU와 연료매니폴드 사이에 위치

2. 단위에 대한 설명이 올바른것은?

㉮ 1N이란 1kg 질량을 $1m/sec^2$으로 가속시키는데 필요한 힘이다.
㉯ 비체적은 단위질량에 대한 압력을 나타낸다.
㉰ 밀도는 단위체적에 대한 압력을 나타낸다.
㉱ 비체적과 밀도는 비례한다.

3. 고압 점화케이블은 왜 유연한 금속제 관속에 넣어 느슨하게 장착하는가?

㉮ 고 고도에서 방전을 방지하기 위해서
㉯ 케이블 피복제의 산화와 부식을 방지하기 위해서
㉰ 작동중 고주파의 전자파 영향을 줄이기 위해서
㉱ 접지회로의 저항을 줄이기 위해서

● 마그네토에서 점화플러그까지의 고압선은 통신잡음 및 누전 현상을 없애기 위해 금속망으로 여러 번 피복되어 있다.

4. 방사형 엔진의 크랭크 축 정적평형을 위한 장치는?

㉮ 카운터 웨이트(counter weight)
㉯ 다이나믹 댐퍼(dynamic damper)
㉰ 다이나믹 샌서(dynamic senser)
㉱ 플라이 휠(fly wheel)

5. 단열변화 과정중에 대한 설명이 옳은 것은?

㉮ 팽창일을 할 때 온도는 올라가고, 압축일을 할 때는 온도는 내려간다.
㉯ 팽창일을 할 때 온도는 내려가고, 압축일을 할 때는 온도는 올라간다.
㉰ 팽창일을 할 때, 압축일을 할 때는 모두 온도는 내려감
㉱ 팽창일을 할 때, 압축일을 할 때는 모두 온도는 올라감

● 단열과정이므로 열역학 제1법칙이 dq=du+dw=0 가 된다. 팽창일은 +일이므로 du=-dw에서 내부에너지는 감소하고, 내부에너지는 온도만의 함수이므로 온도도 내려가게 된다. 역으로, 압축일은 -일이므로 온도는 올라가게 된다.

6. 프로펠러 블레이드 면(blade face)이란?

㉮ propeller의 깃 끝
㉯ propeller의 깃 평평한 면(flat surface)
㉰ propeller의 깃 캠버된 면
㉱ propeller의 깃 뿌리

7. 9기통 성형엔진 4로브 캠의 경우 크랭크축과 캠축의 회전 속도의 비는?

㉮ 1/2   ㉯ 1/4
㉰ 1/6   ㉱ 1/8

● 캠 판 속도 = $\dfrac{1}{\text{로브의 수} \times 2}$

8. 열역학 1법칙에 의거한 열과 일의 관계가 다음과 같다. 기호에 대한 설명이 잘못된 것은?
(단, L=J Q, Q=$\dfrac{1}{J}$L=AL)

㉮ L (일) kg m
㉯ J (열의 일당량) 427 kg m/kcal
㉰ A (일의 열당량) $\dfrac{1}{427}$ kg m/kcal
㉱ Q (열량) kcal

● A : 일의 열당량 = $\dfrac{1}{427}$ Kcal/kg·m

9. 가스터빈 연소실 중에서 정비와 검사가 가장 간단한 것은?

㉮ 캔형   ㉯ 캔-애뉼러형
㉰ 애뉼러형   ㉱ flow 형

10. 평균유효압력(mean effective pressure)의 정의가 맞는 것은?

㉮ 행정체적을 사이클 유효일로 나눈 것
㉯ 행정길이를 사이클 유효일로 나눈 것.
㉰ 사이클 유효일을 행정체적으로 나눈 것
㉱ 사이클 유효일을 행정길이로 나눈 것

11. 과급기를 장착한 왕복엔진에서 흡입되는 공기온도는 280°K이고, 압축행정 후 온도는 840°K이며, 이때 외부 대기 공기의 온도는 0°C이다. 열효율은 얼마인가?

㉮ 58.9%   ㉯ 60%
㉰ 66.7%   ㉱ 67.5%

● $\eta_{th} = 1 - \dfrac{T_2}{T_1} = 1 - \dfrac{280}{840}$

12. 블리더 및 여압계통에 대한 설명이다. 틀린 것은?

㉮ 탱크내부의 압력이 대기압보다 높기 때문에 탱크로부터 섬프로의 흐름이 가능하다.
㉯ 압축공기는 실을 통하여 섬프로 들어오기 때문에 윤활유의 누설을 방지한다.
㉰ 압력펌프이 용량보다 배유펌프의 용량이 더 크다.
㉱ 섬프내부의 압력은 대기압이 변하더라도 항상 대기압과 일정한 차압이 되도록 한다.

● ① 압축공기는 압축기에서 블리드시킨 공기 사용
② 섬프 안의 압력이 탱크의 압력보다 높으면 섬프 벤트 체크 밸브가 열려서 섬프 안의 공기를 탱크로 배출시키며, 체크 밸브로 인해 역류는 불가능하다.

13. 터보차져 (turbor charger)의 동력원은?

㉮ 크랭크축   ㉯ 밧데리
㉰ 발전기   ㉱ 배기가스

● 과급기 구동방식
 • 기계식: 크랭크축의 회전동력을 이용하여 임펠러 구동
 • 배기터빈식(turbocharger): 배기 가스 에너지를 이용

14. FCU (fuel control unit)의 수감부분이 아닌 것은?

㉮ PLA (power lever angle)
㉯ RPM (revolution per minute)
㉰ CDP (compressor discharge pressure)
㉱ EGT (exhaust gas temperature)

15. 터빈에 대한 설명으로 잘못된 것은?

㉮ 연소실에서 발생된 고온고속의 가스를 통해 운동에너지를 공급하여 터빈을 돌려준다.
㉯ 터빈 첫 단의 냉각은 오일냉각이다.
㉰ 반동터빈은 입, 출구의 압력, 속도가 모두 변화한다.
㉱ 충동터빈은 입, 출구의 압력, 속도 변화 없이 흐름방향만 변화한다.

● 터빈 깃의 냉각에 사용되는 냉각공기는 압축기 뒤쪽의 블리드 공기를 사용한다.

16. 축류형 터빈의 반동도을 올바르게 표현한 것은? (단, P_1= 고정자 깃 입구의 압력, P_2= 회전자 깃 입구의 압력, P_3= 회전자 깃 출구의 압력)

㉮ $\Phi = \dfrac{P_1 - P_2}{P_1 - P_3}$ ㉯ $\Phi = \dfrac{P_2 - P_3}{P_1 - P_3}$

㉰ $\Phi = \dfrac{P_2 - P_1}{P_3 - P_1}$ ㉱ $\Phi = \dfrac{P_3 - P_2}{P_3 - P_1}$

● 터빈의 반동도 = $\dfrac{\text{로우터깃에서의 압력 팽창}}{\text{1단의 압력 팽창}}$

17. 정속프로펠러에서 블레이드 깃각을 작게(저피치상태)하는 것은 어떤 구성품의 기능인가?

㉮ 가버너 펌프(governor pum)의 유압
㉯ 카운터 웨이트 (counter weight)의 회전관성
㉰ 페더링 (feathering)펌프의 유압
㉱ 가버너의 (governor)의 원심력

● • 고피치로 만들어주는 힘: 프로펠러의 원심력
 • 저피치로 만들어주는 힘: 조속기 오일 압력

18. 윤활유 필터가 막혔을 때 발생하는 현상은?

㉮ 어떤 현상도 없이 바이패스 밸브를 통하여 윤활유가 공급된다.
㉯ 윤활유가 누수된다.
㉰ 필터가 막힘으로 인하여 고장이 발생
㉱ 흐름이 역류하여 체크밸브를 통해 엔진 계통에 윤활유가 스며든다.

● 윤활계통에서 바이패스밸브는 윤활유 여과기가 막혔거나 추운 상태에서 시동할 때에 여과기를 거치지 않고 윤활유가 직접 기관의 안쪽으로 공급되도록 한다.

19. 흡입계통에서 매니폴더 히터의 열원은?

㉮ electron heating
㉯ cabin heater
㉰ thermo couple (열전대)
㉱ 배기가스

◉ 기화기 공기 히터(carburetor heat control)
- 기화기의 결빙 방지를 위해 흡입 공기를 가열
- 제어 밸브: 알터네이트 에어 밸브(alternate air valve)
- 배기관에 있는 히터 머프(heater muff)가 배기 가스의 열을 이용하여 공기 가열

20. 엔진시동시 시동밸브 스위치의 전기적 신호에 의해 밸브가 열리지 않았다. 조치사항은?

㉮ 시동스위치의 교환
㉯ 시동스위치 솔레노이드의 점검
㉰ pilot valve rod을 수동으로 하여 밸브를 open 시킨다.
㉱ manual override handle을 수동으로 하여 밸브를 open시킨다.

◉ 수동 오버라이드 핸들이 있어서 전기적 고장이나 부식이나 얼음이 계통 내에서 과다한 마찰을 유발할 때에는 수동으로 버터플라이(조절) 밸브를 작동할 수 있다.

1. ㉯	2. ㉮	3. ㉰	4. ㉮	5. ㉯
6. ㉯	7. ㉱	8. ㉰	9. ㉮	10. ㉰
11. ㉰	12. ㉮	13. ㉱	14. ㉱	15. ㉯
16. ㉯	17. ㉮	18. ㉮	19. ㉱	20. ㉱

2001년도 산업기사 1회 항공기관

1. 그림과 같은 실린더의 배기량은?

㉮ 461.38cc
㉯ 384.65cc
㉰ 84.00cc
㉱ 76.93cc

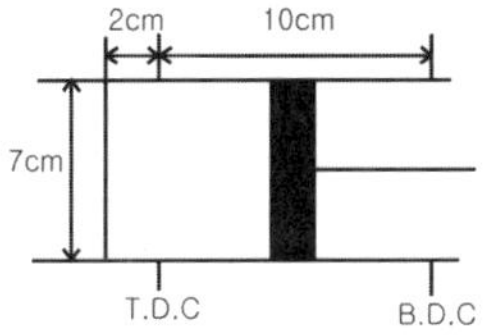

▶ 배기량 $= \dfrac{\pi \cdot 7^2}{4} \times 10 \quad (cm^3 = cc)$

2. 윤활유 시스템에서 고온 탱크형(Hot Tank System)이란?

㉮ 고온의 스캐빈지 오일이 냉각되어서 직접 탱크로 들어가는 방식
㉯ 고온의 스캐빈지 오일이 냉각되지 않고 직접 탱크로 들어가는 방식
㉰ 오일 냉각기가 Scavenge System에 있어 오일이 연료가열기에 의해 가열 방식
㉱ 오일 냉각기가 Scavenge System에 있어 오일 탱크의 오일이 연료 가열기에 의해 가열 방식

▶ ① 고온 탱크형(hot tank): 윤활유 냉각기를 압력펌프와 기관사이에 배치하여 윤활유를 냉각하기 때문에 높은 온도의 윤활유가 윤활유탱크에 저장되는 방식
② 저온 탱크형(cold tank): 윤활유 냉각기를 배유펌프와 윤활유탱크 사이에 위치시켜 냉각된 윤활유가 윤활유 탱크에 저장되는 방식

3. 항공기 기관의 소기 펌프(scavenger pump)가 압력 펌프(pressure pump)보다 용량이 크다. 그 이유는?

㉮ 윤활유가 고온이 되어 팽창하기 때문에
㉯ 소기되는 윤활유에는 공기가 혼합되어 체적이 증가함으로
㉰ 소기 펌프가 파괴될 우려가 있으므로
㉱ 압력펌프보다 소기펌프가 압력이 낮으므로

4. 섬화플러그가 하나의 실린디에 2개씩 있는 주요한 목적은?

㉮ 옥탄가가 다른 연료에도 사용할 수 있다.
㉯ 1개가 파손되어도 안전하다.
㉰ 연소속도를 빠르게 한다.
㉱ 점화시기를 비켜서 연소가 끝나는 시기를 맞춘다.

▶ 현재 사용되는 왕복기관은 효율적이고 안전한 기관 작동을 위하여 이중점화방식을 사용하고 있다. 즉, 하나의 마그네토 계통이 고장나더라도 다른 한 개의 계통으로 작동이 가능하도록 하고 있다. 또, 실린더 안에서 2개의 점화플러그를 장착하여 데토네이션을 일으키지 않고 효율적인 연소가 이루어지도록 한다.

5. 연료 분사 장치(fuel injection system)에서 연료다기관(fuel manifold)으로부터 연료 라인은?

㉮ 모두가 똑같은 길이이다.
㉯ 실린더에 따라 길이가 틀리다.
㉰ 길이가 같은 것도 있고, 틀린 것도 있다.
㉱ 항공기 크기에 따라 틀려진다.

6. 오토 사이클의 열효율은 어느 것에 의해 가장 크게 영향을 받는가?

㉮ 흡기온도 ㉯ 압축비
㉰ 혼합비   ㉱ 옥탄가

7. 연료 차단 밸브(fuel shut off valve lever)를 open위치에 놓았을 때 연료를 연료 조절장치(fuel control unit)로부터 연소실로 보내주는 밸브는?

㉮ 최소 가압 및 차단 밸브
  (Minimum Pressure and Shut off valve)
㉯ 메인 메터링 밸브(Main metering valve)
㉰ 여압 및 덤프 밸브
  (Pressurizing and Dump valve)
㉱ 부스터 펌프(booster pump)

8. 수축 및 확산 덕트에 대한 기술 중 틀린 것은?

㉮ 아음속인 경우 수축덕트에서 압력은 감소되고 속도는 증가한다.
㉯ 초음속인 경우 수축덕트에서 압력은 감소되고 속도는 증가한다.
㉰ 초음속인 경우 확산덕트에서 압력은 감소되고 속도는 증가한다.
㉱ 아음속인 경우 확산덕트에서 압력은 증가되고 속도는 감소한다.

9. 이상 폭발과 조기 점화의 주된 차이점은?

㉮ 이상폭발은 정상점화 전에 일어나고, 조기점화는 정상점화 후에 일어난다.
㉯ 조기점화는 정상점화 전에 일어나고, 이상폭발은 정상점화 후에 일어난다.
㉰ 양쪽 모두 과도한 온도 상승이 되는 것 외에 차이점이 없다.
㉱ 양쪽 모두 실린더 내에서 일어난다는 점 외에 차이점이 없다.

10. 프로펠러(Propeller)의 Track이란?

㉮ 프로펠러(Propeller)의 피치(Pitch)각이다.
㉯ 프로펠러 블레이드(Propeller Blade)선단 회전 궤도이다.
㉰ 프로펠러 1회전하여 전진한 거리다.
㉱ 프로펠러 1회전하여 생기는 와류이다.

11. 해면고도(sea level)에서 1슬럭(slug)의 질량은 어느 정도의 무게인가?

㉮ 32.2lb   ㉯ 1lb
㉰ 375lb   ㉱ 33,000lb

● 1slug=32.2 lb=14.59kg

12. 원심형 압축기에서 속도에너지가 압력에너지로 바뀌면서 압력이 증가하는 곳은?

㉮ 임펠러(impeller)
㉯ 디퓨저(diffuser)
㉰ 매니폴드(manifold)
㉱ 배기노즐(exhaust nozzle)

13. 열역학 제 1법칙에 대한 설명으로 가장 올바른 것은?

㉮ 열평형에 관한 법칙이다.
㉯ 열과 일의 관계를 설명한 에너지 보존의 법칙이다.
㉰ 엔트로피에 대한 설명이다.
㉱ kelvin-plank 의 표현으로 열역학 제 1법칙을 설명하고 있다.

14. 터보프롭엔진의 프로펠러 깃 각(Blade angle)은 무엇으로 조절되는가?

㉮ 속도 레버(speed lever)
㉯ 파워 레버(power lever)
㉰ 프로펠러 조종 레버
  (propeller control lever)
㉱ 컨디션 레버(condition lever)

15. 왕복기관을 장착시키는 동안 마그네토 접지선을 접지시켜 놓는 이유는?

㉮ 엔진 시동시 백 화이어(back fire)를 방지하기 위해서
㉯ 엔진장착 도중 프로펠라를 돌림으로써 엔진이 시동될 가능성이 있기 때문에
㉰ 엔진 마운트(engine mount)에 완전히 장착시킨 후 마그네토 접지선을 점검치 않기 위해서
㉱ 점화 스위치가 잘못 놓일 수 있는 가능성 때문에

16. 시동이 시작된 다음의 기관의 회전수가 완속 회전수까지 증가하지 않고 이보다 낮은 회전수에 머물러 있는 현상은?

㉮ 과열 시동   ㉯ 결핍 시동
㉰ 시동 불능   ㉱ 과다 시동

▶ · 과열시동(hot start): 시동시 배기가스의 온도가 규정치 이상으로 증가하는 현상
· 결핍시동(hung start, false start): 시동이 시작된 다음 기관의 회전수가 완속 회전수까지 증가하지 않고 이보다 낮은 회전수에 머물러 있는 현상
· 시동불능(no start, abort start): 기관이 규정된 시간 안에 시동되지 않는 현상

17. 가스 터빈 기관에서 최대 임계 요소는?

㉮ EPR(engine pressure ratio)
㉯ CIT(compressor inlet temperature)
㉰ TIT(turbine inlet temperature)
㉱ CDP(compressor discharge pressure)

18. 터보 팬(Turbo fan)엔진에서 터빈 노즐 가이드 베인(Turbine nozzle guide vane)의 냉각에 사용되는 것은?

㉮ 저압 압축기(low compressor) 배출공기
  (bleed air)
㉯ 고압 압축기(high compressor) 배출공기
  (bleed air)
㉰ 팬 배기(Fan discharge pressure)
㉱ 연소실의 냉각구멍을 통해 들어온 공기

▶ 연소실과 터빈 노즐 가이드 베인, 터빈 로터, 터빈 로터 디스크 등 고온부의 냉각에는 고압 압축기로부터의 브리드가 이용되고 메인 베어링 시일부의 압력 유지에는 주로 저압 압축기의 브리드가 사용된다.

19. 이상기체의 등온과정에서 맞는 것은?

㉮ 엔트로피 일정
㉯ 일이 없음
㉰ 단열과정과 같다.
㉱ 내부에너지가 일정

▶ 내부에너지는 온도만의 함수이므로, 온도가 일정한 등온 과정에서 내부에너지는 일정하다. ㉯는 정적과정

20. 마그네토(Magneto)의 임펄스 커플링(Impulse Coupling)의 목적은?

㉮ 밸브 타이밍(valve timing)의 시정
㉯ 시동시 고전압 발생
㉰ 토오크(Torque) 방지
㉱ 시동 부하 흡수

▶ 시동시 점화보조장비
- 임펄스 키플링: 주로 대향형 기관에 사용
- 부스터 코일: 초기 성형 기관에 사용, 밧데리에서 전원 받음, 시동 스위치와 연동, 직접 점화 플러그에 고전압 전달
- 인덕션 바이브레이터: 주로 성형 기관에 사용, 밧데리에서 전원 받음, 시동 스위치와 연동, 직류를 맥류로 바꿔 마그네토 1차코일에 전달

1. ㉯	2. ㉯	3. ㉯	4. ㉯	5. ㉮
6. ㉯	7. ㉰	8. ㉯	9. ㉯	10. ㉯
11. ㉮	12. ㉯	13. ㉯	14. ㉯	15. ㉯
16. ㉯	17. ㉰	18. ㉯	19. ㉯	20. ㉯

2001년도 산업기사 2회 항공기관

1. 가변 스테이터 구조의 목적으로 가장 올바른 것은?
   ㉮ 로터의 회전 속도를 일정하게 한다.
   ㉯ 유압 공기의 절대 속도를 일정하게 한다.
   ㉰ 로터에 대한 유입공기의 상대 속도를 일정하게 한다.
   ㉱ 로터에 대한 유입공기의 받음각을 일정하게 한다.

2. 항공기가 어떤 작동조건에서도 최적의 엔진작동 특성을 유지하도록 만들어 주는 엔진의 연료 부품은?
   ㉮ 연료 조절기(Fuel Control Unit)
   ㉯ 연료 펌프(Fuel Pump)
   ㉰ 연료 오일 냉각기(Fuel Oil Cooler)
   ㉱ 연료 노즐(Fuel Nozzle)

3. 제트엔진의 오일소비는 왕복엔진과 비교하여 어떠한가?
   ㉮ 고출력 왕복엔진과 거의 같다.
   ㉯ 왕복엔진보다 훨씬 적다.
   ㉰ 왕복엔진보다 약간 더 많다.
   ㉱ 왕복엔진보다 훨씬 더 많다.
   ● 가스터빈 기관은 회전수가 매우 크고, 고온에 노출되기 때문에 윤활작용과 냉각작용이 윤활의 주목적이다. 따라서 윤활유의 소모량 및 사용량은 왕복 기관에 비하여 매우 적으나, 윤활이 잘못되었을 경우에는 그 영향이 왕복기관에 비하여 치명적이다.

4. D.C를 주 전원으로 하는 항공기에서 시동을 위해 전원을 넣으면 점화 릴레이에 어떤 전원이 공급되는가?
   ㉮ 24V D.C 모터에 의해 공급
   ㉯ 115V A.C 400 cycle 엔진 제네레이터에 공급
   ㉰ 115V A.C 600 cycle 엔진 제네레이터에 공급
   ㉱ 인버터에 의한 115V A.C 400cycle 교류에 의해 공급

5. 브레이튼 사이클이란?
   ㉮ 정압 과정   ㉯ 정온 과정
   ㉰ 정량 과정   ㉱ 정적 과정

6. 터빈 엔진에 대한 설명으로 가장 올바른 것은?
   ㉮ 작은 rpm 증가로써 엔진의 고속시에 추력을 더욱 빠르게 증가한다.
   ㉯ 작은 rpm 증가로써 엔진의 저속시에 추력을 더욱 빠르게 증가한다.
   ㉰ 높은 고도에서 온도가 낮기 때문에 엔진은 덜 효율적이다.
   ㉱ 높은 고도에서 추력을 내는데 1파운드 당 공기 소비량은 적게 든다.

7. 어느 캠 링이 가장 천천히 회전하는가?
㉮ 5cylinder 엔진에 사용된 2lobe cam ring
㉯ 7cylinder 엔진에 사용된 3lobe cam ring
㉰ 9cylinder 엔진에 사용된 5lobe cam ring
㉱ 위 모두 회전 속도는 같다.

● 캠판속도 = $\frac{1}{\text{로브의 수} \times 2}$ 이므로, 실린더 수와 관계없이 캠 로브의 수가 많을수록 캠 판은 천천히 회전.

8. 유압 리프터를 사용하는 수평 대향형 엔진에서 밸브 간극을 조절하려면?
㉮ 로커암을 조절
㉯ 로커암을 교환
㉰ 푸시로드 교환
㉱ 밸브 스템 심으로 조절

● 많은 대향형 엔진에 있어서 엔진 로커 암을 조절하지 않고 푸시로드를 교환함으로써 밸브 간격을 조절한다. 만일 간격이 너무 크면 더 긴 푸시로드를 사용하고 간격이 너무 적으면 더 짧은 푸시로드를 장착한다.

9. 반동 터빈(Reaction Turbine)은?
㉮ 회전속도가 빠를 때 효과적이다.
㉯ 회전속도가 느릴 때 효과적이다.
㉰ 0% 반동도를 갖는다.
㉱ 100% 반동도를 갖는다.

10. 완전가스 상태변화에서 처음 상태보다 압력이 2배, 체적이 3배로 되었다면 온도는 몇 배로 되는가?
㉮ 변화 없다.   ㉯ 1.5배
㉰ 6배   ㉱ 8배

11. 다음 중 연소가스의 출구온도 분포가 가장 균일한 연소실의 형태는?
㉮ 캔형 연소실
㉯ 애뉼러형 연소실
㉰ 캔-애뉼러형 연소실
㉱ 라이너형 연소실

12. Pressure Injection Type Carburetor가 Idle rpm에서 Mix Control이 Auto Rich에 있을 때 연료 유량을 계량하는 것은?
㉮ Auto lean jet와 manual mix control valve
㉯ Auto lean jet와 auto rich jet
㉰ Auto lean jet와 auto rich jet 및 idle valve
㉱ idle valve

13. 다음 중 프로펠러의 진행률을 바르게 표현한 것은?
㉮ T×V/P   ㉯ V/nP
㉰ V/nD   ㉱ V/T×P

14. 고고도에서 비행시 조종사는 연료/공기 혼합비를 희박 혼합비로 맞추는 가장 큰 이유는?
㉮ 혼합비가 너무 농후해지는 것을 방지하기 위하여
㉯ 실린더를 냉각하기 위하여
㉰ 역화를 방지하기 위하여
㉱ 출력을 증대하기 위하여

15. 다음 중 에너지 보존 법칙은 어떤 것인가?
㉮ 열역학 제0법칙   ㉯ 열역학 제1법칙
㉰ 열역학 제2법칙   ㉱ 열역학 제3법칙

16. 다음 중 제동마력을 바르게 표현한 것은?
(단, P:제동평균유효압력(kg/cm²), L:행정거리(cm), A:피스톤 면적(cm²), BHP:제동마력)

㉮ $BHP = \dfrac{PLANK}{75 \times 60}$

㉯ $BHP = \dfrac{PLANK}{75 \times 2 \times 60}$

㉰ $BHP = \dfrac{PLANK}{550}$

㉱ $BHP = \dfrac{PLANK}{5500}$

17. 왕복기관에서 밸브 오버랩의 가장 큰 장점은?

㉮ 배기밸브 냉각을 돕고, 더 많은 출력을 낼 수 있게 한다.
㉯ 후화 방지
㉰ 배기가스를 속히 배출한다.
㉱ 혼합기를 더 많이 실린더 안으로 들어오게 한다.

▶ ㉱ 체적효율의 증대

18. 프로펠러의 회전 속도가 증가하게 되는 요인에 해당하지 않는 것은?

㉮ 비행 고도의 증가
㉯ 감속 기어를 삽입한 경우
㉰ 비행자세를 강하자세로 취할 경우
㉱ 기관의 스로틀 개도의 증가에 의한 기관 출력 증가

19. 부자식 기화기(Float carburetor)에서 부자실 유면이 높으면?

㉮ 희박 혼합비
㉯ 농후 혼합비
㉰ 변화하지 않는다
㉱ 혼합비와 상관없다

▶ 부자실의 유면이 너무 높으면 혼합기가 농후해지게 되고, 유면이 너무 낮으면 혼합기가 희박해진다. 기화기의 유면을 조정하기 위하여 부자 니들 시트 아래에 와셔를 끼운다.

20. 다음 중 왕복엔진의 열효율을 바르게 표현한 것은? (r : 압축비, k : 비열비)

㉮ $\eta = 1 - \left(\dfrac{1}{r}\right)^{k}$

㉯ $\eta = \left(\dfrac{1}{r}\right)^{k} - 1$

㉰ $\eta = 1 - \left(\dfrac{1}{r}\right)$

㉱ $\eta = 1 - \left(\dfrac{1}{r}\right)^{k-1}$

1. ㉱	2. ㉮	3. ㉯	4. ㉱	5. ㉮
6. ㉮	7. ㉰	8. ㉰	9. ㉮	10. ㉰
11. ㉯	12. ㉱	13. ㉰	14. ㉮	15. ㉯
16. ㉯	17. ㉱	18. ㉯	19. ㉯	20. ㉱

2001년도 산업기사 3회 항공기관

1. 보일-샤를의 법칙을 바르게 설명한 것은?

㉮ 이상기체의 체적은 압력에 반비례하고, 절대온도에 비례한다.
㉯ 이상기체의 체적은 압력에 비례하고, 절대온도에 비례한다.
㉰ 이상기체의 체적은 압력에 비례하고, 절대온도에 반비례한다.
㉱ 이상기체의 체적은 압력에 반비례하고, 절대온도에 반비례한다.

2. 왕복기관 중 직접연료분사엔진에서 연료가 분사되는 곳이 아닌 것은?

㉮ 흡입 밸브   ㉯ 흡입 다기관
㉰ 실린더 내   ㉱ 벤투리 목부분

3. 왕복기관 9기통 성형기관에서 4, 5번 실린더가 계속 점화되지 않고 연기를 내는 이유는?

㉮ 점화플러그 불량
㉯ 오일링 마모
㉰ 배유관이 4, 5번 실린더 사이에서 막혔기 때문
㉱ 4, 5번 실린더에 Oil Pump로 가는 배유관이 막혔기 때문

4. 왕복기관 마그네토의 점화스위치는?

㉮ 2차 코일에 직렬로 연결된다.
㉯ 2차 코일에 병렬로 연결된다.
㉰ 접점과 병렬로 연결된다.
㉱ 1차 콘덴서와 직렬로 연결된다.

5. 피스톤을 가진 실린더내에 0.4kgf의 가스가 들어 있다. 이것을 압축하기 위하여 1,280kgf·m의 일을 소비하고, 이 때 2kcal의 열을 방출하였다면, 가스 1kgf당 내부에너지의 증가는 몇 kcal/kgf인가?

㉮ 0.40   ㉯ 2.30
㉰ 2.50   ㉱ 2.75

▶ $Q = \Delta U + W$ (열역학 제1법칙)
$-2 = \Delta U + (-1280 \cdot \frac{1}{427})$,
$\Delta U = 0.99$ (0.4kgf일때)
그러므로 1kgf일때의 ΔU 값을 구하면 된다.
($-$값은 열을 방출, 일을 소비했으므로, 1kgf·m = $\frac{1}{427}$ kcal)

6. 왕복기관에서 오일여과기가 막혔다면 어떻게 되는가?

㉮ 오일 부족 현상
㉯ 아무 반작용역 없이 바이패스 밸브를 통해 오일 공급
㉰ 높은 오일 압력을 통해 체크 밸브가 열려 오일 공급
㉱ 오일 필터가 터진다.

7. 다음 중 배기 소음이 가장 큰 기관은?
   - ㉮ 터보팬
   - ㉯ 터보프롭
   - ㉰ 터보제트
   - ㉱ 터보샤프트

8. 프로펠러의 깃각이 스테이션 40inch에서 20°이면 기하학적 피치는?
   - ㉮ 68.58inch
   - ㉯ 77.63inch
   - ㉰ 91.44inch
   - ㉱ 174.27inch

9. 다음 왕복기관의 형식 중 중량당 마력비가 가장 높은 실린더 배열 형식은?
   - ㉮ 직렬형
   - ㉯ 대향형
   - ㉰ 성형
   - ㉱ V형

10. 다음 중 후화의 원인으로 바른 것은?
    - ㉮ 너무 빠른 밸브의 개폐
    - ㉯ 너무 희박한 혼합비
    - ㉰ 너무 농후한 혼합비
    - ㉱ 흡기밸브의 고착(계속 닫힘)

11. 회전하는 프로펠러에 발생하는 추력은 무엇에 기인하는가?
    - ㉮ 프로펠러의 슬립
    - ㉯ 프로펠러 깃 뒤쪽의 저압부
    - ㉰ 프로펠러 깃 바로 앞쪽에 감소된 압력부
    - ㉱ 프로펠러의 상대풍과 회전속도의 각도

12. 다음 동력장치 중 저속에서 효율이 좋은 기관의 순서로 바른 것은?
    - ㉮ 터보 팬, 터보 샤프트, 터보 제트, 램 제트
    - ㉯ 터보 팬, 터보 제트, 터보 샤프트, 램 제트
    - ㉰ 터보 프롭, 터보 팬, 터보 제트, 램 제트
    - ㉱ 터보 프롭, 터보 팬, 램 제트, 터보 제트

13. 터보 제트 추력 증가의 방법으로 바른 것은?
    - ㉮ 압력분사식 카브레터
    - ㉯ 높은 휘발성 연료를 사용하므로
    - ㉰ 저고도에서만 얻을 수 있으므로
    - ㉱ 애프터 버너의 사용으로

14. 다음 중 원심식 압축기에 대한 축류식 압축기의 장점으로 바른 것은?
    - ㉮ 단당 압력비가 높다.
    - ㉯ 가격이 저렴하다.
    - ㉰ 무게가 가볍다.
    - ㉱ 전면 면적에 비해 공기 유량이 크다.

15. 왕복기관의 배기량이 1,500CC이고 압축비가 8.5일 때 연소실의 체적으로 바른 것은?
    - ㉮ 176CC
    - ㉯ 200CC
    - ㉰ 250CC
    - ㉱ 300CC

    ▶ 압축비 $= 1 + \dfrac{행정체적(배기량)}{연소실체적}$, $8.5 = 1 + \dfrac{1500}{X}$

16. 압축비가 일정할 때, 열효율이 좋은 순서로 바른 것은?
    - ㉮ 정적 사이클>합성 사이클>정압 사이클
    - ㉯ 합성 사이클>정적 사이클>정압 사이클
    - ㉰ 정압 사이클>정적 사이클>합성 사이클
    - ㉱ 정적 사이클>정압 사이클>합성 사이클

17. 다음 중 제트 기관에서 1차 연소영역의 최적 공연비로 바른 것은?

㉮ 15 : 1 ㉯ 25 : 1
㉰ 35 : 1 ㉱ 45 : 1

18. 가스 터빈 기관의 배기 계통 중 배기 파이프 또는 테일 파이프라고도 하고, 터빈을 통과한 배기 가스를 대기 중으로 방출하기 위한 통로는 다음 중 무엇인가?

㉮ 배기 덕트
㉯ 고정면적 노즐
㉰ 배기소음방지 장치
㉱ 역추진 장치

19. 다음 중 가스가 팽창하는 동안 출입열을 완전히 차단한 경우는 무슨 상태변화인가?

㉮ 정압 변화 ㉯ 정적 변화
㉰ 등온 변화 ㉱ 단열 변화

20. 제트 기관에서 비행속도가 540km/h이고 기관으로 흡입되는 공기의 중량이 196kg/s이며, 배기가스의 배기속도가 250m/s일 때, 진추력은?

㉮ 1,000kg ㉯ 1,500kg
㉰ 2,000kg ㉱ 2,500kg

1. ㉮	2. ㉱	3. ㉱	4. ㉰	5. ㉰
6. ㉯	7. ㉰	8. ㉰	9. ㉰	10. ㉰
11. ㉰	12. ㉰	13. ㉰	14. ㉱	15. ㉯
16. ㉮	17. ㉮	18. ㉮	19. ㉱	20. ㉰

2002년도 산업기사 1회 항공기관

1. 기관 조절(engine trimming)을 하는 가장 큰 이유는?

㉮ 정비를 편리하도록
㉯ 비행의 안정성을 위해
㉰ 기관 정격 추력을 유지하기 위해
㉱ 이륙 추력을 크게 하기 위해

▶ ① 기관의 정해 놓은 정격 추력을 유지하기 위해 주기적으로 기관의 여러 가지 작동 상태를 조정하는 것
② 엔진의 정해진 rpm에서 정격추력을 내도록 연료조정장치를 조성하는 것
③ 무풍 저습도 상태에서 실시

2. 역추력 장치를 사용하는 가장 큰 목적은 무엇인가?

㉮ 이륙시 추력 증가
㉯ 기관의 실속 방지
㉰ 착륙후 비행기 제동
㉱ 재흡입 실속 방지

3. 가스터빈 기관의 용량형 점화계통에서 높은 에너지의 점화 불꽃을 일으키는데 사용하는 것은?

㉮ 유도 코일   ㉯ 콘덴서
㉰ 바이브레이터 ㉱ 점화 계전기

▶ *가스터빈 기관의 점화계통
 · 용량형 점화계통(capacitor type): 콘덴서에 많은 전하를 저장했다가 짧은 시간에 방전시켜 높은 에너지의 점화불꽃을 일으키는 것
 · 유도형 점화계통(induction type): 유도코일에 의해 높은 전압을 유도시켜 점화불꽃 생성

4. 왕복기관의 진동을 감소시키기 위한 방법 중 틀린 것은?

㉮ 실린더수를 증가시킨다.
㉯ 평형추(counter weight)를 단다.
㉰ 피스톤의 무게를 적게 한다.
㉱ 회전수를 증가시킨다.

5. 항공기용 왕복기관의 밸브에 2개 이상의 스프링(spring)을 사용하는 가장 큰 이유는?

㉮ 밸브가 인장(stretch)되는 것을 감소하기 위해
㉯ 밸브 스템(valve stem)에 균등한 압력을 주기 위해
㉰ 밸브 스프링의 파동(spring surge)을 줄이기 위해
㉱ 밸브 스프링이 파손(breakage)되는 것을 방지하기 위하여

6. 다음은 내연기관의 이론 공기사이클을 해석하는데 가정되는 사항들이다. 잘못된 것은?

㉮ 작동사이클은 공기 표준사이클에 대하여 계산한다.
㉯ 가열은 외부로부터 피스톤과 실린더를 가열하는 것으로 생각한다.

㉰ 비열은 온도에 따라 변화하지 않는 것으로 본다.
㉱ 열해리는 일어나지 않는 것으로 하고 열손실은 없다고 생각한다.

7. 왕복기관에서 흡기압력이 증가할 때 일어나는 현상으로 가장 올바른 것은?

㉮ 충진 체적이 증가한다.
㉯ 충진 체적이 감소한다.
㉰ 충진 밀도가 증가한다.
㉱ 연료, 공기 혼합기의 무게가 감소한다.

8. 기하학적 피치(GeometricPitch)란?

㉮ 프로펠러를 1바퀴 회전시켜 실제로 전진한 거리
㉯ 프로펠러를 2바퀴 회전시켜 전진할 수 있는 이론적인 거리
㉰ 프로펠러를 2바퀴 회전시켜 실제로 전진한 거리
㉱ 프로펠러를 1바퀴 회전시켜 프로펠러가 앞으로 전진할 수 있는 이론적인 거리

9. 그림은 어떤 사이클인가?

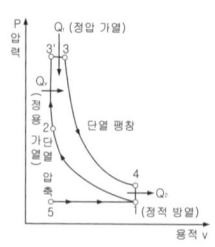

㉮ 카르노싸이클   ㉯ 정압싸이클
㉰ 정적싸이클   ㉱ 합성싸이클

● 합성 사이클: 사바테 사이클이라고도 불리며, 고속 디젤 엔진의 기본 사이클이다.

단열압축 - 정적, 정압수열(가열) - 단열팽창 - 정적방열

10. 가스터빈 기관의 연료조절 장치의 수감부분에서 수감하는 주요 작동변수가 아닌 것은?

㉮ 기관의 회전수
㉯ 압축기 입구온도
㉰ 연료펌프의 출구압력
㉱ 동력 레버의 위치

11. 엔진 실린더를 장탈할 때 피스톤의 위치는 어디에서 장탈하여야 하는가?

㉮ 아무 곳이나 손쉬운 위치
㉯ 상사점
㉰ 상사점과 하사점 중간
㉱ 하사점

● 피스톤의 위치가 압축 상사점에 있어야 하는 때 (두 개의 밸브가 완전히 닫혀 있는 상태)
 · 실린더 장탈착시
 · 실린더 압축 시험시

12. full load에서 도시마력(ihp)이 80hp인 항공기 왕복엔진의 제동마력(bhp)이 64hp라면 기계효율은?

㉮ 0.75   ㉯ 0.80
㉰ 0.85   ㉱ 0.90

● $\eta_m = \dfrac{bHP}{iHP} = \dfrac{64}{80}$

13. 해면고도(sea level)에서 1슬럭(slug)의 질량은 어느 정도의 무게인가?

㉮ 32.2lb   ㉯ 1lb
㉰ 375lb   ㉱ 33,000lb

14. 터보 제트 엔진에서 중요한 부분 3가지는?

㉮ 흡입구, 압축기, 노즐
㉯ 흡입구, 압축기, 연소실
㉰ 압축기, 연소실, 배기관
㉱ 압축기, 연소실, 터빈

▶ 가스 발생기 (gas generater)

15. 처음 20kg/cm², 150°C 상태에 있는 0.3 m³의 공기가 가역정적과정으로 50°C까지 냉각 된다. 이때의 압력을 구하면?
(단, 열역학적 절대온도 T=273°K이다.)

㉮ 6.67kg/cm²   ㉯ 15.27kg/cm²
㉰ 26.67kg/cm²   ㉱ 25.27kg/cm²

▶ $\frac{P_1}{T_1} = \frac{P_2}{T_2}$, $P_2 = \frac{T_2}{T_1} \times P_1 = \frac{50+273.15}{150+273.15} \times 20$

16. 콜드 점화 플러그(cold spark plug)를 높은 압축의 왕복 기관에 사용할 경우 가장 올바른 설명은?

㉮ 조기점화(pre-ignition)가 일어난다.
㉯ 정상적으로 작동한다.
㉰ 점화 플러그(ignition plug)가 파울링(fouling)된다.
㉱ 이상폭발(detonation)이 일어난다.

▶ ㉮는 높은 압축비 기관에 고온 점화플러그 사용 시, ㉰는 낮은 압축비 기관에 저온 점화플러그 사용시

17. 원심형 압축기의 단점에 속하는 것은?

㉮ 단당 큰 압력비를 얻을 수 있다.
㉯ 무게가 가볍고 Starting Power 가 낮다.
㉰ 축류형 압축기와 비교해 제작이 간단하고 가격이 싸다.
㉱ 동일 추력에 대하여 전면면적(Frontal Area)을 많이 차지한다.

18. 제트기관에서 압축기의 실속은 어느 때 일어나는가?

㉮ 항공기 속도가 압축기 회전속도에 비해 너무 클 때
㉯ 항공기 속도가 압축기 회전속도에 비해 너무 작을 때
㉰ 항공기 추력이 압축기 압력보다 너무 클 때
㉱ 항공기 추력이 압축기 압력보다 작을 때

19. 왕복기관에서 기화기 빙결(Carburetor Icing)이 일어나면 어떠한 현상이 나타나는가?

㉮ C.II.T(Cylinder Head Temperature)에 이상이 생긴다.
㉯ 흡입압력(Manifold Pressure)이 증가한다.
㉰ 엔진회전수(Engine R. P. M)가 증가한다.
㉱ 흡입압력(Manifold Pressure)이 감소한다.

20. 프로펠러 브레이드 면(Propeller blade face)은?

㉮ 프로펠러 깃(propeller blade)의 뿌리 끝
㉯ 프로펠러 깃의 평평한 쪽(flat side)
㉰ 프로펠러 깃의 캠버된 면(camber side)
㉱ 프로펠러 깃의 끝 부분

1. ㉰	2. ㉰	3. ㉯	4. ㉱	5. ㉰
6. ㉯	7. ㉰	8. ㉱	9. ㉱	10. ㉰
11. ㉯	12. ㉯	13. ㉮	14. ㉱	15. ㉯
16. ㉯	17. ㉰	18. ㉱	19. ㉱	20. ㉯

2002년도 산업기사 2회 항공기관

1. 다이나믹 댐퍼(dynamic damper)의 주 목적은?

 ㉮ 크랭크축의 자이로 작용(gyroscopic action)을 방지하기 위하여
 ㉯ 항공기가 교란되었을 때 원위치로 복원시키기 위하여
 ㉰ 크랭크 축의 비틀림 진동을 감소하기 위하여
 ㉱ 커넥팅로드(connection rod)의 왕복운동을 방지하기 위하여

2. 터빈 기관에 있어 트림(trim)의 가장 큰 목적은?

 ㉮ 스로틀 레버를 서로 일치시키는 것
 ㉯ 기관의 최대 추력을 확립하는 것
 ㉰ 압축비를 높이는 것
 ㉱ 배기압력을 조절하는 것

3. 초기압력 및 체적이 각각 $P=50 \text{ N/cm}^2$, $V=0.03\text{m}^3$인 상태에서 정압과정으로 $V=0.3\text{m}^3$이 되었다. 이 때 하여진 일의 양은 얼마인가?

 ㉮ 50KJ   ㉯ 135KJ
 ㉰ 150KJ ㉱ 175KJ

● $P(압력) = \dfrac{F(힘)}{A(단위면적)} = \dfrac{\frac{W(일)}{S(거리)}}{A} = \dfrac{W}{A \cdot S} = \dfrac{W}{V(체적)}$

상태변화에서의 일이므로

$W = P \times \Delta V$(체적의 변화량),
$50\text{N/cm}^2 = 50 \times 100^2 \text{N/m}^2$
$W = (50 \times 100^2)\text{N/m}^2 \times (0.3 - 0.03)\text{m}^2 = 135,000$
$\text{N} \cdot \text{m} = 135,000\text{J}(1\text{J} = 1\text{N} \cdot \text{m})$

4. 가스 터빈 기관의 윤활유 펌프의 압력 펌프와 배유 펌프의 용량 비교에 대해 가장 올바른 것은?

 ㉮ 압력 펌프가 크다.
 ㉯ 배유 펌프가 크다.
 ㉰ 용량은 같다.
 ㉱ 항공기별로 다르다.

5. 열역학 제2법칙을 설명한 내용으로 틀린 것은?

 ㉮ 에너지 전환에 대한 조건을 주는 법칙이다.
 ㉯ 열과 기계적 일 사이의 에너지 전환을 말한다.
 ㉰ 열은 그 자체만으로는 저온 물체로부터 고온 물체로 이동할 수 없다.
 ㉱ 자연계에 아무 변화를 남기지 않고 어느 열원의 열을 계속하여 일로 바꿀 수는 없다.

6. 마력에 관한 설명 내용으로 가장 관계가 먼 것은?

 ㉮ 다른 조건을 완전히 바꾸지 않고 출력을 늘리기 위해서는 회전수를 높여야

㉯ 마찰마력은 엔진과 보기(accessoriec)의 움직이는 부품들의 마찰을 극복하기 위해 필요한 마력이다.

㉰ 왕복엔진은 연료의 연소에 의해 얻어지는 출력(총발열량)의 약 75%가 프로펠러 축에 전해지는 출력의 합계이다.

㉱ 제동마력은 프로펠러 축에 전해지는 출력의 합계이다.

① 도시마력(ihp, 지시마력): 실린더 안에 있는 연소 가스가 피스톤에 작용하여 얻어진 동력

② 제동마력(bhp, 축마력): 실제 기관의 크랭크 축에서 나오는 동력

③ 마찰마력(fhp): 피스톤으로부터 크랭크 기구를 통하여 크랭크축에 전달되면서 손실된 마력

④ $ihp = bhp + fhp$, $\eta_m = \dfrac{bHP}{iHP}$
(기계효율로 85~95%정도이다.)

7. 물질의 질량에 가해지는 힘의 크기를 식으로 나타낸 것은? (단, F=힘, m=질량, a=가속도)

㉮ F=ma ㉯ a=Fm
㉰ m=Fa ㉱ F=a/m

8. 9기통 성형기관에서 회전 영구자석이 6극형이라면, 회전 영구 자석의 회전속도는 크랭크축의 회전속도의 몇 배가 되는가?

㉮ 3배 ㉯ 1.5배
㉰ 3/4배 ㉱ 2/3배

9. 항공기 왕복엔진이 매우 낮은 오일의 양을 가지고 시동되었을 때 조종사는 어떤 현상을 인지할 수 있는가?

㉮ 높은 오일 압력
㉯ 오일 압력이 없다.
㉰ 오일 압력의 동요
㉱ 아무것도 인지할 수 없다.

10. 터빈 엔진의 오일 계통에 사용되는 그림의 압력오일펌프는 어느 것인가?

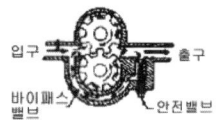

㉮ 플런저식 ㉯ 기어식
㉰ 루츠식 ㉱ 베인식

11. 정속 프로펠러에서 프로펠러 피치 레버(Propeller Pitch Lever)를 조작했는데 프로펠러가 피치 변경이 되지 않는 결함이 발생했다면 가장 큰 원인은 무엇이라 추정하는가?

㉮ 조속기(Governor)의 틸리이프 벨브기 고착되었다.
㉯ 파일럿 밸브(pilot Valve)의 틈새가 과도하게 크다.
㉰ 조속기(Governor Valve) 스피더 스프링(Speeder Spring)이 파손되었다.
㉱ 페더링 스프링(Feathering Spring)이 마모되었다.

12. 연료조절장치(fuel Control Unit)의 일반적인 기본입력신호들은?

㉮ 엔진회전수(RPM), 대기압력(Pam), 압축기 출구압력(CDP), 배기개스 온도(EGT)
㉯ 파워레버위치(PLA), 엔진 회전수(RPM), 대기 압력(Pam), 압축기 입구온도(CIT),

압축기 출구 압력(CDP)

㉰ 파워레버위치(PLA), 연료 압력(FP), 연소실압력(Pb), 터빈입구 온도(TIT)

㉱ 파워레버위치(PLA), 엔진회전수(RPM), 터빈입구 온도(TIT), 압축기 출구 압력(CDP)

13. 고정피치(fixed-pitch) 프로펠러의 깃각(blade angle)은?

㉮ 선단(tip)에서 가장 크다.
㉯ 허브(hub)에서 선단까지 일정하다.
㉰ 선단에서 가장 작다.
㉱ 허브로부터 거리에 따라 비례해서 증가한다.

● 프로펠러의 깃각은 전 길이에 거쳐 일정하지 않고 깃뿌리에서 깃끝으로 갈수록 작아진다.

14. 4극 회전자석과 보상되지 않은 브레이커 캠(Breaker Cam)을 가진 이중(Dual)마그네토를 장착한 7기통 성형엔진에서 가장 회전이 느린 것은?

㉮ 브레이커 캠   ㉯ 회전 자석
㉰ 크랭크 축   ㉱ 배분기

15. 전기식 시동기(Electrical Starter)의 클러치(clutch)장력은 무엇으로 조절할 수 있는가?

㉮ clutch Housing Slip
㉯ clutch Plate
㉰ Slip Torque Adjustment Unit
㉱ Ratchet Adjust Regulator

16. 터보제트 엔진의 고속성능의 우수성, 터보 프롭의 우수성을 결합하려 제작한 Engine은?

㉮ Turbofan Engine
㉯ Turboshaft Engine
㉰ Ramjet Engine
㉱ Rocket Engine

17. 가스 터빈 기관용 연료인 JP-3에 혼합되지 않은 것은?

㉮ 가솔린   ㉯ 등유
㉰ 디젤유   ㉱ 중유

● ① 가스터빈 기관 연료
  • JP-3
  • JP-4 : 등유와 낮은 증기압의 가솔린과의 합성 연료
② 왕복 기관의 연료 - 항공용 가솔린(AV GAS-Aviation gasoline): 탄소(C)와 수소(H)로 구성

18. 마그네토 브레이커 포인트의 스프링이 약하면 어느 것이 가장 먼저 발생하는가?

㉮ 전운전범위에서 회전이 불규칙하다.
㉯ 고속시에 실화한다.
㉰ 시동시 및 저속시에 때때로 실화한다.
㉱ 엔진이 시동되지 않는다.

● 브레이커 포인트의 스프링은 접점의 접촉을 유지하여 개폐시기를 확실히 하는 것이다. 스프링이 약하면 브레이커 캠의 형상을 따라 바르게 접점이 개폐되지 않게 되어 2차 전류의 발생이 잘 안되므로 실화의 원인이 되며, 특히 고속 회전시에 이 현상이 두드러진다.

19. 기화기(Carburetor)의 흡기 온도가 증가하면 정미평균 유효압력(brake mean effective pressure)은?

㉮ 변화가 없다.
㉯ 증가한다.
㉰ 감소한다.
㉱ 감소 후 증가한다.

20. 터보 팬 엔진의 팬 트림 밸런스에 관하여 올바른 것은?

㉮ 엔진의 출력 조정이다.
㉯ 정기적으로 행하는 팬의 균형 시험이다.
㉰ 팬 브레이드를 교환하여 한다.
㉱ 밸런스 웨이트로 수정한다.

▶ 엔진은 장기간 사용하고 있으면 팬 로우터 각부의 마모나 FOD(외부물질에 의한 손상) 등에 의한 진동이 발생하게 되므로 팬 블레이드 루트 또는 스피너에 밸런스 웨이트를 부착하여 수정한다.

1. ㉰	2. ㉯	3. ㉯	4. ㉯	5. ㉯
6. ㉰	7. ㉮	8. ㉰	9. ㉯	10. ㉰
11. ㉰	12. ㉯	13. ㉰	14. ㉱	15. ㉰
16. ㉮	17. ㉱	18. ㉯	19. ㉰	20. ㉱

2002년도 산업기사 3회 항공기관

1. 왕복기관의 노크와 가장 관계가 먼 것은?

㉮ 점화시기
㉯ 연료 – 공기 혼합비
㉰ 회전속도
㉱ 연료의 기화성

● 연료의 기화성은 베이퍼 록(vapor lock) 현상과 관계

2. 부자식 기화기(float-type carburetor)에 있는 이코노마이저 밸브(economizer valve)의 주 목적은 무엇인가?

㉮ 최대 출력에서 농후한 혼합비가 되게 한다.
㉯ 유로 계통에 분출되는 연료의 양을 경제적으로 한다.
㉰ 순항시 최적의 출력을 얻기 위하여 가장 희박한 혼합비를 유지한다.
㉱ 엔진의 갑작스런 가속을 위하여 추가적인 연료를 공급한다.

● 부자식 기화기의 부속 장치
① 완속 장치(idle system)
② 이코노마이저(economizer)
③ 가속 장치(accelerating system)
④ 혼합비 조정 장치(mixture control)

3. 가스터빈 오일의 구비조건이 아닌 것은?

㉮ 유동점(Pour Point)이 낮을 것
㉯ 인화점이 높을 것
㉰ 화학 안정성이 좋을 것
㉱ 공기와 오일의 혼합성이 좋을 것

4. 마그네토 브레이커 포인트 캠(magneto breaker point cam)축의 회전속도(r)을 나타낸 식은? (단, n:마그네토의 극수, N:실린더 수이다.)

㉮ $r=N/n$ ㉯ $r=N/(n+1)$
㉰ $r=N/2n$ ㉱ $r=(N+1)/2n$

5. 가스터빈 기관(Turbine Engine)에서 사용되는 여과기의 필터(filter)는 종이로 되어 있다. 이 종이 필터가 걸러낼 수 있는 최소 입자의 크기는 얼마인가?

㉮ $10{\sim}20\mu$ ㉯ $50{\sim}100\mu$
㉰ $300{\sim}400\mu$ ㉱ $500{\sim}600\mu$

6. 자동차가 언덕을 내려올 때 브레이크를 밟으면 브레이크 장치에 열이 발생하는데, 만약 브레이크 장치를 냉각시켰더니 자동차가 언덕 위로 다시 올라갔다면 다음 중 어느 법칙에 위배되는가? (단, 여기서 브레이크 작동시 외부 손실열은 없고 발생된 열을 그대로 냉각 흡수한 것으로 함.)

㉮ 열역학 제1법칙
㉯ 열역학 제0법칙
㉰ 열역학 제2법칙
㉱ 에너지 보존법칙

7. 터빈식 회전 기관이 아닌 것은?
   ㉮ 터보제트   ㉯ 터보프롭
   ㉰ 가스터빈   ㉱ 램제트

8. 속도 540km/h로 비행하는 항공기에 장착된 터보 제트 기관이 196kg/s인 중량 유량의 공기를 흡입하여 250m/s의 속도로 배기시킨다. 총추력은?
   ㉮ 4,000kg   ㉯ 5,000kg
   ㉰ 6,000kg   ㉱ 7,000kg

▶ $Fg(총추력) = \dfrac{Wa}{g} \cdot Vj$

9. 가스터빈 기관의 점화장치 작동에 대한 설명 내용으로 가장 올바른 것은?
   ㉮ 처음 시동시 1회만 작동한다.
   ㉯ 기관이 작동되는 중엔 계속 작동된다.
   ㉰ 정상적인 점화가 되면 정지한다.
   ㉱ 30분 주기로 점화가 반복된다.

▶ 시동시에만 점화가 필요하며 점화시기 조절장치가 필요없고 왕복기관에 비해 그 구조와 작동이 간편하다.

10. 터빈엔진 압력비가 커지면 열효율은 증가하는 장점이 있는 반면 단점도 있어 압력비 증가를 제한시킨다. 이 단점은 어느 것인가?
    ㉮ 압축기 입구온도 증가
    ㉯ 압축기 출구온도 증가
    ㉰ 압축기 실속 가능성 증가
    ㉱ 연소실 입구온도 증가

11. 섭씨 15℃는 화씨 절대온도로는 몇 도인가?
    ㉮ 59K   ㉯ 59R
    ㉰ 518.4K   ㉱ 518.4R

▶ $T_F = \dfrac{9}{5} T_C + 32$, ˚R = ˚F + 459.4

12. 제트엔진의 연료부품 중 연료 소비율을 알려주는 부품은?
    ㉮ 연료 매니폴드(Fuel Manifold)
    ㉯ 연료 오일 냉각기(Fuel Oil Cooler)
    ㉰ 연료 조절 장치(Fuel Control Unit)
    ㉱ 연료 흐름 트랜스미터
        (Fuel Flow Transmitter)

13. 저압 점화 계통을 사용할 때 단점은 무엇인가?
    ㉮ 플래시 오버(flashover)
    ㉯ 무게의 증대
    ㉰ 고전압 코로나(high voltage corona)
    ㉱ 캐패시턴스(capacitance)

14. 터보제트 엔진의 연소실에서 압력강하(손실)의 요인은?
    ㉮ 가스의 누설 때문에
    ㉯ 유체의 마찰손실과 가열에 의한 가스의 가속으로 인한 압력 손실
    ㉰ 압력이 증가한다.
    ㉱ 연료량이 많기 때문에

15. 그림은 어느 기관의 이론 공기 사이클이다. 어느 기관인가? (단, Q는 열의 출입량, W는 일의 출입량, 첨자 in은 들어오는 상태, out는 나가는 상태를 표시한다.)

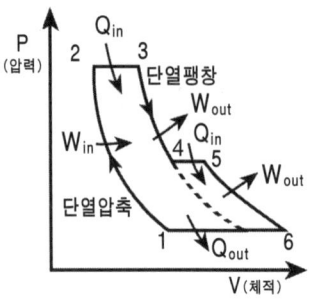

㉮ 과급기를 장착한 오토 사이클
㉯ 과급기를 장착한 디젤 사이클
㉰ 후기연소기(After burner)를 장착한 가스터빈 사이클
㉱ 2단 압축 브레이튼 사이클

16. 트랙터 프로펠러(Tractor Propeller)에 대해서 가장 올바르게 설명한 것은?

㉮ 기관의 뒤쪽에 장착되어 있는 프로펠러 형태이다.
㉯ 수상 항공기나 수륙 양용 항공기에 적합한 프로펠러 형태이다.
㉰ 날개 위와 뒤쪽에 장착되어 있는 프로펠러 형태이다.
㉱ 기관의 앞쪽에 장착되어 있는 프로펠러 형태이다.

▶ 프로펠러 장착 방법에 따른 분류
　· 견인식(tractor type): 프로펠러를 비행기 앞에 장착한 형태, 가장 많이 사용되고 있는 방법
　· 추진식(pusher type): 프로펠러를 비행기 뒷부분에 장착한 형태
　· 이중반전식: 비행기 앞이나 뒤 어느쪽이든 한 축에 이중으로 된 회전축에 프로펠러 장착하여 서로 반대로 돌게 만든 것.
　· 탠덤식(tandem type): 비행기 앞과 뒤에 견인식과 추진식 프로펠러를 모두 갖춘 방법

17. 왕복기관의 밸브간격에 대한 설명 내용으로 틀린 것은?

㉮ 냉간간격은 기관이 작동하고 있지 않을 때의 밸브간격이며, 검사간격이라고도 한다.
㉯ 밸브간격이 너무 좁으면 흡입효율이 나쁘며, 완전 배기가 되지 않는다.
㉰ 밸브간격은 보통 열간간격이 1.52mm~1.78mm가 적합하고 냉간간격은 0.25mm 정도이다.
㉱ 열간간격이 큰 이유는 기관작동시 실린더 쪽이 푸시 로드쪽보다 더 뜨겁고 열팽창이 크기 때문이다.

18. 항공기 왕복엔진의 연료의 안티 노크(Anti-knock)제로 가장 많이 쓰이는 물질은?

㉮ 메틸알코올(CH_3OH)
㉯ 4에틸납($Pb(C_2H_5)_4$)
㉰ 톨루엔($C_6H_5CH_3$)
㉱ 벤젠(C_6H_6)

19. 항공기의 고도 변화에 따라 왕복기관의 기화기에서 공급하는 연료의 량은 AMCU에 의해 조절된다. 다른 조건이 동일할 경우 다음 중 옳은 것은?

㉮ 고도가 증가하면 연료량은 감소한다.
㉯ 고도가 증가하면 연료량은 증가한다.
㉰ 고도가 증가하면 연료량은 증가했다가 감소한다.
㉱ 고도가 증가하면 연료량은 변화가 없다.

20. 지상에서 기관이 작동하지 않을 때에만 비행 목적에 따라 피치를 조정할 수 있는 프로펠러는?

㉮ 고정 피치 프로펠러
　(Fixed Picth Propller)
㉯ 조정 피치 프로펠러
　(Adjustable Pitch Propeller)
㉰ 가변 피치 프로펠러
　(Controllable Pitch Propeller)
㉱ 정속 피치 프로펠러
　(Constant Speed Propeller)

1. ㉱	2. ㉮	3. ㉱	4. ㉰	5. ㉯
6. ㉰	7. ㉱	8. ㉯	9. ㉰	10. ㉰
11. ㉱	12. ㉰	13. ㉯	14. ㉯	15. ㉰
16. ㉱	17. ㉯	18. ㉯	19. ㉮	20. ㉯

2003년도 산업기사 1회 항공기관

1. 제트엔진의 연료 소비율(TSFC)의 정의로 가장 옳은 것은?

㉮ 엔진의 단위시간당 단위추력을 내는 데 소비한 연료량이다.
㉯ 엔진이 단위거리를 비행하는 데 소비한 연료량이다.
㉰ 엔진이 단위시간 동안에 소비한 연료량이다.
㉱ 엔진이 단위추력을 내는 데 소비한 연료량이다.

2. 카르노 사이클(Carnot's Cycle)에서 절대온도 T_1=359K, T_2=223K라고 가정할 때 열효율은 얼마인가?

㉮ 0.18 ㉯ 0.28
㉰ 0.38 ㉱ 0.48

● $\eta = 1 - \dfrac{T_2}{T_1} = 1 - \dfrac{223}{359}$

3. 가스터빈 연료실의 공기흡입구부에 있는 선회 베인(SWIRL VANE)에 대하여 가장 올바르게 설명한 것은?

㉮ 캔형 연소실에는 없다.
㉯ 연소 영역을 길게 한다.
㉰ 일차 공기에 선회를 준다.
㉱ 연료노즐 부근의 공기속도를 빠르게 한다.

● 선회 깃(swirl guide vane): 연소실로 들어오는 1차 공기에 강한 선회(와류)를 주어 공기흐름에 적당한 난류를 일으켜서 유입 속도의 감소와 화염전파속도의 증가를 만들어주는 장치

4. 가스 터빈 기관의 진추력에서 연료 유량과 압력차를 무시했을 때 성립되는 식은?
(단, Fn : 진추력, Wf : 연료의 유량, Wa: 흡입 공기의 유량, Vj : 배기 가스의 속도, Va : 비행 속도, Aj : 배기 노즐의 단면적, Pj : 배기 노즐에서 출구 정압, Pa : 대기 압력)

㉮ $Fn = \dfrac{Wf}{g} Vj + Aj$

㉯ $Fn = \dfrac{Wa}{g} Aj(Pj - Pa)$

㉰ $Fn = \dfrac{Wf}{g}(Vj - Va)$

㉱ $Fn = \dfrac{Wa}{g}(Vj - Va)$

5. 회전하고 있는 프로펠러에 사람이 접근하게 되면 치명적인 상해를 입을 수 있는데, 이를 방지하기 위한 방법으로 가장 올바른 것은?

㉮ 블레이드 팁(Blade Tip)에 위험표식(Warning Strip)을 해준다.
㉯ 프로펠러의 전체를 밝은 색상으로 칠해준다.
㉰ 프로펠러의 돔(Dome)에 위험표식(Warning Strip)을 해준다.
㉱ 블레이드의 허브(Hub)에 눈(Eye)의 모양을 그려 놓는다.

● 일반적으로 블레이드 팁에 약 10cm 정도로 오렌지색을 도색한다.

6. 터보제트 엔진의 통상적인 오일계통의 형(Type)은?

㉮ wet sump, spray, and splash
㉯ wet sump, dip, and pressure
㉰ dry sump, pressure, and spray
㉱ dry sump, dip, and splash

7. 기체의 온도가 일정한 상태에서 이루어지는 상태변화를 무엇이라고 하는가?

㉮ 등온변화   ㉯ 등압변화
㉰ 등적변화   ㉱ 단열변화

8. 내부 에너지와 유동일을 합한 상태량을 무엇이라고 표현하는가?

㉮ 비열   ㉯ 열량
㉰ 체적   ㉱ 엔탈피(Enthalpy)

9. 압축기 실속(compressor stall)이 일어나는 경우로 가장 올바른 것은?

㉮ 항공기 속도가 압축기 rpm에 비하여 너무 작을 때
㉯ 항공기 속도가 터빈 rpm에 비하여 너무 클 때
㉰ Ram-air 압력이 압축기 압력에 비하여 너무 높을 때
㉱ 항공기 속도와 압축기 압력이 같을 때

10. 터빈 깃의 냉각 방법 중 터빈 깃의 내부를 중공으로 제작하여 이곳으로 차가운 공기가 지나가게 함으로써 터빈 깃을 냉각시키는 방법은?

㉮ 충돌냉각   ㉯ 공기막냉각
㉰ 침출냉각   ㉱ 대류냉각

11. 마그네토에서 timing mark를 한 줄로 정렬시켰다는 것은 무엇을 지시하는 것인가?

㉮ E-gap 위치
㉯ 중립위치
㉰ breaker point가 닫혀진 위치
㉱ 완전기록 위치

12. 원심식 압축기의 주요 구성품이 아닌 것은?

㉮ 임펠러   ㉯ 디퓨저
㉰ 고정자   ㉱ 매니폴드

13. 그림과 같은 단순 가스터빈 사이클의 P-V선도에서 압축기가 공기를 압축하기 위하여 소비한 일은 어느 것인가?

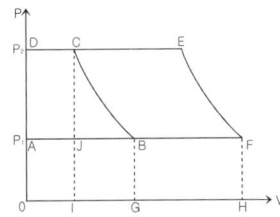

㉮ 면적 ABCDA   ㉯ 면적 BCEFB
㉰ 면적 OGBCDO   ㉱ 면적 AFHOA

● 연소실로부터 나온 고온, 고압의 가스는 터빈에서 팽창하면서 일을 한다. 그 일 중에서 일부는 압축기를 구동하는 데 사용되고, 나머지는 사이클의 순일로서 비행기를 추진시키는 데 사용된다.
① 압축일: W_c(면적 ABCDA)
② 팽창일: W_t(면적 ADEFA)
③ 순일: $W_n = W_t - W_c$(면적 BCEFB)

14. 차압 시험기(differential pressure tester)를 이용하여 압축점검(compression check)을 수행할 때 피스톤이 하사점에 있을 때 하면 안 되는 가장 큰 이유는?

㉮ 너무 위험하기 때문에
㉯ 최소한 한 개의 밸브가 열려 있기 때문에
㉰ 게이지(gage)가 손상되므로
㉱ 실린더 체적이 최대가 되어 부정확하므로

15. 실린더의 내벽을 경화(hardening) 시키는 방법은?

㉮ nitriding   ㉯ shot peening
㉰ Ni plating   ㉱ Zn plating

● 실린더 안쪽면 경화방법에는 질화처리(nitriding)와 크롬도금(chrome plating)이 있다.
 · 질화처리-강을 고온에서 암모니아가스에 노출시키면 가스로부터 질소를 흡수하여 강의 노출면이 질화강이 되어 표면이 경화되는 것

16. 밸브 오버랩(Valve overlap)의 가장 큰 장점은?

㉮ 밸브 backlash를 방지한다.
㉯ 가스의 역류를 일으킨다.
㉰ 밸브를 좀더 오래 열리게 한다.
㉱ 배기와 냉각을 돕는다.

17. 압력분사식 기화기에서 자동혼합가스 조절장치의 Bellow가 파열되었다면, 어떤 현상이 발생하겠는가?

㉮ 혼합비가 보다 희박해진다.
㉯ 낮은 고도에서 농후한 혼합비가 된다.
㉰ 높은 고도에서 농후한 혼합비가 된다.
㉱ 낮은 고도에서 희박한 혼합비가 된다.

● ① 자동혼합비 조정장치(AMC-automatic mixture control) : 고도가 높아짐에 따라 공기의 밀도가 감소하므로 혼합비가 농후하게 되는 것을 막아주는 역할을 하는 것으로, 기압의 변화로 수축, 팽창하는 벨로우즈를 이용하여 조정장치의 밸브를 자동적으로 작동되도록 한 장치이다.
② 벨로우즈가 파열되면 AMC가 그 역할을 하지 못하므로 고고도에서 혼합비가 농후해진다.

18. SOAP(Spectrometic Oil Analysis Program)에 대한 설명 내용으로 가장 올바른 것은?

㉮ 오일형의 카본 발생량으로 오일의 품질 저하를 비교한다.
㉯ 오일의 산성도를 측정하고 오일의 품질 저하 상황을 비교한다.
㉰ 오일 중에 포함된 미량의 금속원소에 의해 오일의 품질 저하 상황을 비교한다.
㉱ 오일 중에 포함되는 미량의 금속원소에 의해 이상 상태를 비교한다.

● 윤활유 분광 시험(SOAP) : 사람의 혈액검사와 비슷한 것으로서 기관정지 후 30분 이내에 윤활유 탱크에서 윤활유를 채취하여 윤활유에 섞여 있는 금속입자를 검사하는 것으로 금속입자의 종류에 따라 기관의 이상 부위를 찾아낼 수 있다.

19. 터보 프롭엔진의 프로펠러 깃 각(Blade Angle)은 무엇에 의해 조절되는가?

㉮ 속도 레버(Speed Lever)
㉯ 파워 레버(Power Lever)

㉰ 프로펠러 조종 레버(Propeller Control Lever)
㉱ 컨디션 레버(Condition Lever)

20. 축류식 압축기의 1단당 압력비가 1.6이고, 회전자 깃에 의한 압력 상승비가 1.3이다. 압축기의 반동도(Φc)를 구하면?

㉮ $\Phi c = 0.2$ ㉯ $\Phi c = 0.3$
㉰ $\Phi c = 0.5$ ㉱ $\Phi c = 0.6$

● 압축기 회전자 깃의 입구 압력 P_1, 회전자 깃 출구 압력 $P_2 = 1.3P_1$, 압축기 고정자 깃 출구 압력 $P_3 = 1.6P_1$으로 하면
$$\Phi_c = \frac{P_2 - P_1}{P_3 - P_1} = \frac{1.3P_1 - P_1}{1.6P_1 - P_1} = \frac{0.3}{0.6}$$

1. ㉮	2. ㉰	3. ㉰	4. ㉱	5. ㉮
6. ㉰	7. ㉮	8. ㉱	9. ㉮	10. ㉱
11. ㉮	12. ㉰	13. ㉮	14. ㉯	15. ㉮
16. ㉱	17. ㉰	18. ㉱	19. ㉯	20. ㉰

2003년도 산업기사 2회 항공기관

1. 저속혼합조정(idle mixture control) 하는 동안 정확한 혼합비가 되었음을 알고자 할 때 어느 것을 지켜보아야 하는가?

   ㉮ 연료와 공기압력의 비율 변화
   ㉯ 연료유량계기
   ㉰ 연료압력계기
   ㉱ RPM 또는 다기관압력의 변화

   ▶ 저속혼합비 조절은 혼합비 조절 레버(lever)를 천천히 'IDLE-CUT-OFF' 위치로 당기면서 회전계의 변화값을 관찰하는 것으로 회전수가 떨어지기 전에 순간적으로 증가하는 것이 정상이며, 너무 증가했다 감소하면 너무 농후한 것이고 회전수의 증가 없이 감소하면 저속 혼합비가 너무 희박한 것이다. 또한 흡기 압력계의 변화도 관찰한다.

2. 터보제트 엔진의 배기노즐(Exhaust Nozzle)의 주 목적은?

   ㉮ 배기가스를 정류만 한다.
   ㉯ 배기가스의 압력에너지를 속도에너지로 바꾸어 추력을 얻는다.
   ㉰ 배기가스의 속도에너지를 압력에너지로 바꾸어 추력을 얻는다.
   ㉱ 배기가스의 온도를 조절한다.

3. 피스톤의 지름이 16cm인 피스톤에 65kgf/cm² 의 가스압력이 작용하면 피스톤에 미치는 힘은 얼마인가?

   ㉮ 10.06(t) ㉯ 11.06(t)
   ㉰ 12.06(t) ㉱ 13.06(t)

   ▶ $P = \dfrac{F}{A}$, $F = P \cdot A = 65 \cdot \pi \cdot 8^2 (kgf)$
   (1ton=1000kgf)

4. 타이밍 라이트(Timing light)를 가지고 엔진 타이밍을 맞출 때 일차 코일(Primary Coil)을 끊어야 하는 가장 큰 이유는?

   ㉮ 콘덴서(Condenser)의 작동이 타이밍(Timing)과 간섭(Interfere)하는 것을 방지하기 위하여
   ㉯ 영구자석(Permanent Magnet)의 자력 손실을 방지하기 위하여
   ㉰ 타이밍 할 동안 일차 코일(Primary)이 타는 것을 방지하기 위하여
   ㉱ 접점(Breaker Point)을 보호하기 위하여

5. 1마력[ps]는 몇 kg.m/sec인가?

   ㉮ 860   ㉯ 632.5
   ㉰ 550   ㉱ 75

6. 왕복엔진에서 실린더의 배기밸브는 흡기밸브보다 과열되므로 밸브의 내부에 어떤 물질을 넣어서 냉각하는가?

   ㉮ 암모니아액   ㉯ 금속나트륨
   ㉰ 수은   ㉱ 실리카겔

7. 가역 카르노 사이클의 열효율 η_C는 어느 것인가?
(단, T_1 = 고열원 절대온도, T_2 = 저열원 절대온도)

㉮ $\eta_c = 1 - \dfrac{T_2}{T_1}$ ㉯ $\eta_c = 1 - \dfrac{T_1}{T_2}$

㉰ $\eta_c = \dfrac{T_2}{T_1} - 1$ ㉱ $\eta_c = \dfrac{T_1}{T_2} - 1$

8. 정속 평형추(counter weight) 프로펠러의 깃(blade)을 고피치(high pitch)로 이동시켜 주는 힘은 어느 것인가?

㉮ 프로펠러 피스톤-실린더에 작용하는 기관오일 압력
㉯ 프로펠러 피스톤-실린더에 작용하는 기관오일 압력과 평형추에 작용하는 원심력
㉰ 평형추에 작용하는 원심력
㉱ 프로펠러 피스톤-실린더에 작용하는 프로펠러 조속기 오일 압력

① 저피치로 이동시키는 힘: 프로펠러 피스톤-실린더에 작용하는 프로펠러 조속기 오일 압력
② 고피치로 이동시키는 힘: 평형추에 작용하는 원심력

9. 한 개의 실린더 배기량이 170in³인 7기통 가솔린 기관이 2,000rpm으로 회전하고 있다. 지시마력이 1,800HP이고 기계효율 η_m =0.8 이면 제동평균 유효압력은 얼마인가?

㉮ 186 psi ㉯ 257 psi
㉰ 326 psi ㉱ 479 psi

$\eta_m = \dfrac{bHP}{iHP}$,

$bHP = \eta_m \cdot iHP = \dfrac{P_{mb} LANK}{550 \times 12 \times 2 \times 60}$

$P_{mb} = \dfrac{792,000 \cdot \eta_m \cdot iHP}{(LA)NK}$

$= \dfrac{792,000 \cdot 0.8 \cdot 1,800}{170 \cdot 2,000 \cdot 7}$

(1HP=550ft · lb/sec=550×12in · lb/sec,
∴ 1ft=12inch)

10. 가스터빈 기관의 기어(Gear)형 윤활유 펌프에 관한 내용이다. 가장 올바른 것은?

㉮ 배유펌프가 압력펌프보다 용량이 더 크다.
㉯ 압력펌프가 배유펌프보다 용량이 더 크다.
㉰ 압력펌프와 배유펌프는 용량이 꼭 같다.
㉱ 압력펌프와 배유펌프는 용량과는 무관하다.

11. 실린더의 압축비는 피스톤이 행정의 하사점에 있는 때와 상사점에 있을 때의 실린더 공간체적의 비이다. 압축비가 너무 클 때 일어나는 현상이 아닌 것은?

㉮ 하이드로릭 락(Hydraulic-lock)
㉯ 디토네이션(detonation)
㉰ 조기점화(Preignition)
㉱ 고열현상와 출력의 감소

12. 제트기관에서 축류 압축기의 실속은 어느 경우에 발생하는가?

㉮ 회전속도가 일정할 때 발생한다.
㉯ 입구 공기온도가 너무 낮을 때 발생한다.
㉰ 연소실 압력이 너무 높을 때 발생한다.
㉱ 압축기 입구 공기압력이 너무 높을 때 발생한다.

13. 가스 터빈엔진에 사용되는 연료는 다음 중 어느 것과 가장 근사한가?

㉮ 등유
㉯ 자동차용 가솔린
㉰ 원유
㉱ 고옥탄가의 항공용 연료

14. 압력강하가 가장 적은 연소실의 형식은?

㉮ 앤뉼라형(annular type)
㉯ 캔뉼라형(canular type)
㉰ 캔형(can type)
㉱ 역류캔형(counter flow can type)

● 압력강하(손실)가 가장 적다는 것은 효율이 가장 좋은 연소실을 뜻한다.

15. 등엔트로피(isentropic) 과정을 가장 올바르게 설명한 것은?

㉮ 등온, 가역과정
㉯ 단열, 가역과정
㉰ 폴리트로픽, 가역과정
㉱ 정압, 비가역과정

● 가역 과정에서 작동 유체를 출입하는 열량 Q를 절대 온도로 나눈 값을 엔트로피라 하며, 단열 변화에서는 열의 출입이 없으므로 엔트로피가 일정하다.

16. 항공기 왕복기관의 실린더 내경을 가공하는 순서로 가장 올바른 것은?

㉮ Grinder − 소입 − Honing − Boring
㉯ Boring − 소입 − Grinder − Honing
㉰ 소입 − Lapping − Boring − Grinder
㉱ Lapping − 소입 − Grinder − Boring

● ① 보링(boring): 회전 절삭 공구를 사용하여 구멍의 크기를 증가시키는 가공방법
② 소입(담금질-quenching): 금속의 표면 강화 방법
③ 호닝(honing): 숫돌로 공작물을 가볍게 문질러 정밀다듬질을 하는 기계가공법

17. 터보 프롭기관의 프로펠러를 지상에서 "Fine Pitch"에 두는데, 그 이유로 가장 관계가 먼 내용은?

㉮ 시동시 프로펠러의 토크를 적게 하기 위하여
㉯ 저속 운전시 소비마력을 적게 하기 위하여
㉰ 지상 운전시 엔진냉각을 돕기 위하여
㉱ 착륙거리를 줄이기 위하여

18. 물분사 장치에 대한 설명으로 가장 관계가 먼 것은?

㉮ 물을 분사시키면 흡입공기의 온도가 낮아지고 공기의 밀도가 증가한다.
㉯ 물분사를 하면 이륙할 때 10~30%의 추력증가를 얻을 수 있다.
㉰ 물분사에 의한 추력증가량은 대기의 온도가 높을 때 효과가 크다.
㉱ 물과 알콜을 혼합시키는 이유는 연소가스의 압력을 증가시키기 위한 것이다.

19. 가스터빈 기관(Turbine Engine)에 있어서 크림프(Crimp) 현상의 영향이 가장 큰 것은 어느 부분인가?

㉮ 연소실
㉯ 터빈 노즐 가이드 베인(Turbine Nozzle Guide Vane)
㉰ 터빈 브레이드(Turbine Blade)
㉱ 터빈 디스크(Turbine Disk)

20. 터빈엔진 시동시 결핍 시동(HUNG START)은 엔진의 어떤 상태를 말하는가?

㉮ 엔진의 배기가스 온도가 규정치를 넘은 상태이다.
㉯ 엔진이 완속 회전(IDLE RPM)에 도달하지 못하고 걸린 상태이다.
㉰ 엔진의 완속 회전(IDLE RPM)이 규정치를 넘은 상태이다.
㉱ 엔진의 압력비가 규정치를 초과한 상태이다.

1. ㉱	2. ㉯	3. ㉱	4. ㉯	5. ㉱
6. ㉯	7. ㉮	8. ㉰	9. ㉱	10. ㉮
11. ㉮	12. ㉰	13. ㉮	14. ㉮	15. ㉯
16. ㉯	17. ㉰	18. ㉱	19. ㉰	20. ㉯

2003년도 산업기사 3회 항공기관

1. 복식 연료 노즐에 설명 내용으로 가장 올바른 것은?

㉮ 리버스 인젝션을 한다.
㉯ 연료에 회전 에너지를 주면서 분사하는 것이다.
㉰ 공기 흐름량과 압력에 따라 분사각을 변화시킨다.
㉱ 낮은 흐름량일 때와 높은 흐름량일 때의 2단계의 분사를 한다.

① 1차 연료: 노즐 중심의 작은 구멍에서 분사되며, 시동할 때 점화를 쉽게 하기 위하여 넓은 각도로 이그나이터에 가깝게 분사(기관 작동 중 항상 분사)
② 2차 연료: 가장자리의 큰 구멍에서 분사되며, 비교적 좁은 각도로 멀리 분사된다. 완속 회전 속도 이상에서 작동된다.

2. 터보 팬 엔진에서 운항 중 새(bird)와 충격되어 엔진에 손상이 예상될 때 가장 적당한 검사방법은?

㉮ 트랜드 모니터링 검사
㉯ 시각 검사
㉰ 보어스코프 검사
㉱ 초음파 검사

① FOD(foreign object damage-외부 물질에 의한 손상)의 대표적인 사례: 새와의 충돌(bird strike)
② 보어스코프 검사: 기관을 분해하지 않고 내부를 검사할 수 있는 간접 육안 검사(내시경 검사 원리)

3. 엔탈피(enthalphy)를 가장 올바르게 설명한 것은?

㉮ 열역학 제2법칙으로 설명된다.
㉯ 이상기체만 갖는 성질이다.
㉰ 모든 물질의 성질이다.
㉱ 내부에너지와 유동일의 합이다.

4. 제트기관의 터빈 반동도가 0[%]일 때의 설명으로 가장 올바른 것은?

㉮ 단당압력 상승이 모두 터빈에서 일어난다.
㉯ 단당압력 상승이 모두 정익(터빈 노즐)에서 일어난다.
㉰ 당당압력 강하가 모두 터빈에서 일어난다.
㉱ 단당압력 강하가 모두 정익에서 일어난다.

5. 기어(Gear)식 오일펌프의 사이드 클리어런스(side clearance)가 클 경우 어떻게 되는가?

㉮ 과도한 오일 소모가 나타난다.
㉯ 과다한 오일 압력이 생긴다.
㉰ 낮은 오일 압력으로 된다.
㉱ 오일펌프의 진동에 의한 고장이 나타난다.

6. 열효율 25%, 유효마력이 50마력(ps)인 내연기관의 총발열량은 약 몇 kcal/h인가? (단, 1마력은 75kg·m/sec, 열당량 A는 $\frac{1}{427}$ kcal/kg·m이다.)

㉮ 8.75
㉯ 35
㉰ 31,500
㉱ 126,000

7. 브레이드 내부에 작은 공기 통로를 설치하여 브레이드 앞전을 향하여 공기를 충돌시켜 냉각하는 방법은?

㉮ Transpiration Cooling
㉯ Convection Cooling
㉰ Impingement Cooling
㉱ Film Cooling

① Transpiration Cooling: 침출 냉각
② Convection Cooling: 대류 냉각
③ Impingement Cooling: 충돌 냉각
④ Film Cooling: 공기막 냉각

8. 프로펠러 중 저피치와 고피치 사이에서 피치각을 취하며 항상 일정한 회전속도를 유지하여 가장 좋은 프로펠러 효율을 갖게 하는 것은?

㉮ 고정 피치 프로펠러
㉯ 조정 피치 프로펠러
㉰ 정속 프로펠러
㉱ 가변 피치 프로펠러

9. 왕복기관의 기화기에 고도와 온도변화에 따른 장비를 갖추지 않은 경우 혼합비는 어떻게 되겠는가?

㉮ 고도나 온도가 증가하면 희박해진다.
㉯ 고도나 온도가 증가하면 농후해진다.
㉰ 고도가 증가하면 농후해지고, 온도가 증가하면 희박해진다.
㉱ 고도가 증가하면 희박해지고, 온도가 증가하면 농후해진다.

10. 왕복기관을 시동할 때 실린더 안에 직접 연료를 분사시켜 농후한 혼합가스를 만들어줌으로써 시동을 쉽게 하는 장치는?

㉮ 프라이머
㉯ 기화기
㉰ 과급기
㉱ 주연료 펌프

11. 이상기체의 상태방정식은 Pv=RT이다. 이것에 관한 설명 내용으로 틀린 것은?

㉮ P : 기체의 절대압력(kg/m^2)
㉯ v : 비체적(cm^3/kg)
㉰ R : 기체상수(kg·m/kg·K)
㉱ T : 절대온도(R)

12. 왕복기관 엔진을 장착시키는 동안 마그네토 접지선을 접지시켜 놓는 가장 큰 이유는?

㉮ 엔진 시동시 백화이어(Back fire)를 방지하기 위하여
㉯ 엔진장착 도중 프로펠러를 돌리면 엔진이 시동될 가능성이 있기 때문에
㉰ 엔진을 마운트(Mount)에 완전히 장착시킨 후 마그네토 접지선을 점검치 않기 위하여
㉱ 점화 스위치가 잘못 놓일 수 있는 가능성 때문에

13. 피스톤(Piston)의 지름이 10cm인 피스톤에 60kg/cm²의 가스압력이 작용하면 피스톤에 미치는 힘은 얼마인가?

㉮ 47.1ton ㉯ 471ton
㉰ 41.5ton ㉱ 4.71ton

14. 왕복기관의 흡입 및 배기밸브가 실제로 열리고 닫히는 시기로 가장 올바른 것은?

㉮ 흡입밸브 : 열림/상사점, 닫힘/하사점
　　배기밸브 : 열림/하사점, 닫힘/상사점
㉯ 흡입밸브 : 열림/상사점 전, 닫힘/하사점 전
　　배기밸브 : 열림/하사점 후, 닫힘/상사점 후
㉰ 흡입밸브 : 열림/상사점 전, 닫힘/하사점 전
　　배기밸브 : 열림/하사점 전, 닫힘/상사점 후
㉱ 흡입밸브 : 열림/상사점 전, 닫힘/하사점 후
　　배기밸브 : 열림/하사점 전, 닫힘/상사점 후

● IO-BTC　　IC-ABC
　 EO-BBC　　EC-ATC

15. 윤활유 시스템에서 고온 탱크형(Hot Tank System)이란?

㉮ 고온의 스카벤즈 오일이 냉각되어서 직접 탱크로 들어가는 방식
㉯ 고온의 스카벤즈 오일이 냉각되지 않고 직접 탱크로 들어가는 방식
㉰ 오일 냉각기가 Scavenge System에 있어 오일이 연료 가열기에 의한 가열방식
㉱ 오일 냉각기가 Scavenge System에 있어 오일탱크의 오일이 가열기에 의한 가열방식

16. 왕복기관의 연료계통에서 증기폐색에 대한 설명으로 가장 올바른 것은?

㉮ 캬브레터에서 연료의 증발을 말한다.
㉯ 연료계통에 수증기가 형성되는 것을 말한다.
㉰ 연료 펌프의 고착을 말한다.
㉱ 연료가 캬브레터에 달하기 전에 증발하고 연료공급이 멈추는 것을 말한다.

● 증기 폐색(vapor lock-베이퍼락): 연료의 기화성이 너무 좋으면 연료가 공급 파이프 속에서 증발되어 거품이 생기기 쉽고 이 거품이 연료 파이프에 차서 연료 흐름을 방해하는 현상

17. 일반적으로 터보 제트기관의 제어방식에 대한 설명 내용으로 가장 올바른 것은?

㉮ 기관 R.P.M 제어방식과 토오크 제어방식이 있다.
㉯ 기관 R.P.M 제어방식과 기관 E.P.R 제어방식이 있다.
㉰ 기관 E.P.R 제어방식과 토오크 제어방식이 있다.
㉱ 기관 E.P.R 제어방식과 드로틀 제어방식이 있다.

18. 2포지션 프로펠러(tow-position Propeller)의 깃각(Blade angle)을 증가시키는 힘은?

㉮ 엔진오일 압력(Engine Oil Pressure)
㉯ 스프링(Springs)
㉰ 원심력(Centrifugal Force)
㉱ 가버너 오일 압력(Governor Oil Pressure)

● ① 2단 가변 피치 프로펠러에서 고피치로 변경시키는 힘: 프로펠러 원심력

② 2단 가변 피치 프로펠러에서 저피치로 변경시키는 힘: 엔진 오일 압력

19. 브레이턴(Brayton) 사이클의 이론 열효율을 가장 올바르게 표시한 것은?

(단, η_{th}: **열효율**, r: **압력비**, k: **비열비**)

㉮ $\eta_{th} = 1 - r^{\frac{1}{k-1}}$

㉯ $\eta_{th} = 1 - r^{\frac{1-k}{k}}$

㉰ $\eta_{th} = 1 - r^{\frac{k}{k-1}}$

㉱ $\eta_{th} = 1 - r^{\frac{k-1}{k}}$

20. 터빈 엔진에서 오염(Dirty)된 압축기 브레이드는 특히 무엇을 초래하는가?

㉮ Low R.P.M   ㉯ High R.P.M
㉰ Low E.G.T   ㉱ High E.G.T

● 압축기 블레이드는 확산통로를 만들어 흡입공기의 속도를 감소시키고 압력을 증가시키는 역할을 하는 것으로서 그 역할을 하지 못하면 연료 공기 혼합비가 농후하게 되어 과도한 배기가스온도(EGT: exhaust gas temperature)를 초래한다.

1. ㉱	2. ㉰	3. ㉱	4. ㉱	5. ㉰
6. ㉱	7. ㉰	8. ㉰	9. ㉯	10. ㉮
11. ㉱	12. ㉯	13. ㉱	14. ㉱	15. ㉯
16. ㉱	17. ㉯	18. ㉰	19. ㉯	20. ㉱

2004년도 산업기사 1회 항공기관

1. 터보 제트 엔진의 추진효율에 대한 설명 중 가장 올바른 것은?

㉮ 추진효율은 배기구 속도가 클수록 커진다.
㉯ 추진효율은 기관의 내부를 통과한 1차 공기에 의하여 발생되는 추력과 2차 공기에 의하여 발생되는 추력의 합이다.
㉰ 추력효율은 기관에 공급된 열에너지와 기계적 에너지로 바꿔진 양의 비이다.
㉱ 추진효율은 공기가 기관을 통과하면서 얻은 운동에너지에 의한 동력과 추진동력의 비이다.

① 추진효율(η_p): 공기가 기관을 통과하면서 얻은 운동에너지와 비행기가 얻은 에너지인 추력과 비행속도의 곱으로 표시되는 추력동력의 비이다.
② 열효율(η_{th}): 기관에 공급된 열에너지(연료에너지)와 그 중 기계적 에너지로 바꿔진 양의 비
③ 전효율(η_0): 공급된 열에너지에 의한 동력과 추력동력으로 변한 양의 비
전효율(η_0) = 추진효율(η_p) × 열효율(η_{th})

2. 근래 기화기의 자동연료흐름 메터링 기구는 다음 어느 것에 의하여 작동되는가?

㉮ 기화기를 통과하는 공기의 질량과 속도
㉯ 기화기를 통과하는 공기의 속도
㉰ 기화기를 통하여 움직이는 공기의 질량
㉱ 드로틀 위치

● 연료 메터링(유량조절) 장치에는 메인 메터링, 아이들 메터링, 고출력 메터링, 가속 메터링 계통 등이 있으며 모두 기화기를 통과하는 공기의 양과 속도에 따라 작동된다.

3. 정속 프로펠러에서 프로펠러 피치 레버(Propeller Pitch Lever)를 조작했는데 프로펠러가 피치 변경이 되지 않는 결함이 발생했다면 가장 큰 원인은 무엇이라 추정하는가?

㉮ 조속기(Governor)의 릴리이프 밸브가 고착되었다.
㉯ 파일럿 밸브(Pilot Valve)의 틈새가 과도하게 크다.
㉰ 조속기(Governor) 스피터 스프링(Speeder Spring)이 파손되었다.
㉱ 페더링 스프링(Feathering Spring)이 마모되었다.

4. 마그네토(Magneto)의 브레이커 포인트는 일반적으로 어떤 재료로 되어 있는가?

㉮ 은(silver)
㉯ 구리(copper)
㉰ 백금(Platinum)-이리듐(Iridium) 합금
㉱ 코발트(Cobalt)

5. 터빈 블레이드 끝(Blade Tip)과 터빈 케이스 안쪽의 에어 시일(Air Seal)과의 간격을 줄여주기 위해서 터빈 케이스 외부를 냉각시켜준다. 여기에 사용되는 냉각 공기는?

㉮ 압축기 배출공
㉯ 연소실 냉각공기
㉰ 팬 압축공기
㉱ 외부공기

6. 수평 대항형 엔진(horizontal opposed engine)의 점화순서에서 특히 고려해야 할 점은?
   ㉮ 점화순서의 균형을 맞추어 엔진의 진동을 최소가 되게
   ㉯ 순항 비행시 최대의 회전 토-큐가 발생하도록
   ㉰ 기계적 효율이 최대가 되게
   ㉱ 설계가 간단하게

7. 가스터빈 엔진의 연소실에 대한 설명 내용으로 가장 올바른 것은?
   ㉮ 입축기 출구에서 공기와 연료가 혼합되어 연소실로 분사된다.
   ㉯ 연소실로 유입된 공기의 75% 정도는 연소에 이용되고 나머지 25% 정도의 공기는 냉각에 이용된다.
   ㉰ 1차 연소영역을 연소영역이라 하고 2차 연소영역을 혼합 냉각영역이라고 한다.
   ㉱ 최근 JT9D, CF6, RB-211 엔진 등은 물론 엔진 크기에 관계없이 캔형의 연소실이 사용된다.

8. 계(system)와 주위(surrounding)가 열교환(heat transfer)을 하는 방법이 아닌 것은?
   ㉮ 전도(conduction)   ㉯ 탄화(pyrolysis)
   ㉰ 복사(radiation)   ㉱ 대류(convection)
   ▶ 열교환(열전달)은 열이동, 전열이라고도 하며, 일반적으로 물체들 사이의 열전도, 대류, 열복

사 등 3가지가 있다.

9. 지상에서 작동중인 항공기 왕복기관의 카울 플랩(cowl flap)의 위치로 가장 올바른 것은?
   ㉮ 완전 닫힘   ㉯ 완전 열림
   ㉰ 1/3 열림   ㉱ 1/3 닫힘

10. 지상에서 작동중인 엔진이 거칠게 운전 중인 것을 발견하여 확인한 결과, 마그네토 드롭(magneto drop)은 정상이지만 다기관압력(manifold pressure)이 정상보다 높다면 가장 직접적인 원인은 무엇인가?
    ㉮ 마그네토 중 한 개의 하이텐션 리드(high-tension lead)가 불확실하게 연결되어 있다.
    ㉯ 흡입 다기관(intake manifold)에서 공기가 새고 있다.
    ㉰ 하나의 실린더가 작동을 하지 않는다.
    ㉱ 실린더의 서로 다른 점화 플러그의 결함이다.

11. 가스터빈 기관의 주연료 펌프에서 펌프출구 압력을 조절하는 것은?
    ㉮ 릴리프 밸브   ㉯ 체크 밸브
    ㉰ 바이패스 밸브   ㉱ 드레인 밸브
    ▶ ① 릴리프 밸브: 계통 내의 압력이 과도할 때 흐름을 펌프 입구로 되돌려 압력을 일정하게 유지
    ② 바이패스 밸브: 여과기가 막혔을 때, 펌프 고장시 등일 때, 그 장치를 거치지 않고 직접 흐름을 만들어줌.
    ③ 체크 밸브: 흐름의 역류를 방지

12. FADEC(Full Authority Digital Electronic Control)이라는 엔진제어기능 중 잘못된 것은?

㉮ 엔진 연료 유량
㉯ 압축기 가변 스테이터 각도
㉰ 실속 방지용 압축기 블리드 밸브
㉱ 오일 압력

● FADEC: 기존의 유압식 FCU(연료조정장치)나 전자식 FCU보다 더 발달된 개념으로서 위 보기의 세 가지 외에 ACCS(active clearance control system) 등을 종합적으로 일괄 조절한다.

13. 1기압 상태에서 물 1g의 온도를 1℃ 높이는 데 필요한 열량은 얼마인가?

㉮ 1칼로리(Calorie)
㉯ 1BTU(British Thermal Unit)
㉰ 1주울(Joule)
㉱ 1비열

14. 항공기 왕복기관의 제동마력과 단위시간당 기관의 소비한 연료 에너지와의 비를 무엇이라 하는가?

㉮ 제동열효율   ㉯ 기계열효율
㉰ 연료소비율   ㉱ 일의 열당량

15. 가스터빈의 이상 싸이클로서 열효율이 맞게 짝지어진 것은?

㉮ Otto 싸이클, $(\eta_{th}) = 1 - (\frac{V_1}{V_2})^{k-1}$

㉯ Sabathe 싸이클, $(\eta_{th}) = 1 - (\frac{1}{\gamma_{vs}^{k-1}})$

㉰ Diesel 싸이클, $(\eta_{th}) = 1 - \frac{1}{\gamma_{vs}^{k-1}} \left(\frac{\gamma_f^{k-1}}{K(\gamma_f - 1)} \right)$

㉱ Brayton 싸이클, $(\eta_{th}) = 1 - (\frac{1}{\gamma_p})^{\frac{k-1}{k}}$

● ① Otto 사이클: 가솔린 기관(왕복 기관)의 이상적인 사이클
② Sabathe 사이클(합성 사이클): 고속 디젤 엔진의 기본 사이클
③ Diesel 사이클: 디젤 엔진의 기본 사이클

16. 프로펠레 깃(blade) 트랙킹(tracking)은 무엇을 결정하는 절차인가?

㉮ 항공기 세로축(longitudinal axis)에 대해서 프로펠러의 회전면을 결정하는 절차
㉯ 진동을 방지하기 위하여 각 깃 받음각을 동일하게 결정하는 절차
㉰ 각 깃각(blade angle)을 특정한 범위 내에 들어오게 하는 절차
㉱ 각 프로펠러 깃의 회전 선단(tip) 위치가 동일한지 여부를 결정하는 절차

17. 실린더 체적이 80in³, 피스톤 행정체적이 70in³이라면 압축비는 얼마인가?

㉮ 10:1   ㉯ 9:1
㉰ 8:1   ㉱ 7:1

18. 가스 터빈의 배기 노즐의 주 목적은?

㉮ 배기가스의 속도를 증가시키기 위하여
㉯ 최대 추력을 얻을 때 소음을 감소하기 위하여
㉰ 난류를 얻기 위하여
㉱ 배기가스의 압력을 증가시키기 위하여

19. 왕복기관의 경우 밸브 개폐시기로서 흡기밸브가 상사점 이전 30°에서 열리고 하사점 이후 60°에서 닫히며, 배기밸브가 하사점 이전 60°에서 열리고 상사점 이후 15°에서 닫히는 경우 밸브오버랩(Valve over lap)은 몇 도인가?

㉮ 15° ㉯ 45°
㉰ 60° ㉱ 75°

20. 터보 제트 엔진의 축류형 2축 압축기는 어떠한 효율이 개선되는가?

㉮ 더 많은 터빈 휠(wheel)이 사용될 수 있다.
㉯ 더 높은 압축비를 얻을 수 있다.
㉰ 연소실로 들어오는 공기의 속도가 증가된다.
㉱ 연소실 온도가 축소된다.

▶ 2축실(two spool) 압축기 구조는 압축기 실속(compressor stall)을 방지하고 축류식 합추기 전체의 고압력비, 높은 효율이 가능하게 한다.

1. ㉰	2. ㉮	3. ㉰	4. ㉰	5. ㉰
6. ㉮	7. ㉰	8. ㉯	9. ㉯	10. ㉰
11. ㉮	12. ㉱	13. ㉮	14. ㉮	15. ㉱
16. ㉱	17. ㉰	18. ㉮	19. ㉯	20. ㉯

2004년도 산업기사  항공기관

1. 제트 엔진에서 TCCS란 무엇을 의미하는가?

㉮ 엔진의 추력을 자동적으로 제어해 주는 계통을 말한다.
㉯ 터빈 블레이드와 터빈 케이스 사이의 간극을 최소가 되게 해주는 계통이다.
㉰ 주로 중.소형의 터보 팬 엔진에 많이 사용한다.
㉱ TCCS는 Thrust Case Cooling System의 약자이다.

● TCCS(Turbine Case Cooling System)
ACCS(Active Clearance control system) - 팬 압축공기 이용

2. 마그네토에서 접점(breaker point) 간격이 커지면 어떤 현상을 초래하겠는가?

㉮ 점화(spark)가 늦게 되고 강도가 높아진다.
㉯ 점화가 일찍 발생하고 강도가 약해진다.
㉰ 점화가 늦게 되고 강도가 약해진다.
㉱ 점화가 일찍 발생하고 강도가 높아진다.

3. 크랭크축의 주요 3부분에 속하지 않는 것은?

㉮ Main Journal ㉯ Crank Pin
㉰ Connecting Rod ㉱ Crank Arm

4. 공기 사이클(Air Cycle) 3개 중 같은 압축비에서 최고압력이 같을 때 이론 열효율이 가장 높은 것부터 낮은 것을 올바르게 나열한 것은?

㉮ 정적-정압-합성
㉯ 정압-합성-정적
㉰ 합성-정적-정압
㉱ 정적-합성-정압

5. 제트 엔진에서 배기노즐(exhaust nozzle)의 가장 중요한 기능은?
(단, 노즐에서의 유속은 초음속이다)

㉮ 배기가스의 속도와 압력을 증가시킨다.
㉯ 배기가스의 속도를 증가시키고 압력을 감소시킨다.
㉰ 배기가스의 속도와 압력을 감소시킨다.
㉱ 배기가스의 속도를 감소시키고 압력을 증가시킨다.

6. 방사형 엔진의 크랭크 축에서 정적평형은 어느 것에 의해 이루어지는가?

㉮ dynamic damper
㉯ counter weight
㉰ dynamic suspension
㉱ split master rod

7. 고출력용에 사용되는 중공(Hollow) 프로펠러의 재질은 무엇으로 만들어 지는가?

㉮ 알루미늄 합금(25ST, 75ST)
㉯ 크롬-니켈-몰리브덴 강(Cr-Ni-Mo강)

㉰ 스텐인레스 강(STAINLESS STEEL)
㉱ 탄소 강(CARBON STEEL)

8. 왕복엔진의 체적효율에 영향을 미치지 않는 것은?

㉮ 실린더 헤드 온도
  (cylinder head temperature)
㉯ 엔진회전수(engine RPM)
㉰ 연료/공기비(fuel/air ratio)
㉱ 기화기 공기온도
  (carburetor air temperature)

9. 에너지에는 상호간에 변환이 가능하고 물체가 갖고 있는 에너지의 총합은 외부와 에너지를 교환하지 않는 한 일정하다는 법칙은?

㉮ 에너지 보존법칙 ㉯ 보일의 법칙
㉰ 샤를의 법칙   ㉱ 열역학 제2법칙

10. 제트엔진에서 사용하는 연료펌프 형식이 아닌 것은?

㉮ 스프레이 펌프   ㉯ 원심력 펌프
㉰ 기어 펌프   ㉱ 플런저 펌프

11. 고점성 오일의 사용은 무엇을 초래하는가?

㉮ 소기펌프의 고장 ㉯ 압력펌프의 고장
㉰ 낮은 오일압력   ㉱ 높은 오일압력

12. 가스터빈 기관의 연소실 성능에 대한 설명으로 가장 올바른 것은?

㉮ 연소효율은 고도가 높을수록 좋아진다.
㉯ 연소실 출구온도 분포는 일반적으로 안쪽 지름쪽이 바깥 지름쪽보다 높은 것이 좋다.
㉰ 입구와 출구의 전압력(Total pressure)차가 클수록 좋다.
㉱ 고공 재시동 가능범위가 넓을 수록 좋다.

▶ 연소 효율은 연소실로 들어오는 공기의 압력, 온도가 낮을수록, 공기의 속도가 빠를수록 낮아진다. 그러므로 고도가 높을수록 낮아진다. 연소실의 출구온도분포는 균일하거나 바깥지름 쪽이 약간 높은 것이 좋다.

13. 가스터빈 엔진 작동시 다음 엔진 변수중 어느 것이 가장 중요한 변수인가?

㉮ 압축기 rpm
㉯ 터빈입구 온도
㉰ 연소실 압력
㉱ 압축기입구 공기온도

14. 온도가 일정하게 유지되는 상태변화를 무엇이라 하는가?

㉮정압변화   ㉯등온변화
㉰ 정적변화   ㉱단열변화

15. 가스터빈 엔진의 공압 시동기에 대해 잘못 된 설명은?

㉮ APU 또는 지상 시설에서의 고압 공기를 사용한다.
㉯ 기어박스를 매개로 엔진의 압축기를 구동시킨다.
㉰ 시동완료 후 발전기로서 작동한다.
㉱ 사용시간에 제한이 있다.

16. 프로펠러가 고속으로 회전할 때 발생하는 응력(stress) 중 추력(thrust)에 의해서 발생되는 것은?

㉮ 인장응력 ㉯ 전단응력
㉰ 비틀림응력 ㉱ 굽힘응력

17. 3ps는 몇 와트(W)인가?

㉮ 2,438 ㉯ 2,206.5
㉰ 1,650 ㉱ 225

▶ 1PS=75kg · m/sec=736w
1HP=550ft · lb/sec=746w

18. 압력식 기화기에서 농후(enrichment) 밸브는 다음중 어느 압력에 의하여 열어지는가?

㉮ 공기압 ㉯ 수압
㉰ 연료압 ㉱ 벤츄리 공기압

19. 터보팬(turbo-fan) 제트기관의 1차 공기량이 50kgf/sec, 2차 공기량 60kgf/sec, 1차 공기 배기속도 170m/sec, 2차 공기 배기속도 100m/sec이었다. 이 기관의 바이패스비(by-pass ratio)는 얼마인가?

㉮ 0.59 ㉯ 0.83
㉰ 1.2 ㉱ 1.7

▶ $BPR = \dfrac{W_S}{W_P} = \dfrac{60}{50}$

20. E-gap 각이란 마그네토의 폴(pole)의 중립위치로부터 어떤 지점까지의 각도를 말하는가?

㉮ 접점이 닫히는 지점
㉯ 접점이 열리는 지점
㉰ 1차 전류가 가장 낮은 점
㉱ 2차 전류가 가장 낮은 점

1. ㉯	2. ㉯	3. ㉰	4. ㉱	5. ㉯
6. ㉯	7. ㉯	8. ㉰	9. ㉮	10. ㉮
11. ㉱	12. ㉱	13. ㉰	14. ㉯	15. ㉰
16. ㉱	17. ㉯	18. ㉰	19. ㉰	20. ㉯

2004년도 산업기사 3회 항공기관

1. "열은 외부의 도움 없이는 스스로 저온에서 고온으로 이동하지 않는다"는 누구의 주장인가?
   ㉮ Clausius 주장   ㉯ Kelvin 주장
   ㉰ Carnot 주장   ㉱ Boltzman 주장

2. 브리더 공기(Breather Air)로 부터 공기와 오일을 분리하기 위해 기어박스(Gear Box) 내에 설치되어 있는 것은?
   ㉮ Deoiler   ㉯ Oil Separate
   ㉰ Air Separate   ㉱ Deairer

3. 피스톤의 지름이 16cm, 행정길이가 0.16m, 실린더 수가 6개인 기관의 총행정 체적은 약 몇 l인가?
   ㉮ 17.29   ㉯ 18.29
   ㉰ 19.29   ㉱ 20.29

   ▶ $V_d = L \cdot A \cdot K = L \cdot \dfrac{\pi d^2}{4} \cdot K$
   $= 0.16 \cdot 100 \cdot \dfrac{\pi \cdot 16^2}{4} \cdot 6 = 19292 cm^3$
   $(1\ell = 1,000 cm^3 = 1,000 m\ell = 1,000 cc)$

4. 연료분사 계통의 부품이 아닌 것은?
   ㉮ 분사 펌프   ㉯ 분무 노즐
   ㉰ 흐름 분할기   ㉱ 주 공기 블리드

5. 축류식 압축기의 1단당 압력비가 1.60이고, 회전자 깃에 의한 압력 상승비가 1.30이다. 압축기의 반동도(Φc)를 구하면?
   ㉮ $\Phi c = 0.2$ ㉯ $\Phi c = 0.3$
   ㉰ $\Phi c = 0.5$ ㉱ $\Phi c = 0.6$

   ▶ $\phi_C = \dfrac{P_2 - P_1}{P_3 - P_1} = \dfrac{1.3 - 1}{1.6 - 1} = \dfrac{0.3}{0.6}$

6. 마그네토에서 timing mark를 한 줄로 정렬 시켰다는 것은 무엇을 지시하는 것인가?
   ㉮ E-gap 위치
   ㉯ 중립위치
   ㉰ breaker point가 닫혀진 위치
   ㉱ 완전기록 위치

7. 프로펠러의 깃 각(Blade Angle)에 대해서 가장 올바르게 설명한 것은?
   ㉮ 깃(Blade)의 전 길이에 걸쳐 일정하다.
   ㉯ 깃뿌리(Blade Root)에서 깃 끝(Blade Tip)으로 갈수록 작아진다.
   ㉰ 깃뿌리(Blade Root)에서 깃 끝(Blade Tip)으로 갈수록 커진다.
   ㉱ 일반적으로 프로펠러 중심에서 60%되는 위치의 각도를 말한다.

8. 왕복기관에서 실린더의 압축비(ϵ)란 다음 중 어떻게 표시할 수 있는가?

(단, Vc : 연소실체적, Vs : 행정체적)

㉮ $\epsilon = \dfrac{V_s}{V_c}$ ㉯ $\epsilon = \dfrac{V_c}{V_s}$

㉰ $\epsilon = 1 + \dfrac{V_s}{V_c}$ ㉱ $\epsilon = 1 + \dfrac{V_c}{V_s}$

9. 항공기 왕복기관의 부자식 기화기에서 가속 펌프의 주 목적은?

㉮ 고출력 고정시 부가적인 연료를 공급하기 위하여
㉯ 이륙시 엔진 구동펌프를 가속시키기 위해서
㉰ 높은 온도에서 혼합가스를 농후하게 하기 위해서
㉱ 스로틀(throttle)이 갑자기 열릴 때 부가적인 연료를 공급시키기 위해서

10. 다음 브레이톤 사이클의 열효율을 구하는 식은? (단, 압력비 : r, 비열비 : K)

㉮ $\eta_b = 1 - (\dfrac{1}{r})^{\frac{K}{K+1}}$

㉯ $\eta_b = 1 - (\dfrac{1}{r})^{\frac{K+1}{K}}$

㉰ $\eta_b = 1 - (\dfrac{1}{r})^{\frac{K-1}{K}}$

㉱ $\eta_b = 1 - (\dfrac{1}{r})^{\frac{K}{K-1}}$

11. 물질의 질량에 가해지는 힘의 크기를 식으로 나타낸 것은? (단, F=힘, m=질량, a=가속도)

㉮ $F \infty ma$ ㉯ $F \infty \dfrac{m}{a}$

㉰ $F \infty m(1+a)$ ㉱ $F \infty \dfrac{a}{m}$

12. 고출력 왕복기관에 사용되는 일종의 압축기로 혼합가스 또는 공기를 압축시켜 실린더로 보내어 큰 출력을 내도록 하는 것은?

㉮ 기화기   ㉯ 공기 덕트
㉰ 매니폴드   ㉱ 과급기

13. 터빈 엔진의 배기 가스 특징으로 가장 올바른 것은?

㉮ 아이들 시 일산화탄소가 작다.
㉯ 가속 시 일산화탄소가 많다.
㉰ 가속 시 질소산화물이 많다.
㉱ 아이들 시 질소화합물이 많다.

▶ 아이들이나 저출력 작동중에는 HC(미연소 탄화수소)와 CO(일산화탄소)의 배출량이 최대가 되지만 NOX (질소산화물)은 거의 배출되지 않는다. 또 기관 출력의 증가에 따라 HC와 CO의 배출량은 감소하지만 그 대신 NOX의 배출량이 증가하기 시작하여 이륙 최대 출력시에 최대가 된다.

14. 제트엔진의 연료 소비율(TSFC)의 정의로 가장 옳은 것은?

㉮ 엔진의 단위시간당 단위추력을 내는데 소비한 연료량이다.
㉯ 엔진이 단위거리를 비행하는데 소비한 연료량이다.
㉰ 엔진이 단위시간 동안에 소비한 연료량이다.
㉱ 엔진이 단위추력을 내는데 소비한 연료량이다.

15. 터보 팬 엔진의 팬 트림 밸런스에 관하여 가장 올바른 것은?

㉮ 엔진의 출력 조정이다.
㉯ 정기적으로 행하는 팬의 균형 시험이다.
㉰ 팬 블레이드를 교환하여 한다.
㉱ 밸런스 웨이트로 수정한다.

16. 왕복기관의 노크발생과 가장 관계가 먼 것은?

㉮ 점화시기 ㉯ 연료-공기 혼합비
㉰ 회전속도 ㉱ 연료의 기화성

17. 오일 오염의 가장 큰 원인은 무엇인가?

㉮ 피스톤으로 부터 벗겨져 나간 탄소
㉯ 베어링의 금속입자
㉰ 회바계통
㉱ 슬러지

18. 항공기 엔진의 후화(AFTER FIRING)의 가장 큰 원인은?

㉮ 빠른 점화시기
㉯ 흡입 밸브의 고착
㉰ 너무 희박한 혼합비
㉱ 너무 농후한 혼합비

19. 왕복기관에서 밸브 오버 랩(valve overlap)의 가장 큰 장점이 되는 것은?

㉮ 배기밸브의 냉각을 돕고 더많은 출력을 얻는다.
㉯ 후화(after fire)를 방지한다.
㉰ 배기가스(Exhaust Gas)를 속히 배출시킨다.
㉱ 혼합기(mixture Gas)를 실린더 내에 더 많이 넣어준다

20. 터빈 깃(vane)이 압축기 깃보다 더 많은 결함(damage)이 나타난다. 이는 터빈 깃이 압축기 깃보다 더 많은 무엇을 받기 때문인가?

㉮ 열응력
㉯ 연소실 내의 응력
㉰ 추력간극(clearance)
㉱ 진동과 다른 응력

1. ㉮	2. ㉮	3. ㉰	4. ㉱	5. ㉰
6. ㉮	7. ㉯	8. ㉰	9. ㉱	10. ㉰
11. ㉮	12. ㉱	13. ㉰	14. ㉮	15. ㉯
16. ㉱	17. ㉮	18. ㉱	19. ㉱	20. ㉮

2005년도 산업기사 1회 항공기관

1. 섭씨온도=Tc, 화씨온도=T_F로 표시할 때 화씨온도를 섭씨온도로 환산하는 관계식 중 옳은 것은?

㉮ $Tc = \frac{5}{9}(T_F - 32)$
㉯ $Tc = \frac{9}{5}(T_F - 32)$
㉰ $Tc = \frac{5}{9}(T_F + 32)$
㉱ $Tc = \frac{9}{5}(T_F + 32)$

2. 왕복기관의 마그네토 브레이커 포인트(breaker point)가 과도하게 소실되었다. 다음 중 어떤 것을 교환해 주어야 하는가?

㉮ 1차 코일
㉯ 2차 코일
㉰ 배전반 접점
㉱ 콘덴서(condenser)

3. 가스터빈 기관의 배기계통 중 배기파이프(Exhaust Pipe) 또는 테일파이프라고도 하며 터빈을 통과한 배기가스를 대기중으로 방출하기위한 통로 역할을 하는 것은?

㉮ 배기 덕트
㉯ 고정 면적 노즐
㉰ 배기 소음방지 장치
㉱ 역추력 장치

4. 기하학적 피치(Geometrical Pitch)란?

㉮ 프로펠러를 1바퀴 회전시켜 실제로 전진한 거리
㉯ 프로펠러를 2바퀴 회전시켜 전진할 수 있는 이론적인 거리
㉰ 프로펠러를 2바퀴 회전시켜 실제로 전진한 거리
㉱ 프로펠러를 1바퀴 회전시켜 프로펠러가 앞으로 전진할 수 있는 이론적인 거리

5. 항공기 엔진의 부자식 기화기에서 이코노마이저(economizer)밸브의 가장 큰 목적은?

㉮ 분사계통(injection system)에 들어가는 연료의 양을 감소시켜준다.
㉯ 엔진의 순간적 가속에 따른 추가연료를 공급한다.
㉰ 고출력시 농후혼합비를 제공한다.
㉱ 최상의 순항출력동안 희박혼합비 지속을 가능하게 한다.

6. 왕복기관의 크랭크축에 일반적으로 사용되는 베어링은?

㉮ 평형(plain)베어링
㉯ 로울러(roller)베어링
㉰ 볼(ball)베어링
㉱ 니들(needle)베어링

7. 어떤 기관의 피스톤 지름이 150mm, 행정길이가 0.16m, 실린더 수가 4, 제동평균 유효압력이 8kg/cm², 회전수가 2,400rpm일 때의 제동마력(ps)은 얼마인가?

㉮ 261.1 ㉯ 251.1
㉰ 241.1 ㉱ 231.1

● $BHP = \dfrac{PLANK}{75 \times 2 \times 60}(PS)$

$= \dfrac{8 \cdot 0.16 \cdot \dfrac{\pi \cdot 15^2}{4} \cdot 2,400 \cdot 4}{75 \times 2 \times 60}$

8. 기관 조절(engine trimming)을 하는 가장 큰 이유는?

㉮ 정비를 편리하도록
㉯ 비행의 안정성을 위해
㉰ 기관 정격 추력을 유지하기 위해
㉱ 이륙 추력을 크게하기 위해

9. 다음은 오토 사이클의 P-V선도이다. 3-4과정은?

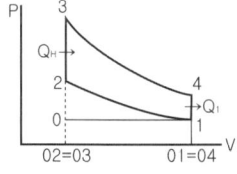

㉮ 단열팽창 ㉯ 단열압축
㉰ 정적수열 ㉱ 정적방열

10. 왕복기관에서 밸브간격이 과도하게 클 경우 가장 올바르게 설명한 것은?

㉮ 밸브 오버랩(overlap)증가
㉯ 밸브 오버랩(overlap)감소
㉰ 밸브의 수명 증가
㉱ 밸브 오버랩(overlap)에 영향을 미치지 않는다.

11. 연료의 퍼포먼스 수(Performance number) 115란 무엇을 의미하는가?

㉮ 옥탄가 100의 연료를 사용할 때 보다 4에칠연을 첨가하여 기관의 출력을 15% 증가하여 노크현상을 일으키지 않는 연료
㉯ 옥탄가 100의 연료에 질량비로서 4에칠연을 15% 더 첨가한 연료
㉰ 옥탄가 100의 연료에 체적비로서 4에칠연을 15% 더 첨가한 연료
㉱ 옥탄가 115에 해당하는 내폭성을 갖는 연료

12. 속도 540km/h로 비행하는 항공기에 장착된 터보 제트 기관이 196kg/s인 중량유량의 공기를 흡입하여 250m/s의 속도로 배기시킨다. 총 추력은 얼마인가?

㉮ 4,000kg ㉯ 5,000kg
㉰ 6,000kg ㉱ 7,000kg

● $F_g = \dfrac{W_a}{g} \cdot V_j = \dfrac{196}{9.8} \cdot 250$

13. 피스톤 링은 연소실을 밀폐시키는 역할 이외에 어떤 역할을 하는가?

㉮ 피스톤 핀(pin)을 윤활시킨다.
㉯ 크랭크 케이스(case) 압력을 축소시킨다.
㉰ 실린더가 헤드(head)로 너무 가까이 접근하는 것을 방지한다.
㉱ 열분산을 돕는다.

14. 가스 터빈 기관(Turbine Engine)의 연소용 공기량은 연소실(Combustion chamber)을 통과하는 총 공기량의 몇 % 정도인가?

㉮ 25 ㉯ 50
㉰ 75 ㉱ 100

15. 제트엔진 후기연소기(after burner)의 역할을 가장 올바르게 설명한 것은?

㉮ 엔진 열효율이 증가된다.
㉯ 추력을 크게 할 수 있다.
㉰ 착륙 때 사용한다.
㉱ 여객기 엔진에 주로 장착된다.

16. 가스터빈 기관에서 압축기 스테이터 베인(stator vanes)의 가장 중요한 목적은?

㉮ 배기가스의 압력을 증가시킨다.
㉯ 배기가스의 속도를 증가시킨다.
㉰ 공기흐름의 속도를 감소시킨다.
㉱ 공기흐름의 압력을 감소시킨다.

17. 프로펠러를 장비한 경항공기에서 감속기어(Reduction gear)을 사용하는 가장 큰 이유는?

㉮ 블레이드 길이를 짧게 하기 위해
㉯ 블레이드 Tip(끝)부분에서의 실속방지를 위해
㉰ 연료 소모율을 감소시키기 위해
㉱ 프로펠러 회전속도를 증가시키기 위해

18. 항공기 기관용 윤활유의 점도지수(Viscosity Index)가 높다는 것은 무엇을 뜻하는가?

㉮ 온도변화에 따라 윤활유의 점도 변화가 적다.
㉯ 온도변화에 따라 윤활유의 점도 변화가 크다.
㉰ 압력변화에 따라 윤활유의 점도 변화가 적다.
㉱ 압력변화에 따라 윤활유의 점도 변화가 크다.

19. 열역학적 성질(thermodynamic property)이 아닌 것은?

㉮ 온도 ㉯ 압력
㉰ 엔탈피(Enthalpy) ㉱ 열

20. 브레이드 내부에 공기 통로를 설치하여 이곳으로 차가운 공기가 지나가게 함으로써 터빈 깃을 냉각하는 방법은?

㉮ Film Cooling
㉯ Convection Cooling
㉰ Impingement Cooling
㉱ Transpiration Cooling

● 터빈 깃의 냉각방법
① 대류냉각(convection cooling)
② 충돌냉각(Impingement cooling)
③ 공기막 냉각(Airfilm cooling)
④ 침출냉각(Transpiration cooling)

1. ㉮	2. ㉱	3. ㉮	4. ㉱	5. ㉰
6. ㉮	7. ㉰	8. ㉰	9. ㉮	10. ㉯
11. ㉮	12. ㉯	13. ㉰	14. ㉮	15. ㉯
16. ㉰	17. ㉯	18. ㉮	19. ㉱	20. ㉯

2005년도 산업기사 2회 항공기관

1. 그림은 어떤 싸이클인가?

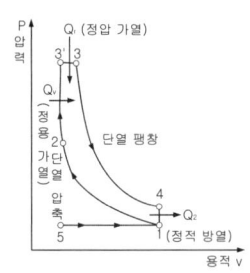

㉮ 카르노싸이클   ㉯ 정적싸이클
㉰ 정압싸이클   ㉱ 합성싸이클

① 카르노싸이클 : 단열압축, 단열팽창, 등온수열, 등온방열
② 정적싸이클(오토싸이클) : 단열압축, 단열팽창, 정적수열, 정적방열
③ 정압싸이클(디젤싸이클) : 단열압축, 단열팽창, 정압수열, 정적방열
④ 합성싸이클(사바테싸이클) : 단열압축, 단열팽창, 정적, 정압수열, 정적방열

2. 프로펠러(Propeller)의 Track이란?

㉮ 프로펠러(Propeller)의 피치(pitch) 각이다.
㉯ 프로펠러 블레이드(Propeller blade) 선단 회전 궤적이다.
㉰ 프로펠러 1회전하여 전진한 거리다.
㉱ 프로펠러 1회전하여 생기는 와류(vortex)이다.

3. M.E.T.O 마력을 가장 올바르게 설명한 것은?

㉮ 순항마력이다.
㉯ 시간제한 없이 장시간 연속작동을 보증할 수 있는 연속 최대마력이다.
㉰ 기관이 낼 수 있는 최대의 마력이다.
㉱ 열효율이 가장 좋은 상태에서 얻어지는 동력이다.

4. 어떤 기관의 총배기량이 1,500cc이며, 압축비가 8.5일 때 이 기관의 충진 체적(Clearance Volume)은?

㉮ 176cc   ㉯ 250cc
㉰ 300cc   ㉱ 350cc

5. 이상적인 터보 제트엔진의 구성과정에서 등엔트로피 과정이 아닌 것은?

㉮ 압축 과정   ㉯ 터빈 과정
㉰ 분사 과정   ㉱ 연소 과정

등엔트로피과정 : 엔트로피를 일정하게 유지하면서 물체가 속한 계의 상태를 변화시키는 것을 말한다. 준정적 또는 가역적 단열변화가 이에 해당한다. 이 경우 역도 성립하여 등엔트로피 상태의 가역적 변화는 항상 단열과정이다. 연소과정은 정압과정이다.

6. 왕복기관에서 실린더 안티 노크성(anti knock characteristic)을 가진 연료를 사용하는 가장 큰 이유는 무엇을 방지하기 위한 것인가?

㉮ 디토네이션(Detonation)
㉯ 역화(Back fire)
㉰ 킥백(Kick Back)
㉱ 후화(After fire)

7. 현재 사용중인 대부분의 대형 터보 팬 엔진의 역추력 장치(Thrust Reverser)의 가장 큰 특징은?

㉮ Fan Reverser와 Thrust Reverser를 모두 갖춘 구조가 많이 이용된다.
㉯ Fan Reverser만 갖춘 구조가 가장 많이 이용된다.
㉰ Turbine Reverser만 갖춘 구조가 이용된다.
㉱ 역추력장치를 구동하기 위한 동력으로 는 유압식이 주로 사용된다.

8. 왕복엔진의 피스톤(Piston) 링의 주요 기능으로 가장 거리가 먼 것은?

㉮ 연소실 내 압력유지
㉯ 윤활유가 과도하게 연소실로 들어가는 것은 방지
㉰ 연소 압력이 상승됨
㉱ 피스톤 열을 실린더 벽면으로 전달하는 기능

9. 터보제트 엔진의 배기노즐(Exhaust Nozzle)의 주목적은?

㉮ 배기가스를 정류만 한다.
㉯ 배기가스의 압력에너지를 속도에너지로 바꾸어 추력을 얻는다.
㉰ 배기가스의 속도에너지를 압력에너지로 바꾸어 추력을 얻는다.
㉱ 배기가스의 온도를 조절한다.

10. 마그네토의 배전기(Distributor) 로터의 속도를 결정하는 공식은?

㉮ 크랭크축 속도/2
㉯ 실린더 수/(2×로브의 수)
㉰ 실린더 수/로브(lobe)의 수
㉱ 실린더 수×로브의 수

11. 대형 터보 팬(Turbo Fan)엔진을 장착한 항공기에서 점화계통(Ignition System)이 자화되었을 때, 익사이터(Exciter)의 일차 코일에 공급되는 전원은?

㉮ AC 115V, 60Hz   ㉯ AC 115V, 400Hz
㉰ DC 28V, 400Hz   ㉱ AC 220V, 60Hz

12. 부자식 기화기(float-type caburator)에서 부자(float)의 높이(level)를 조절하는데 사용되는 일반적인 방법으로 가장 올바른 것은?

㉮ 부자의 축을 길거나 짧게 조절
㉯ 부자의 무게를 증감시켜서 조절
㉰ 니들 밸브시트(needle valve seat)에 심(shim)을 추가하거나 제거시켜 조절
㉱ 부자의 피봇 암(pivot arm)의 길이를 변경

13. 이코노마이저 밸브가 닫힌 위치로 고착된다면 무슨 일이 일어나겠는가?

㉮ 순항속도이상에서 디토네이션이 발생하게 된다.
㉯ 순항속도이상에서 조기점화가 발생하게 된다.
㉰ 순항속도이하에서 디토네이션이 발생하게 된다.
㉱ 순항속도이하에서 조기점화가 발생하게 된다.

14. 가스터빈 엔진의 어느 부분에서 최고압력이 나타나는가?
- ㉮ 압축기 입구
- ㉯ 압축기 출구
- ㉰ 터빈 출구
- ㉱ 터빈 입구

15. 프로펠러 깃 선단(tip)이 회전방향의 반대방향으로 처지게(lag)하는 힘으로 가장 올바른 것은?
- ㉮ 추력-굽힘 력
- ㉯ 공력-비틀림 력
- ㉰ 원심-비틀림 력
- ㉱ 토크-굽힘 력

16. 왕복 엔진오일의 기능이 아닌 것은?
- ㉮ 재생작용
- ㉯ 기밀작용
- ㉰ 윤활작용
- ㉱ 냉각작용

17. 가스터빈 기관의 축류식 압축기의 실속을 방지하기 위한 방법이 아닌 것은?
- ㉮ 다축식 구조
- ㉯ 가변 고정자 깃
- ㉰ 블리드 밸브
- ㉱ 가변 회전자 깃

18. 터빈 깃의 냉각 방법 중 터빈 깃의 내부를 중공으로 제작하여 이곳으로 차가운 공기가 지나가게 함으로써 터빈 깃을 냉각시키는 방법은?
- ㉮ 충돌냉각
- ㉯ 공기막냉각
- ㉰ 침출냉각
- ㉱ 대류냉각

19. 열역학적 성질에는 강도성질과 종량성질이 있는데, 강도 성질과 가장 관계가 먼 것은?
- ㉮ 온도
- ㉯ 밀도
- ㉰ 비체적
- ㉱ 질량

▶ ① 종량 성질 : 시스템의 질량에 비례하는 성질이며, 상태가 균일한 물질을 반으로 나누면 그 값이 반으로 줄어든다. 예) 체적, 에너지, 질량
② 강도 성질 : 시스템의 질량에는 무관한 성질이며, 상태가 균일한 물질을 반으로 나누어도 property가 변화가 없는 것. 예) 압력, 온도, 밀도

20. 비열비(r)에 대한 공식 중 맞는 것은?
(단, C_P :정압비열, C_V :정적비열)
- ㉮ $r = \dfrac{C_V}{C_P}$
- ㉯ $r = \dfrac{C_P}{C_V}$
- ㉰ $r = 1 - \dfrac{C_P}{C_V}$
- ㉱ $r = \dfrac{C_P - 1}{C_V}$

1. ㉱	2. ㉯	3. ㉯	4. ㉮	5. ㉱
6. ㉮	7. ㉯	8. ㉰	9. ㉯	10. ㉮
11. ㉯	12. ㉰	13. ㉮	14. ㉯	15. ㉱
16. ㉮	17. ㉱	18. ㉱	19. ㉱	20. ㉯

2005년도 산업기사 3회 항공기관

1. 배기밸브(exhaust valve)의 냉각을 위해 밸브 속에 넣어 사용하는 물질은?

㉮ 금속 나트륨(sodium)
㉯ 스텔라이트(stellite)
㉰ 아닐린(aniline)
㉱ 취화물(bromide)

2. 중량당 마력비가 가장 큰 기관의 실린더 배열 형식은?

㉮ 직렬형 ㉯ 대향형
㉰ 성형   ㉱ V형

3. 증기 폐쇄(vapor lock)현상이란?

㉮ 액체 연료가 기화기에 이르기 전에 기화되어 기화기에 이르는 통로를 폐쇄하는 현상
㉯ 기화기에서 분사된 혼합가스가 거품을 형성하여 실린더의 연료 유입을 폐쇄하는 현상
㉰ 혼합가스가 아주 희박해지므로서 실린더로의 연료 유입이 폐쇄되는 현상
㉱ 기화기의 이상으로 액체연료와 공기가 혼합되지 않는 현상

4. 부자식 기화기(float-type carburetor)에 있는 이코노 마이저 밸브(economizer valve)의 주 목적은 무엇인가?

㉮ 최대 출력에서 농후한 혼합비가 되게 한다.
㉯ 유로 계통에 분출되는 연료의 양을 경제적으로 한다.
㉰ 순항시 최적의 출력을 얻기 위하여 가장 희박한 혼합비를 유지한다.
㉱ 엔진의 갑작스런 가속을 위하여 추가적인 연료를 공급한다.

5. 브레이드 내부에 작은 공기 통로를 설치하여 브레이드 앞전을 향하여 공기를 충돌시켜 냉각하는 방법은?

㉮ Transpiration Cooling
㉯ Convection Cooling
㉰ Impingement Cooling
㉱ Film Cooling

6. 충동 터빈(impulse turbine)의 반동도는 얼마인가?

㉮ 0   ㉯ 1
㉰ 2   ㉱ 3

7. 프로펠러 깃각(blade angle)을 증가시키는 데 가장 기여하는 힘은 무엇인가?

㉮ 원심(centrifugal) 비틀림 힘
㉯ 공력(aerodynamic) 비틀림 힘
㉰ 추력(thrust) 굽힘 힘
㉱ 토크(torque) 굽힘 힘

8. 속도 720km/h로 비행하는 항공기에 장착된 터보제트 기관이 300kgf/sec로 공기를 흡입하여 400m/sec로 배기 시킨다. 이때 진추력을 구하면? (단, 중력 가속도 g=10m/sec²)
   ㉮ 3000kg   ㉯ 6000kg
   ㉰ 9000kg   ㉱ 12000kg

9. 제트기관에서 압축기의 실속은 어느 때 일어나는가?
   ㉮ 항공기 속도가 압축기 회전속도에 비해 너무 클 때
   ㉯ 항공기 속도가 압축기 회전속도에 비해 너무 작을 때
   ㉰ 항공기 추력이 압축기 압력보다 너무 클 때
   ㉱ 항공기 추력이 압축기 압력보다 작을 때

10. 복식연료노즐에 대한 설명 내용으로 가장 올바른 것은?
    ㉮ 리버스 인젝션을 한다.
    ㉯ 연료에 회전 에너지를 주면서 분사하는 것이다.
    ㉰ 공기 흐름량과 압력에 따라 분사각을 변화시킨다.
    ㉱ 낮은 흐름량일 때와 높은 흐름량일 때의 2단계의 분사를 한다.

11. 공기의 정압비열(Cp)이 0.24이다. 이때 정적 비열(Cv)의 값은 몇인가? (단 비열비는 1.4)
    ㉮ 0.17   ㉯ 0.34
    ㉰ 0.53   ㉱ 5.83

▶ $\kappa = \dfrac{C_P}{C_V} \rightarrow C_V = \dfrac{C_P}{\kappa} = \dfrac{0.24}{1.4}$

12. 정기점검 중인 왕복엔진에서 반짝거리는 작은 금속편이 여과기(filter)에서는 발견되고 마그네틱 드레인 플러그(magnetic drain plug)에서는 발견되지 않았다면 어떻게 조치하여야 하는가?
    ㉮ 보기의 기어(gear)가 마모된 것으로 장탈하거나 오버홀이 필요하다.
    ㉯ 평형(plain) 베어링이 비정상적으로 마모되어 발생된 것으로 점검해 볼 필요가 있다.
    ㉰ 실린더 벽이나 링이 마모된 것으로 엔진을 장탈하여야 한다.
    ㉱ 평형(plain)베어링 또는 알루미늄 피스톤의 정상적인 마모이므로 문제가 되지 않는다.

13. 압력강하가 가장 적은 연소실의 형식은?
    ㉮ 앤뉼라형 (annular type)
    ㉯ 캔뉼라형 (canular type)
    ㉰ 캔형 (can type)
    ㉱ 역류캔형 (counter flow can type)

14. 실린더 헤드의 안쪽에 있는 연소실의 모양 중 가장 연소가 잘 이루어지는 형은?
    ㉮ 원통형   ㉯ 반구형
    ㉰ 원뿔형   ㉱ 오목형

15. 그림은 가스 사이클의 지압 선도이다. 어떤 가스 사이클을 나타낸 것인가?

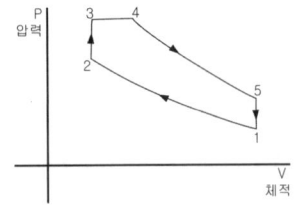

㉮ 오토 사이클 ㉯ 카르노 사이클
㉰ 디젤 사이클 ㉱ 사바테 사이클

16. 마그네토에서 접점의 간격이 커지면 어떤 현상을 초래하겠는가?

㉮ 점화가 늦게 되고 강도가 높아진다.
㉯ 점화가 일찍 발생하고 강도가 약해진다.
㉰ 점화가 늦게 되고 강도가 약해진다.
㉱ 점화가 일찍 발생하고 강도가 높아진다.

17. 제트엔진에서 TCCS를 가장 올바르게 설명한 것은?

㉮ 엔진의 추력을 자동적으로 제어해주는 계통을 말한다.
㉯ 터빈 블레이드와 터빈 케이스 사이의 간극을 최소가 되게 해주는 계통이다.
㉰ 주로 중. 소형의 터보팬 엔진에 많이 사용한다.
㉱ TCCS는 Thrust Case Cooling System이 약자이다.

18. 프로펠러 깃 트랙킹은 무엇을 결정하는 절차인가?

㉮ 항공기 세로축에 대해서 프로펠러의 회전면을 결정하는 절차
㉯ 진동을 방지하기 위하여 각 깃 받음각을 동일하게 결정하는 절차
㉰ 각 깃각을 특정한 범위내에 들어오게 하는 절차
㉱ 각 프로펠러 깃의 회전 선단 위치가 동일한지 여부를 결정하는 절차

19. 지시마력에서 마찰마력을 뺀 값을 무엇이라 하는가?

㉮ 제동마력 ㉯ 일 마력
㉰ 유효마력 ㉱ 손실마력

20. 열역학 제 1 법칙에 대한 내용으로 가장 올바른 것은?

㉮ 밀폐계가 사이클을 이룰 때의 열 전달량은 이루어진 일보다 항상 많다.
㉯ 밀폐계가 사이클을 이룰 때의 열 전달량은 이루어진 일과 정비례 관계를 가진다.
㉰ 밀폐계가 사이클을 이룰 때의 열 전달량은 이루어진 일과 반비례 관계를 가진다.
㉱ 밀폐계가 사이클을 이룰 때의 열 전달량은 이루어진 일보다 항상 작다.

1. ㉮	2. ㉰	3. ㉮	4. ㉮	5. ㉰
6. ㉮	7. ㉯	8. ㉯	9. ㉯	10. ㉱
11. ㉮	12. ㉯	13. ㉮	14. ㉯	15. ㉱
16. ㉯	17. ㉯	18. ㉱	19. ㉮	20. ㉯

2006년도 산업기사 1회 항공기관

1. 가변 스테이터 구조의 목적에 대한 설명 내용으로 가장 올바른 것은?
   ㉮ 로터의 회전속도를 일정하게 한다.
   ㉯ 유입공기의 절대속도를 일정하게 한다.
   ㉰ 로터에 대한 유입공기의 상대속도를 일정하게 한다.
   ㉱ 로터에 대한 유입공기의 받음각을 일정하게 한다.

2. 터빈엔진 시동시 과열시동(hot start)은 엔진의 어떤 현상을 말하는가?
   ㉮ 시동 중 EGT가 최대한계를 넘은 현상이다.
   ㉯ 시동 중 RPM이 최대한계를 넘은 현상이다.
   ㉰ 엔진을 비행 중 시동하는 비상조치 중의 하나이다.
   ㉱ 엔진이 냉각되지 않은 채로 시동을 거는 현상을 말한다.

3. 가스터빈 기관에서 사용하는 압축기 중 원심력식보다 축류식이 좋은 점은?
   ㉮ 무게가 가볍다.
   ㉯ 염가이다.
   ㉰ 단당 압력비가 높다.
   ㉱ 전면면적에 비해 공기 유량이 크다.

4. 가솔린 기관의 출력을 나타내는 대표적인 수치로 평균유효압력(pme)이 사용된다. 이 pme를 증가시키는 유효한 방법으로 가장 관계가 먼 것은?
   ㉮ 부스트 압력을 높인다.
   ㉯ 흡기온도를 될 수 있는 대로 높인다.
   ㉰ 마찰손실을 최소한으로 한다.
   ㉱ 배압을 가능한 한 낮게 유지한다.

5. 터빈 깃의 냉각방법 중 터빈 깃을 다공성 재료로 만들고 깃 내부는 중공으로 하여 차가운 공기가 터빈 깃을 통하여 스며 나오게 함으로서 터빈 깃을 냉각시키는 것은?
   ㉮ 대류냉각   ㉯ 충돌냉각
   ㉰ 공기막 냉각   ㉱ 침출냉각

6. 증기폐색(Vapor lock)이란?
   ㉮ 기화기에서 연료의 증기화
   ㉯ 연료가 방출노즐을 떠나고, 증기화 할 수 없는 상태.
   ㉰ 연료가 기화기에 도달하기 전 연료의 증기화
   ㉱ 연료라인에 수증기의 형성

7. 제트 엔진에서 연료조절장치(Fuel control unit)의 일반적인 기본입력 신호로 가장 올바른 것은?

㉮ 엔진회전수(rpm), 대기압력(pam), 압축기 출구압력(cdp), 배기가스 온도(egt)
㉯ 파워레버위치(pla), 엔진회전수(rpm), 대기압력(pam), 압축기 입구온도(cit), 압축기 출구압력(cdp)
㉰ 파워레버위치(pla), 연료압력(fp), 연소실 압력(pb), 터빈입구 온도(tit)
㉱ 파워레버위치(pla), 엔진회전수(rpm), 터빈 입구 온도(tit), 압축기 출구압력(cdp)

8. 피스톤의 지름이 16cm, 행정거리가 0.16m, 실린더 수가 4개인 기관의 총행정 체적은 얼마인가?

㉮ 12.86L   ㉯ 13.86L
㉰ 14.86L   ㉱ 15.86L

9. 정속 평형추(counter weight) 프로펠러의 깃을 고피치로 이동시켜 주는 힘은 어느 것인가?

㉮ 프로펠러 피스톤-실린더에 작용하는 기관오일 압력
㉯ 프로펠러 피스톤-실린더에 작용하는 기관오일 압력과 평형추에 작용하는 원심력
㉰ 평형추에 작용하는 원심력
㉱ 프로펠러 피스톤-실린더에 작용하는 프로펠러 조속기 오일 압력

● 저피치가 되게 하는 힘 : 조속기 오일압력
  고피치가 되게 하는 힘 : 카운터 웨이트의 원심력

10. 왕복엔진의 로커암과 밸브 끝의 간극이 작다면?

㉮ 밸브가 늦게 열리고 늦게 닫힌다.
㉯ 밸브가 열려있는 기간이 짧다.
㉰ 밸브가 일찍 열리고 일찍 닫힌다.
㉱ 밸브가 일찍 열리고 늦게 닫힌다.

11. 가스터빈 기관에서 여압 및 드레인 밸브의 설명 내용으로 가장 관계가 먼 것은?

㉮ 엔진정지시 fuel manifold 내에 잔류 연료를 밖으로 배출시킨다.
㉯ fuel manifold 로 가는 1차 연료와 2차 연료를 분배하는 역할을 한다.
㉰ 2차 pressurizing valve는 spring힘에 열리고 연료압력에 의해 close된다.
㉱ 기관이 정지되었을 때 fuel nozzle에 남아 있는 연료를 외부로 배출한다.

12. 왕복기관을 시동할 때 실린더 안에 직접 연료를 분사시켜 농후한 혼합가스를 만들어 줌으로써 시동을 쉽게 하는 장치는?

㉮ 프라이머   ㉯ 기화기
㉰ 과급기   ㉱ 주연료 펌프

13. 가스터빈 기관의 용량형 점화계통에서 높은 에너지의 점화 불꽃을 일으키는 데 사용하는 것은?

㉮ 유도코일   ㉯ 콘덴서
㉰ 바이브레이터 ㉱ 점화 계전기

14. 오토사이클의 열효율은 다음 중 어느 것에 의해 가장 크게 영향을 받는가?

㉮ 흡기온도   ㉯ 압축비
㉰ 혼합비   ㉱ 옥탄가

15. 시동을 할 때 정상적인 throttle보다 적게 열린다면 무엇을 초래하는가?

㉮ 희박혼합비
㉯ 농후혼합비
㉰ 희박혼합비에 기인한 역화
㉱ 조기점화

16. 왕복기관에서 과급기를 장착하는 주 목적은 무엇인가?

㉮ 연료소비율의 향상
㉯ 고공에서 출력저하 방지
㉰ 착륙효율의 향상
㉱ 기관효율의 향상

17. 4행정 사이클 엔진에서 한 실린더가 분당 200번 폭발할 때 크랭크 축의 회전수는?

㉮ 100rpm   ㉯ 200rpm
㉰ 400rpm   ㉱ 800rpm

18. 엔탈피를 가장 올바르게 설명한 것은?

㉮ 열역학 제 2법칙으로 설명된다.
㉯ 이상기체만 갖는 성질이다.
㉰ 모든 물질의 성질이다.
㉱ 내부에너지와 유동일의 합이다.

19. 기관 출력이 증가하였을 때 정속 프로펠러는 어떤 기능을 하는가?

㉮ rpm그대로 유지하기 위해 깃각을 감소시키고, 받음각을 작게 한다.
㉯ rpm을 증가시키기 위해 깃각을 감소시키고, 받음각을 작게 한다.
㉰ rpm을 그대로 유지하기 위해 깃각을 증가시키고, 받음각을 작게 한다.
㉱ rpm을 증가시키기 위해 깃각을 증가시키고, 받음각을 크게 한다.

20. 에너지에는 상호간에 변환이 가능하고 물체가 갖고 있는 에너지의 총합은 외부와 에너지를 교환하지 않는 한 일정하다는 법칙은?

㉮ 에너지 보존법칙   ㉯ 보일의 법칙
㉰ 샤를의 법칙   ㉱ 열역학 제 2법칙

1. ㉱	2. ㉮	3. ㉱	4. ㉯	5. ㉱
6. ㉰	7. ㉯	8. ㉮	9. ㉰	10. ㉱
11. ㉰	12. ㉮	13. ㉯	14. ㉯	15. ㉯
16. ㉯	17. ㉰	18. ㉱	19. ㉰	20. ㉮

2006년도 산업기사 2회 항공기관

1. 추력 비연료소비율(TSFC)에 대한 설명 중 틀린 것은?

㉮ 1kg의 추력을 발생하기 위하여 1초 동안 기관이 소비하는 연료의 중량을 말한다.
㉯ 추력 비연료소비율이 작을수록 기관의 효율이 높다.
㉰ 추력 비연료소비율이 작을수록 기관의 성능이 우수하다.
㉱ 추력 비연료소비율이 작을수록 경제성이 좋다.

2. 가스터빈 기관의 시동기 중 가장 가볍고 간단한 것은?

㉮ 공기충돌식 시동기
㉯ 공기터빈 시동기
㉰ 가스터빈식 시동기
㉱ 유압식 시동기

3. 후기 연소기(after burner)의 4가지 기본 구성품으로 가장 올바른 것은?

㉮ main flame, fuel spray bar, flame holder, variable area nozzle
㉯ afterburner duct, fuel spray bar, flame holder, variable area nozzle
㉰ afterburner duct, main flame, flame holder, variable area nozzle
㉱ afterburner duct, fuel spray bar, main flame, variable area nozzle

4. 가스터빈 엔진에서 연료조절장치(fuel control unit)가 받는 기본 입력자료로 가장 거리가 먼 것은?

㉮ 파워레버 위치(PLA)
㉯ 압축기 입구온도(CIT)
㉰ 압축기 출구압력(CDP)
㉱ 배기가스 온도(EGT)

5. 체적 10L 속의 완전기체가 압력 760mmHg 상태에 있다. 만약 체적이 20L로 단열팽창하였다면 압력은 얼마로 변화하겠는가?
(단, 이 경우 비열비 k=1.4로 한다.)

㉮ 217mmHg ㉯ 288mmHg
㉰ 302mmHg ㉱ 364mmHg

▶ 단열변화 $P_1 v_1^k = P_2 v_2^k \rightarrow 760 \cdot 10^{1.4} = P_2 \cdot 20^{1.4}$
$P_2 = \dfrac{760 \cdot 10^{1.4}}{20^{1.4}}$

6. 에너지 보존 법칙과 가장 관계가 깊은 것은?

㉮ 열역학 제1법칙 ㉯ 열역학 제2법칙
㉰ 열역학 제3법칙 ㉱ 열역학 제4법칙

7. 제트엔진의 연소실 형식으로 구조가 간단하고, 길이가 짧으며 연소실 전면 면적이 좁으며, 연소효율이 좋은 연소실 형식은?
   ㉮ Can형
   ㉯ Tubular형
   ㉰ Annular형
   ㉱ Cylinder형

8. 정속 프로펠러(constant speed propeller)에 대하여 가장 올바르게 설명한 것은?
   ㉮ 저 피치(low pitch)와 고피치(high pitch)인 2개의 위치만을 선택할 수 있다.
   ㉯ 3방향 선택밸브(3way valve)에 의해 피치가 변경된다.
   ㉰ 자유롭게 피치를 조정 할 수 있다.
   ㉱ 깃각(blade angle)이 하나로 고정되어 피치 변경이 불가능하다.

9. 터보 팬 기관에서 BPR(by-pass ratio)를 가장 올바르게 설명한 내용은?
   ㉮ 흡입된 전체의 공기 유량과 배출된 전체의 유량의 비
   ㉯ 2차 공기의 흡입된 량과 2차 공기의 방출된 공기량의 비
   ㉰ 압축기를 통과한 공기의 유량과 터빈을 통과한 유량의 비
   ㉱ 압축기를 통과한 공기의 유량과 팬을 통과한 공기 유량의 비

10. 가스터빈 기관의 윤활유 조건으로 가장 관계가 먼 것은?
    ㉮ 인화점이 낮아야 한다.
    ㉯ 점도지수가 높아야 한다.
    ㉰ 기화성은 낮아야 한다.
    ㉱ 산화 안정성 및 열적 안정성이 높아야 한다.

11. 유압 리프터(hydraulic valve lifter)를 사용하는 수평 대향형 엔진에서 밸브 간극을 조절하려면 어떻게 해야 하는가?
    ㉮ 로커 아암(rocker arm)을 조절
    ㉯ 로커 아암(rocker arm)을 교환
    ㉰ 푸시로드(push rod)를 교환
    ㉱ 밸스 스템(stem) 심(sim)으로 조정

12. 왕복엔진의 저속(idle)에서 혼합기가 너무 희박할 때 발생하는 가장 중요한 현상은 무엇인가?
    ㉮ 점화플러그에 탄소가 침착됨
    ㉯ 출력이 급격히 증가
    ㉰ 엔진 rmp이 상승
    ㉱ 시동시 역화가 발생하며 흡기계통의 화재발생 원인

13. 마그네토 브레이커 포인트 캠(magneto breaker point cam)축의 회전속도(r)을 나타낸 식은?
    (단, n: 마그네토의 극수, N: 실린더 수이다.)
    ㉮ $r = N/n$
    ㉯ $r = N/n + 1$
    ㉰ $r = N/2n$
    ㉱ $r = N + 1/2n$

14. 프로펠러 깃(blade)의 선단(tip)이 앞으로 휘게(bend)하는 가장 큰 힘은?
    ㉮ 토크 – 굽힘(torque-bending)력
    ㉯ 공력 – 비틀림(aerodynamic-twisting)력
    ㉰ 원심 – 비틀림(centrifugal-twisting)력
    ㉱ 추력 – 굽힘(thrust-bending)력

15. 피스톤 엔진 실린더 내벽의 크롬 도금에 대한 설명으로 가장 올바른 것은?

㉮ 실린더 내벽의 열팽창을 크게 한다.
㉯ 실린더 내벽의 표면을 경화시킨다.
㉰ 청색 표시를 한다.
㉱ 반드시 크롬 도금한 피스톤 링을 사용한다.

16. 온도 TH 인 고열원과 TC인 저열원 사이에서 열량 QH를 받아 QC를 방출하여서 작동하고 있는 카르노(carnot)싸이클이 있다. 열효율을 가장 올바르게 표현한 것은?

㉮ $\eta = 1 - \dfrac{T_C}{\sqrt{T_H}}$ ㉯ $\eta = 1 - \dfrac{T_C}{T_H}$

㉰ $\eta = \dfrac{Q_C}{Q_H} - \dfrac{T_C}{T_H}$ ㉱ $\eta = \dfrac{T_H}{Q_H} - \dfrac{T_C}{Q_C}$

17. 그림은 브레이톤 사이클(Brayton Cycle)을 나타낸 것이다. 연소과정을 나타내는 부분은?

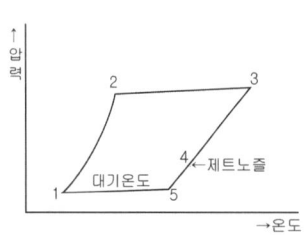

㉮ 1 – 2   ㉯ 2 – 3
㉰ 3 – 4   ㉱ 4 – 5

18. 왕복기관에서 둘 또는 그 이상의 밸브 스프링(valve spring)을 사용하는 가장 큰 이유는?

㉮ 밸브 간격을 "0"으로 유지하기 위하여
㉯ 한 개의 밸브스프링(valve spring)이 파손될 경우에 대비하기 위하여
㉰ 축을 감소시키기 위하여
㉱ 밸브의 변형을 방지하기 위하여

19. 피스톤(Piston)의 상사점과 하사점 사이의 거리는?

㉮ 보어(Bore)
㉯ 행정거리(Stroke)
㉰ 론저론(longeron)
㉱ 벌크헤드(bulkhead)와 론저론(longeron)

20. 원심형 압축기(centrifugal type compressor)의 가장 큰 장점은 무엇인가?

㉮ 단당 압력비가 높다
㉯ 장착이 쉽고 전체 압력비를 높게 할 수 있다.
㉰ 기관의 단위 전면 면적당 추력이 크다.
㉱ 가볍고 효율이 높기 EOans에 고성능기관에 적합하다.

1. ㉮	2. ㉮	3. ㉯	4. ㉱	5. ㉯
6. ㉮	7. ㉰	8. ㉯	9. ㉱	10. ㉮
11. ㉰	12. ㉱	13. ㉯	14. ㉱	15. ㉯
16. ㉯	17. ㉯	18. ㉯	19. ㉯	20. ㉮

2006년도 산업기사 3회 항공기관

1. 공기를 빠른 속도로 분사시킴으로서 소형, 경량으로 큰 추력을 낼 수 있고 비행속도가 빠를수록 추진 효율이 좋고, 아음속에서 초음속에 걸쳐 우수한 성능을 가지는 엔진의 형식은?

㉮ Turbojet Engine
㉯ Turboshaft Engine
㉰ Ramjet Engine
㉱ Turboprop Engine

2. 반사형 엔진의 크랭크 축에서 정적평형은 어느 것에 의해 이루어지는가?

㉮ dynamic damper
㉯ counter weight
㉰ dynamic suspension
㉱ split master rod

3. 항공기의 엔진의 후화의 가장 큰 원인은?

㉮ 빠른 점화시기
㉯ 흡입 밸브의 고착
㉰ 너무 희박한 혼합비
㉱ 너무 농후한 혼합비

4. 왕복 기관의 고압 마그네토에 대한 설명 중 가장 관계가 먼 것은?

㉮ 전기누설의 가능성이 많은 고공용 항공기에 적합한 점화계통이다.
㉯ 고압 마그네토의 자기회로는 회전영구 자석, 폴슈 및 철심으로 구성되었다.
㉰ 콘덴서는 브레이커 포인트와 병렬로 연결되어 있다.
㉱ 1차 회로는 브레이커 포인트가 붙어 있을 때에만 폐회로를 형성한다.

5. 피스톤 엔진의 실린더 내의 최대 폭발 압력은 일반적으로 어느 점에서 일어나는가?

㉮ 상사점
㉯ 상사점 후 약 10°(크랭크각)
㉰ 상사점 전 약 25°(크랭크각)
㉱ 상사점 후 약 25°(크랭크각)

6. 가스터빈기관 연료계통의 기본적인 유로의 형성으로 가장 올바른 것은?

① 주연료펌프   ② 연료여과기
③ 연료조정장치 ④ 여압 및 드레인 밸브
⑤ 연료매니폴드 ⑥ 연료노즐

㉮ ①②③④⑤⑥   ㉯ ①②③⑤④⑥
㉰ ①③②④⑤⑥   ㉱ ①③②⑤④⑥

7. 실린더 내부의 가스가 피스톤에 작용한 동력은?

㉮ 도시 마력   ㉯ 마찰마력
㉰ 제동마력   ㉱ 축마력

● 실린더 안지름 경화방법
① 질화처리(Nitriding)
② 크롬 도금(chrome plating)
③ 강철의 실린더 라이너(cylinder liner)

8. 실린더의 내벽을 경화시키는 방법은?

㉮ nitriding   ㉯ shot peening
㉰ Ni plating   ㉱ Zn plating

● 실린더 안지름 경화방법
① 질화처리(Nitriding)
② 크롬 도금(chrome plating)
③ 강철의 실린더 라이너(cylinder liner)

9. 프로펠러의 깃 각에 대해서 가장 올바르게 설명한 것은?

㉮ 깃의 전 길이에 걸쳐 일정하다.
㉯ 깃 뿌리에서 깃 끝으로 갈수록 작아진다.
㉰ 깃 뿌리에서 깃 끝으로 갈수록 커진다.
㉱ 일반적으로 프로펠러 중심에서 50% 되는 위치의 각도를 말한다.

10. 그림과 같은 브레이튼 사이클의 P-V 선도에 대한 설명 중 틀린 것은?

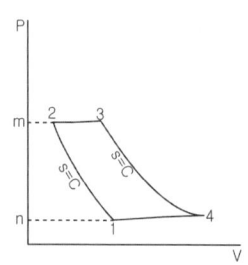

㉮ 넓이 1-2-3-4-1은 사이클의 참 일
㉯ 넓이 3-4-n-m-3은 터빈의 팽창일
㉰ 넓이 1-2-m-n-1은 압축 일
㉱ 1개씩의 정압과정과 단열과정이 있다.

11. 가스터빈기관이 정해진 회전수에서 정격 출력을 낼 수 있도록 연료조절장치와 각종 기구를 조정하는 작업을 무엇이라 하는가?

㉮ 고장탐구   ㉯ 크래킹
㉰ 트리밍   ㉱ 모터링

12. 실제 또는 상징적인 경계에 의하여 주위로부터 구분되는 공간의 일부를 무엇이라 하는가?

㉮ 개방   ㉯ 밀폐
㉰ 형태   ㉱ 계

13. 항공기 기관용 윤활유의 점도지수가 높다는 것은 무엇을 뜻하는가?

㉮ 온도변화에 따른 윤활유의 점도 변화가 적다.
㉯ 온도변화에 따른 윤활유의 점도 변화가 크다.
㉰ 압력변화에 따른 윤활유의 점도 변화가 적다.
㉱ 온도변화에 따른 윤활유의 점도 변화가 크다.

14. 항공기용 가스터빈 기관의 연소실 형식 중 정비 및 검사가 가장 편리한 형식은?

㉮ 캔형   ㉯ 애뉼러형
㉰ 캔-애뉼러형   ㉱ 반경류형

15. 속도 720km/h로 비행하는 항공기에 장착된 터보제트 기관이 196kg/s인 중량유량의 공기를 흡입하여 300m/s의 속도로 배기시킨다. 다음 중 진추력의 값을 나타낸 것은?

㉮ 2,000kg   ㉯ 4,000kg
㉰ 6,000kg   ㉱ 8,000kg

● $F_n = \dfrac{W_a}{g}(V_j - V_a) = \dfrac{196}{9.8}\left(300 - \dfrac{720}{3.6}\right)$

16. 프로펠러 조속기 내의 스피더 스프링의 압축력을 증가하였다면 프로펠러 깃각과 엔진 RPM에는 어떤 변화가 있는가?

㉮ 깃각은 증가하고, RPM은 감소한다.
㉯ 깃각은 감소하고, RPM도 감소한다.
㉰ 깃각은 증가하고, RPM도 증가한다.
㉱ 깃각은 감소하고, RPM은 증가한다.

● 스피더 스프링(speeder spring)의 역할: 정속프로펠러의 조속기에서 플라이웨이트(flyweight)를 항상 일정한 힘으로 압력을 가해줌으로서 프로펠러의 회전수를 일정하게 한다. 이 때 압축력이 증가하면 플라이웨이트를 오므라지게 함으로서 파일럿 밸브(pilot valve)를 내려주어 윤활유 압력이 공급되어 저피치를 만들어주어 회전수를 증가시킨다.

17. 다음 중 제트엔진 연료로 JP-3을 구성하는 성분과 가장 거리가 먼 것은?

㉮ 디젤유   ㉯ 케로신
㉰ 항공유   ㉱ 하이드라진

18. 가스 터빈 기관의 열효율 향상 방법으로 가장 거리가 먼 내용은?

㉮ 고온에서 견디는 터빈 재질 개발
㉯ 기관의 내부 손실 방지
㉰ 터빈 냉각 방법의 개선
㉱ 배기 가스의 온도 증가

19. 열역학에서 가역과정이기 위한 조건으로 가장 올바른 것은?

㉮ 마찰과 같은 요인이 있어도 상관없다.
㉯ 계와 주위가 항상 불균형 상태이어야 한다.
㉰ 바깥 조건의 작은 변화에 의해서는 반대로 만들 수 없다.
㉱ 과정이 일어난 후에도 처음과 같은 에너지 양을 갖는다.

20. 고출력 왕복기관에 사용되는 일종의 압축기로 혼합가스 또는 공기를 압축시켜 실린더로 보내어 큰 출력을 내도록 하는 것은?

㉮ 기화기   ㉯ 공기덕트
㉰ 매니폴드   ㉱ 과급기

1. ㉮	2. ㉯	3. ㉱	4. ㉮	5. ㉯
6. ㉮	7. ㉮	8. ㉮	9. ㉯	10. ㉱
11. ㉰	12. ㉱	13. ㉮	14. ㉮	15. ㉮
16. ㉱	17. ㉱	18. ㉱	19. ㉱	20. ㉱

2007년도 산업기사 1회 항공기관

1. 기관 조절(engine trimming)을 하는 가장 큰 이유는?

㉮ 정비를 편리하도록 하기 위해
㉯ 비행의 안정성을 위해
㉰ 기관 정격 추력을 유지하기 위해
㉱ 이륙 추력을 크게 하기 위해

2. 가스터빈기관의 이상적인 기본 사이클은 무엇인가?

㉮ Brayton cycle   ㉯ Regenerate cycle
㉰ Otto cycle   ㉱ Diesel cycle

3. 가스터빈기관에서 배기 노즐의 주 목적은?

㉮ 배기 가스의 속도를 증가시키기 위하여
㉯ 최대 추력을 얻을 때 소음을 감소하기 위하여
㉰ 난류를 얻기 위하여
㉱ 배기 가스의 압력을 증가시키기 위하여

4. 가스터빈기관의 연소실 성능에 대한 설명으로 가장 올바른 것은?

㉮ 연소효율은 고도가 높을수록 좋아진다.
㉯ 연소실 출구온도 분포는 일반적으로 안쪽 지름쪽이 바깥 지름쪽보다 높은 것이 좋다.
㉰ 연소실 출구에서의 전 압력(Total pressure)을 압력손실이라 하며 보통 20% 정도이다.
㉱ 고공 재시동 가능 범위가 넓을수록 좋다.

● 연소효율은 연소실로 들어오는 공기의 압력, 온도가 낮을수록, 공기의 속도가 빠를수록 낮아진다. 또한 압력손실은 약 5% 정도이다. 연소실 출구온도분포는 균일하거나 바깥 지름 쪽이 약간 높은 것이 좋은데 그 이유는 터빈 회전자 깃에 작용하는 응력은 끝부분보다 뿌리부분에서 더 크기 때문이다.

5. 터빈 깃의 내부를 중공으로 제작하여 차가운 공기가 지나가게 함으로서 터빈 깃을 냉각하는 방법으로 가장 올바른 것은?

㉮ Film Cooling
㉯ Convention cooling
㉰ Impingement cooling
㉱ Transpiration cooling

● 대류냉각 : Convection cooling
충돌냉각 : Impingement cooling
공기막 냉각 : Film Cooling
침출냉각 : Transpiration cooling

6. 항공기 왕복기관에서 직접연료분사장치의 주요 구성품이 아닌 것은?

㉮ 연료분사 펌프   ㉯ 분사 노즐
㉰ 주 조정 장치   ㉱ 주 공기 블리드

7. 항공기 왕복기관에서 크랭크축의 주요 3부분에 속하지 않는 것은?

㉮ Main Journal   ㉯ Crank Pin
㉰ Connecting Rod   ㉱ Crank Arm

8. 1개 이상의 비행속도에서 최대의 효율을 가지게 하기 위하여 지상에서 깃각을 조정할 수 있는 프로펠러는?

㉮ 고정 피치 프로펠러
㉯ 조정(adjustable) 피치 프로펠러
㉰ 가변(controllable) 피치 프로펠러
㉱ 정속 피치 프로펠러

9. 프로펠러 깃 스테이션(station)의 용도로 가장 올바른 것은?

㉮ 깃각(blade angle) 측정
㉯ 프로펠러 장착과 장탈
㉰ 깃 인덱싱(indexing)
㉱ 프로펠러 성형

● station; hub 중심에서 blade tip 까지를 6″ 간격으로 표시하는 가상적인 선으로 손상부분의 표시나 깃 각을 측정하기 위해 정한 위치

10. 내부 에너지와 유동 에너지의 합으로 정의되는 하나의 열역학 성질로서 종량 성질을 갖는 것은?

㉮ 비열
㉯ 열량
㉰ 엔트로피(Enthropy)
㉱ 엔탈피(Enthalpy)

11. 마그네토(Magneto)의 브레이커 어셈블리에서 접촉은 일반적으로 어떤 재료로 되어 있는가?

㉮ 은(silver)
㉯ 구리(copper)
㉰ 백금(Platinum)-이리듐(Iridium) 합금
㉱ 코발트(Cobalt)

12. 왕복기관에서 실린더의 압축비(ϵ)를 가장 올바르게 표현한 것은?
(단, Vc : 연소실 체적, Vs : 행정 체적)

㉮ $\epsilon = \dfrac{Vs}{Vc}$ ㉯ $\epsilon = \dfrac{Vc}{Vs}$

㉰ $\epsilon = 1 + \dfrac{Vs}{Vc}$ ㉱ $\epsilon = 1 + \dfrac{Vc}{Vs}$

● 압축비(ϵ) : $\dfrac{연소실체적 + 행정체적}{연소실체적}$

13. 다음의 가스터빈기관 중 배기소음이 가장 심한 기관은?

㉮ 터보 제트 기관
㉯ 터보 팬 기관
㉰ 터보 프롭 기관
㉱ 터보 샤프트 기관

● 배기 소음은 배기 가스 속도의 6~8제곱과 배기 노즐의 지름의 제곱에 비례한다.

14. 가스터빈기관에서 디퓨저(diffuser)의 주 목적은?

㉮ 공기의 속도를 증가시킨다.
㉯ 공기의 압력과 속도를 증가시킨다.
㉰ 공기의 속도를 감소시키고 압력은 증가시킨다.
㉱ 공기의 압력을 감소시킨다.

15. 왕복성형기관의 실린더 수가 9개라면 연소 페이즈각(Combustion Phase Angle)은 얼마인가?

㉮ 40° ㉯ 60°
㉰ 80° ㉱ 100°

> 연소페이즈각 = $\dfrac{720°}{실린더수}$
> (1 cycle 동안, 즉 1회 연소시 크랭크축은 2회전(720°) 회전한다.)

16. 열역학에서 "밀폐계가 사이클을 수행할 때의 열 전달량은 이루어진 일과 정비례 관계를 가진다"라는 말로 표현되는 법칙은?

㉮ 열역학 제1법칙 ㉯ 열역학 제2법칙
㉰ 열역학 제3법칙 ㉱ 열역학 제4법칙

17. 민간 항공기용 연료로서 ASTM에서 규정된 성질을 가지고 있는 가스터빈기관용 연료는?

㉮ JP-2 ㉯ JP-3
㉰ AV-G형 ㉱ A-1형

18. 항공기 왕복기관에서 가속장치의 가장 중요한 기능은?

㉮ 드로틀이 갑자기 닫힐 때 순간적으로 혼합기를 희박하게 하여 엔진이 무리없이 가속되게 한다.
㉯ 드로틀이 갑자기 열릴 때 순간적으로 혼합기를 농후하게 하여 엔진이 무리없이 가속되게 한다.
㉰ 드로틀이 거의 닫히고 엔진이 천천히 작동될 때 연료를 공급하여 가속되게 한다.
㉱ 기관의 출력이 순항출력 이상의 높은 출력일 때 농후혼합비를 만들어 주기 위해서 추가 연료를 공급하여 가속되게 한다.

19. R-1650의 항공기 왕복기관에서 실린더 수가 14개이고 피스톤의 행정거리가 6inch라면 피스톤의 면적은 약 몇 inch²인가?

㉮ 19.64 ㉯ 48.23
㉰ 117.80 ㉱ 275.14

> 총배기량(총행정체적) = $A \cdot L \cdot K$
> $A = \dfrac{총배기량}{L \cdot K} = \dfrac{1650}{14 \cdot 6}$

20. 왕복엔진에서 실린더의 배기밸브는 흡기밸브보다 과열되므로 밸브의 내부에 어떤 물질을 넣어서 냉각하는가?

㉮ 합성오일 ㉯ 금속나트륨
㉰ 수은 ㉱ 실리카겔

1. ㉰	2. ㉮	3. ㉮	4. ㉱	5. ㉯
6. ㉱	7. ㉰	8. ㉰	9. ㉮	10. ㉱
11. ㉰	12. ㉰	13. ㉮	14. ㉰	15. ㉰
16. ㉮	17. ㉱	18. ㉯	19. ㉮	20. ㉯

2007년도 산업기사 2회 항공기관

1. 제트 엔진에서 배기노즐의 가장 중요한 기능은? (단, 노즐에서의 유속은 초음속이다.)

㉮ 배기가스의 속도와 압력을 증가시킨다.
㉯ 배기가스의 속도를 증가시키고 압력을 감소시킴
㉰ 배기가스의 속도와 압력을 감소시킨다.
㉱ 배기가스의 속도를 감소시키고 압력을 증가시킴

2. 3PS는 약 몇 와트인가?

㉮ 2,239.5 ㉯ 2,206.5
㉰ 1,650 ㉱ 225

▶ $1PS = 75Kg \cdot m/sec^2 = 735.5W$
$1HP = 550ft \cdot lb/sec^2 = 746W$

3. 다음 중 평균유효압력에 대한 설명으로 가장 올바른 것은?

㉮ 행정 체적을 사이클당 기관의 유효일로 나눈 값
㉯ 행정길이를 사이클당 기관의 유효일로 나눈 값
㉰ 사이클당 유효일을 행정 체적으로 나눈 값
㉱ 사이클당 유효일을 행정 거리로 나눈 값

▶ $W = F \cdot S = P \cdot A \cdot S = P \cdot v$
$\therefore P = \dfrac{W}{v}$

4. 항공기 왕복기관의 부자식 기화기에서 가속 펌프의 주 목적은?

㉮ 고출력 고정시 부가적인 연료를 공급하기 위하여
㉯ 이륙시 엔진 구동 펌프를 가속시키기 위해서
㉰ 높은 온도에서 혼합가스를 농후하게 하기 위해서
㉱ 스로틀이 갑자기 열릴 때 부가적인 연료를 공급시키기 위해서

5. 항공기용 연료의 퍼포먼스수 100/130의 의미를 가장 올바르게 표현한 것은?

㉮ 100은 농후 혼합비의 퍼포먼스수이고 130은 희박 혼합비의 퍼포먼스수이다.
㉯ 100은 희박 혼합비의 퍼포먼스수이고 130은 농후 혼합비의 퍼포먼스수이다.
㉰ 100/130은 옥탄가에 대한 퍼포먼스수의 비율
㉱ 100은 옥탄가이고 130은 퍼포먼스수이다.

6. 다음 중 다이나믹 댐퍼의 주 목적으로 옳은 것은?

㉮ 크랭크 축의 자이로 작용을 방지하기 위하여
㉯ 항공기가 교란되었을 때 원위치로 복원시키기 위하여

㉰ 크랭크축의 비틀림 진동을 감쇠하기 위하여
㉱ 컨넥팅 로드의 왕복운동을 방지하기 위하여

7. SOAP에 대한 설명으로 가장 올바른 것은?

㉮ 오일 중의 카본 발생량을 측정하여 연소실 부분품의 이상 상태를 점검한다.
㉯ 오일의 색깔과 산성도를 측정하여 오일의 품질저하상태를 점검한다.
㉰ 오일 중의 포함된 기포의 발생량을 측정하여 오일계통의 이상상태를 점검한다.
㉱ 오일 중에 포함되는 미량의 금속원소에 의해 베어링 부분품의 이상 상태를 점검한다.

8. 다음 그림은 정적사이클에 대한 P-V선도이다. 단열팽창은 어느 곳인가?

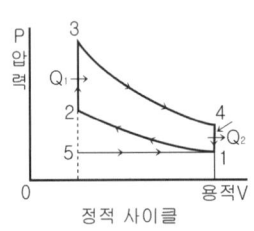
정적 사이클

㉮ 1-2　　㉯ 2-3
㉰ 3-4　　㉱ 4-1

9. 항공기 왕복기관에서 윤활유의 점도지수가 높다는 것을 가장 올바르게 표현한 것은?

㉮ 유막의 형성이 잘되어 점도가 높다.
㉯ 기하학적 피치와 유효 피치의 차이이다.
㉰ 온도의 변화에 따라 점도의 변화가 크다.
㉱ 온도의 변화에 따라 점도의 변화가 작다.

10. 다음 중 프로펠러에서 슬립을 가장 올바르게 설명한 것은?

㉮ 프로펠러 깃의 뿌리 부분이다.
㉯ 기하학적 피치와 유효 피치의 차이이다.
㉰ 허브 중심으로부터 블레이드를 따라 인치로 측정되는 거리이다.
㉱ 블레이드의 정면과 회전면사이의 각도이다.

$slip = \dfrac{GP-EP}{GP} \times 100$

11. 프로펠러가 항공기에 장착되어 있을 때 블레이드 각을 측정할 수 있는 측정기구는?

㉮ 다이얼 게이지
㉯ 버어니어 캘리퍼스
㉰ 유니버셜 프로펠러 프로트랙터
㉱ 블레이드 앵글 섹터

12. 피스톤의 링의 끝은 링 홈에 링을 끼운 상태에서 끝 간격을 가지도록 해야 한다. 피스톤 링의 끝 간격 모양 중 제작이 쉽고, 사용하기 편리한 형으로 일반적으로 가장 널리 이용되는 것은?

㉮ 계단형　　㉯ 경사형
㉰ 맞대기형　㉱ 쐐기형

13. 가스터빈엔진 연료조절장치의 기본 요소를 3개로 나눌 때 가장 관계가 먼 것은?

㉮ 센싱부　　㉯ 컴퓨팅부
㉰ 미터링부　㉱ 드레이브

14. 왕복기관의 마그네토 브레이커 포인트가 과도하게 소실되었다. 다음 중 어떤 것을 교환해 주어야 하는가?
   ㉮ 1차 코일
   ㉯ 2차 코일
   ㉰ 배전반 접점
   ㉱ 콘덴서

15. 터빈 블레이드 끝 과 터빈 케이스 안쪽의 에어시일과의 간격을 줄여주기 위해서 터빈 케이스 외부를 냉각 시켜준다. 여기에 사용되는 냉각 공기는?
   ㉮ 압축기 배출공기
   ㉯ 연소실 냉각공기
   ㉰ 팬 압축공기
   ㉱ 외부공기

   ● TCCS(turbine case cooling system)

16. 가스터빈 엔진의 블리드 밸브는 언제 완전히 열리는가?
   ㉮ 완속출력
   ㉯ 이륙출력
   ㉰ 최대출력
   ㉱ 최대순항출력

17. 다음 중 원심력식 압축기의 주용 구성품이 아닌 것은?
   ㉮ 임펠러
   ㉯ 디퓨져
   ㉰ 고정자
   ㉱ 매니폴드

18. 가스터빈 기관의 점화계통에 대한 설명 중 틀린 것은?
   ㉮ 높은 에너지의 전기 스파크를 이용한다.
   ㉯ 왕복 기관에 비해 점화가 용이하다.
   ㉰ 유도형과 용량형이 있다.
   ㉱ 점화시기조절 장치가 없다.

19. 폐쇄계에 대한 열역학 제 1법칙을 가장 올바르게 설명한 것은?
   ㉮ 열과 에너지, 일은 상호 변환 가능하며 보존된다.
   ㉯ 열효율 100% 인 동력장치는 불가능하다.
   ㉰ 2개의 열원사이에서 동력 사이클을 구성할 수 있다.
   ㉱ 질량은 보존된다.

20. 다음 중 터보팬 기관의 추력에 비례하며 트리밍 작업의 기준이 되는 것은?
   ㉮ 엔진압력비
   ㉯ 터빈입구온도
   ㉰ 대기온도
   ㉱ 연료유량

1. ㉯	2. ㉯	3. ㉰	4. ㉱	5. ㉯
6. ㉰	7. ㉱	8. ㉰	9. ㉱	10. ㉯
11. ㉰	12. ㉰	13. ㉱	14. ㉱	15. ㉰
16. ㉮	17. ㉰	18. ㉯	19. ㉮	20. ㉮

2007년도 산업기사 4회 항공기관

1. 이상기체에 대한 설명 중 가장 관계가 먼 내용은?

   ㉮ 온도가 일정할 때 압력은 체적에 반비례한다.
   ㉯ 압력이 일정할 때 체적은 절대온도에 비례한다.
   ㉰ 압력과 체적의 곱은 절대온도에 비례한다.
   ㉱ 체적이 일정할 때 압력은 절대온도에 반비례한다.

2. 부자식 기화기(float type carburetor)의 부자실(float chanber)내 연료의 수위(水位)가 높아졌을 때 기화기에서 공급하는 혼합비는 어떻게 변하는가?

   ㉮ 희박(lean)해진다
   ㉯ 농후(rich)해진다.
   ㉰ 변함없다.
   ㉱ 출력이 증가하면 희박해진다.

   ● 부자실 내의 연료압력이 증가하여 압력차가 더 커지므로 연료분사가 많아진다.

3. 축류형 압축기가 가스터빈에 많이 사용되는 이유로 가장 거리가 먼 것은?

   ㉮ 단당 압력비가 높다.
   ㉯ 많은 공기량을 처리할 수 있다.
   ㉰ 다단화가 용이해서 고압력비을 얻을 수 있다.
   ㉱ 압축기 효율이 높다.

4. 항공기 왕복기관에서 고도증가에 따르는 배기배압(exhaust back pressure)의 감소는?

   ㉮ 소기효과를 향상시켜 제동마력을 향상시킨다.
   ㉯ 소기효과를 저하시켜 제동마력을 감소시킨다.
   ㉰ 마력과는 관계가 없다.
   ㉱ 흡기다기관의 압력을 저하시킨다.

   ● 배기배압이 낮으면 압력차가 그 만큼 커지므로 배기가 잘 이루어진다.

5. 왕복기관에 대한 설명으로 가장 관계가 먼 내용은?

   ㉮ 지시마력은 지압선도로부터 구한다.
   ㉯ 축마력은 실제 크랭크축으로 부터 구한다.
   ㉰ 비연료소비율(SFC)은 1시간당 1마력당의 연료소비량이다.
   ㉱ 기계효율은 지시마력과 이론마력과의 비이다.

   ● 기계효율 $\eta_m = \dfrac{bHP}{iHP}$

6. 피스톤의 구비조건이 아닌 것은?

   ㉮ 관성의 영향을 크게 받을 것
   ㉯ 온도차에 의한 변형이 적을 것
   ㉰ 열전도가 양호할 것
   ㉱ 중량이 가벼울 것

7. 디토네이션(Detonation)을 일으키는 주요인으로 가장 올바른 것은?

㉮ 너무 늦은 점화시기
㉯ 너무 낮은 옥탄가의 연료사용
㉰ 오버홀 시 부정확한 밸브연마
㉱ 너무 높은 옥탄가의 연료사용

● 옥탄가(O.N) = $\dfrac{\text{이소옥탄의 체적비율}}{\text{표준연료(이소옥탄 + 정헵탄)}}$

8. 열역학 제1법칙에 대한 내용으로 가장 올바른 것은?

㉮ 밀폐계가 사이클을 이룰 때의 열전달량은 이루어진 일과 항상 같다.
㉯ 밀폐계가 사이클을 이룰 때의 열전달량은 이루어진 일과 정비례 관계를 가진다.
㉰ 밀폐계가 사이클을 이룰 때의 열전달량은 이루어진 일과 반비례 관계를 가진다.
㉱ 밀폐계가 사이클을 이룰 때의 열전달량은 이루어진 일보다 항상 작다

● 열역학 제1법칙 = 에너지 보존의 법칙

9. 다음중 터보차저(Turbocharger)의 에너지 공급원으로 옳은 것은?

㉮ 크랭크축 ㉯ 발전기
㉰ 밧데리   ㉱ 배기가스

● 과급기(supercharger)의 종류
 ① 기계식
 ② 배기터빈식 (터보차저)

10. 가스터빈 기관에서 압축기 스테이터 베인(stator vanes)의 가장 중요한 역할은 무엇인가?

㉮ 배기가스의 압력을 증가시킨다.
㉯ 배기가스의 속도를 증가시킨다.
㉰ 공기흐름의 속도를 감소시킨다.
㉱ 공기흐름의 압력을 감소시킨다.

11. (Shut off Valve Lever)를 Open 위치에 놓았을 때 연료를 연료조절장치(Fuel Control Unit)로부터 연소실로 보내주는 것은?

㉮ 최소가압 및 차단밸브
  (Minimum Pressure and Shut off valve)
㉯ 메인 메터링 밸브(Main Metering valve)
㉰ 여압 및 덤프밸브
  (Pressurizing And Dump valve)
㉱ 부스터펌프(Booster Pump)

12. 고정피치(fixed-pitch) 프로펠러의 깃각(blade angle)을 가장 올바르게 나타낸 것은?

㉮ 선단(tip)에서 가장 크다.
㉯ 허브(hub)에서 선단까지 일정하다.
㉰ 선단(tip)에서 가장 작다
㉱ 허브로부터 거리에 따라 비례해서 증가한다.

● 프로펠러가 1회전하는 동안 전진하는 거리를 같게 하기 위해서

13. 정속 프로펠러의 최대 효율은 무엇에 의해 일어나는가?

㉮ 항공기 속도가 감소함에 따라 깃(blade) 피치를 증가시킴으로써
㉯ 비행 중 직면하는 대부분 조건들에 대해 깃각(blade angle)을 조절함으로써
㉰ 깃(blade) 선단(tip) 근방의 난류를 줄여줌으로써

㉣ 깃(blade)의 양력 계수를 증가시킴으로써

14. 가스터빈기관 연료의 구비조건으로 가장 거리가 먼 것은?

㉮ 연료의 증기압이 낮아야 한다.
㉯ 어는점이 높아야 한다.
㉰ 인화점이 높아야 한다.
㉱ 단위 무게당 발열량이 커야 한다.

15. 진추력 2000kg, 비행속도 200m/s, 배기가스속도 300m/s인 터보제트 기관에서 저위발열량이 4600kcal/kg인 연료를 1초 동안에 1.3kg 씩 소모한다고 할 때 추진효율을 구하면 약 얼마인가?

㉮ 0.8   ㉯ 0.9
㉰ 1.0   ㉱ 1.5

● $\eta_p = \dfrac{2V_a}{V_j + V_a} = \dfrac{2 \cdot 200}{300 + 200}$

16. 항공기 왕복기관의 마그네토(magneto)에서 발생하는 전류는?

㉮ 교류   ㉯ 직류
㉰ 스텝파류 ㉱ 구형파류

17. 다음 중 브레이톤 사이클의 열효율을 구하는 식은?(단, 압력비 : r 비열비 : K)

㉮ $\eta_b = 1 - (\dfrac{1}{\gamma})^{\frac{K}{K+1}}$
㉯ $\eta_b = 1 - (\dfrac{1}{\gamma})^{\frac{K+1}{K}}$
㉰ $\eta_b = 1 - (\dfrac{1}{\gamma})^{\frac{K-1}{K}}$
㉱ $\eta_b = 1 - (\dfrac{1}{\gamma})^{\frac{K}{K-1}}$

● 왕복기관의 이상적인 사이클(오토사이클)의 열효율 공식
$\eta_{tho} = 1 - \dfrac{1}{\epsilon^{\kappa-1}}$,(ε: 압축비, κ: 비열비)

18. FADEC(Full Authority Digital Electronic Control)이라는 엔진제어기능으로 가장 관계가 먼 것은?

㉮ 엔진 연료 유량
㉯ 압축기 가변 스테이터 각도
㉰ 실속방지용 압축기 블리드 밸브
㉱ 오일 압력

19. 다음 중 가스를 작동유체로 사용하는 사이클이 아닌 것은?

㉮ otto cycle   ㉯ Diesel cycle
㉰ Rankine cycle ㉱ Brayton cycle

● Rankine cycle은 증기 사이클의 기본으로 2개의 정압변화와 2개의 단열변화로 이루어진다.

20. 제트엔진 후기연소기(after burner)에 대한 설명으로 가장 올바른 내용은?

㉮ 엔진 열효율이 증가된다.
㉯ 추력을 크게 할 수 있다.
㉰ 착륙할 때 사용한다.
㉱ 여객기 엔진에 주로 장착된다.

1. ㉱	2. ㉯	3. ㉮	4. ㉮	5. ㉱
6. ㉮	7. ㉯	8. ㉯	9. ㉱	10. ㉰
11. ㉮	12. ㉰	13. ㉯	14. ㉯	15. ㉮
16. ㉮	17. ㉰	18. ㉱	19. ㉰	20. ㉯

2008년도 산업기사 1회 항공기관

1. 정속 프로펠러를 장착한 왕복 엔진의 출력감소를 위한 작동순서로 올바른 것은?

   ㉮ rpm을 감소시킨 다음에 흡기다기관 압력을 감소시킨다.
   ㉯ rpm을 증가시킨 다음에 프로펠러 Control을 조정한다.
   ㉰ 흡기다기관 압력을 감소시킨 다음에 프로펠러로 rpm을 감소시킨다.
   ㉱ 흡기다기관 압력을 증가시킨 다음에 드로틀(thro-ttle)을 줄인다.

2. 최근 항공기 엔진의 추력조정계통(Thrust Control System)에서 리솔버(Resolver)에 대한 설명으로 옳은 것은?

   ㉮ 추력레버(Thrust lever)의 움직임을 전기적인 신호(Signal)로 바꾸어 준다.
   ㉯ 추력레버(Thrust lever)의 상부에 장착되어 있다.
   ㉰ 추력레버(Thrust lever)가 최대추력위치를 벗어나지 않게 스톱퍼(Stopper)역할을 한다.
   ㉱ 주로 유압-기계식(Hydro-Mechanical Type)의 연료조정장치 계통에 사용된다.

3. 다음 중 가스터빈 엔진의 있어 트림(Trim)의 가장 큰 목적은?

   ㉮ 압축비를 높이는 것
   ㉯ 배기압력을 조절하는 것.
   ㉰ 드로틀 레버를 서로 일치시키는 것
   ㉱ 엔진의 정해진 rpm에서 정격추력을 확립하는 것

4. 보일·샤를의 법칙을 설명한 내용으로 가장 올바른 것은?

   ㉮ 체적은 압력에 반비례하고, 절대온도에 비례한다.
   ㉯ 체적은 압력에 비례하고, 절대온도에 비례한다.
   ㉰ 체적은 압력에 반비례하고, 절대온도에 반비례한다.
   ㉱ 체적은 압력에 반비례하고, 절대온도에 반비례한다.

   ▶ 보일·샤를의 법칙 $\frac{P \cdot V}{T} = constant$

5. 제동마력을 구하는 식으로 옳은 것은? (단, P: 제동평균 유효압력[psi] K: 실린더수 L: 행정거리[ft] N: rpm/2 A: 피스톤단면적[in²] b: 제동마력[HP])

   ㉮ $bHP = \frac{PLAN}{375}$ ㉯ $bHP = \frac{PLAK}{475}$
   ㉰ $bHP = \frac{PANK}{550}$ ㉱ $bHP = \frac{PLANK}{33000}$

   ▶ $33,000 = 550 \times 60$

6. 다음 중 엔진의 추력을 나타내는 이론과 관계있는 것은?

㉮ 뉴톤의 제1법칙
㉯ 파스칼의 원리
㉰ 베르누이의 원리
㉱ 뉴톤의 제2법칙

7. 열기관 사이클 중에서 이론적으로 열효율이 가장 좋은 가상적인 사이클은?

㉮ 카르노 사이클
㉯ 브레이톤 사이클
㉰ 오토 사이클
㉱ 디젤 사이클

8. 프로펠러의 역추력(Reverse Thrust)은 어떻게 발생하는가?

㉮ 프로펠러를 시계방향을 회전시킨다.
㉯ 프로펠러를 반시계 방향으로 회전시킨다.
㉰ 부(Negative)의 블레이드 각으로 회전시킨다.
㉱ 정(Positive)의 블레이드 각으로 회전시킨다

9. 가스터빈 기관의 연료조절 장치의 수감부분에서 수감하는 주요 작동변수가 아닌 것은?

㉮ 기관의 회전수
㉯ 압축기 입구온도
㉰ 연료펌프의 출구압력
㉱ 동력 레버의 위치

▶ FCU 의 수감요소: RPM, CIT, CDP, PLA

10. 가솔린 엔진에서 노킹(knocking)을 방지하기 위한 방법으로 틀린 것은?

㉮ 제폭성이 좋은 연료를 사용한다.
㉯ 화염전파거리를 짧게 해준다.
㉰ 착화지연을 길게 한다.
㉱ 연소속도를 느리게 한다.

▶ 노킹의 방지법 중 연소속도를 빠르게 하는 방법으로 각 실린더에 2개씩의 점화플러그를 가지는 방법이 있다.

11. 다음 중 가스터빈 오일의 구비조건으로 틀린 것은?

㉮ 점성이 높을 것
㉯ 유동점이 낮을 것
㉰ 인화점이 높을 것
㉱ 거품 저항성이 클 것

▶ 점도지수가 높아야 한다.

12. 가스터빈 기관의 윤활유 펌프에 대한 설명으로 틀린 것은?

㉮ 압력 펌프는 배유펌프보다 용량이 2배 이상 크다.
㉯ 윤활유 펌프의 형식에는 기어형, 베인형, 제로터형 등이 있다.
㉰ 윤활유를 윤활이 필요한 각 부위에 일정하게 공급하는 펌프는 압력펌프이다.
㉱ 각각의 윤활유 섬프에 모여진 윤활유를 윤활 탱크로 돌려보내는 펌프는 배유펌프이다.

13. [그림]은 오토사이클의 P-V선도이다. 3-4 과정은?

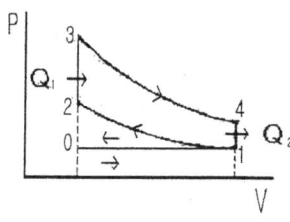

㉮ 단열팽창 ㉯ 단열압축
㉰ 정적수열 ㉱ 정적방열

● 1-2 : 단열압축   2-3 : 정적수열(가열)
  3-4 : 단열팽창   4-1 : 정적방열

14. 왕복엔진에서 밸브 오버랩(Valve over lap)을 두는 이유로 틀린 것은?

㉮ 냉각을 돕는다.
㉯ 체적효율을 향상시킨다.
㉰ 밸브의 온도를 상승시킨다.
㉱ 배기가스를 완전히 배출시킨다.

15. 피스톤의 지름이 16cm인 피스톤에 65 kgf/cm² 의 가스압력이 작용하면 피스톤에 미치는 힘(ton)은 약 얼마인가?

㉮ 10.06   ㉯ 11.06
㉰ 12.06   ㉱ 13.06

● $P = \dfrac{F}{A}$ 이므로 $F = P \cdot A = 65 \cdot (\dfrac{\pi \cdot 16^2}{4})$

16. 축류형 압축기의 실속(Stall) 방지장치가 아닌 것은?

㉮ 다축기관   ㉯ 가변 스테이터
㉰ 블리드 밸브   ㉱ 공기 흡입덕트

17. 항공기 왕복엔진에 사용되는 가솔린 연료의 연소에서 열해리에 대한 설명으로 가장 올바른 것은?

㉮ 열해리는 연료의 발열량으로 표시한다.
㉯ 열해리가 발생하면 연소가스 온도는 저하된다.
㉰ 열해리는 연소온도가 낮을수록 많이 발생한다.
㉱ 열해리는 고온에서 CO와 O_2, 그리고 H_2와 O_2가 CO_2와 H_2O로 되며, 열을 방출하는 것이다.

● 연소과정에서 연소생성물은 연소가스가 1400℃ 이상으로 높아지면 연소생성물 중 안정분자 CO_2, H_2O 의 일부는 CO_2 O_2, H_2 및 OH로 분해하기 시작한다. 이와 같은 현상을 열해리라 한다. 열해리는 흡열반응을 동반하므로 고온으로 되면 될수록 해리도는 크게 되며, 이에 따라 연소속도는 저하된다.

18. 왕복기관(Reciprocating Engine)에서 과급기(supercharger)를 장착하는 주된 목적은?

㉮ 연료소비율을 향상시키기 위하여
㉯ 엔진의 효율을 향상시키기 위하여
㉰ 착륙효율을 향상시키기 위하여
㉱ 고공에서의 최대출력을 지속시키기 위하여

● 과급기의 목적
 ① 고고도에서의 출력 감소 방지
 ② 이륙시의 출력 증가

19. 피스톤 오일 링 (piston oil ring)에 의하여 모여진 여분의 오일은 다음 중 어느 경로를 통하여 흐르는가?

㉮ 피스톤 핀 중앙에 뚫린 구멍으로
㉯ 피스톤 오일 링 홈에 있는 드릴 구멍을 통하여
㉰ 피스톤 핀에 있는 드릴구멍을 통하여
㉱ 실린더 벽면의 작은 틈을 타고

20. 복식 연료노즐에 대한 설명 중 가장 관계가 먼 것은?

㉮ 1차 연료는 노즐의 가장자리 구멍으로 분사되고, 2차 연료는 중심에 있는 작은 구멍을 통하여 분사된다.
㉯ 2차 연료는 고속 회전시 1차 연료보다 비교적 멀리 분사된다.
㉰ 공기를 공급하여 미세하게 분사되도록 한다.
㉱ 1차 연료는 넓은 각도로 분사된다.

1. ㉰	2. ㉮	3. ㉱	4. ㉮	5. ㉱
6. ㉱	7. ㉮	8. ㉰	9. ㉰	10. ㉱
11. ㉮	12. ㉮	13. ㉮	14. ㉰	15. ㉱
16. ㉱	17. ㉯	18. ㉱	19. ㉯	20. ㉮

2008년도 산업기사 2회 항공기관

1. 오토사이클 (Otto Cycle) 기관에서 열효율 η를 나타내는 식은? (단, r=압축비, k=비열비($\frac{C_p}{C_v}$)이다)

㉮ $\eta = 1 - (\frac{1}{r})^{k-1}$ ㉯ $\eta = 1 - (\frac{1}{r})^k$

㉰ $\eta = 1 - (\frac{1}{r})$ ㉱ $\eta = (\frac{1}{r})^k - 1$

2. [그림]은 어느 기관의 이론 공기 사이클이다. 어느 기관의 사이클인가? 단, Q는 열의 출입, W는 일의 출입을 표시한다.)

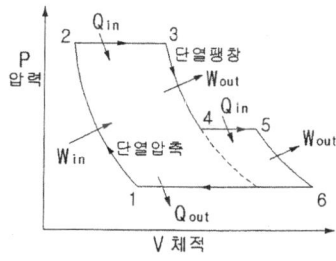

㉮ 2단 압축 브레이튼사이클
㉯ 과급기를 장착한 디젤사이클
㉰ 과급기를 장착한 오토사이클
㉱ 후기연소기 (After burner)를 장착한 가스터빈사이클

3. 비행속도가 V(ft/s), 회전속도가 N(rpm)인 프로펠러의 경우 프로펠러의 유효 피치(Effective Pitch)를 맞게 표현한 것은?

㉮ 유효피치 $= V + \frac{60}{N}$ ㉯ 유효피치 $= V \times \frac{N}{60}$

㉰ 유효피치 $= V + \frac{N}{60}$ ㉱ 유효피치 $= V \times \frac{60}{N}$

4. 정속프로펠러 (constant speed propeller)가 장착되어 있는 경우 부가적으로 요구되는 계기는?

㉮ 엑스허스트 어날라이저
 (exhaust analyzer)
㉯ 프로펠러 피치 게이지
 (propeller pitch gage)
㉰ 매니폴드 프레셔 게이지
 (manifold pressure gage)
㉱ 실린더 베이스 템퍼레이쳐 게이지
 (cylinder base temperature gage)

5. 왕복기관의 지시마력은 어떻게 구하는가?

㉮ 동력계로 측정한다.
㉯ 이론 마력으로 구한다.
㉰ 프로니 브레이크(prony brake)를 이용한다.
㉱ 지압선도(indicator diagram)를 이용한다.

6. 터빈 노즐 다이어프램 (nozzle diaphragm)의 주 목적은 무엇인가?

㉮ 가스의 속도 증가
㉯ 가스의 속도 감소
㉰ 연소실 주위에 공기를 흐르게 하는 것
㉱ 가스의 압력 증가

7. 가스터빈 엔진의 작동 점검시 드라이 모터링 점검(Dry Motoring Check)은 어느 때 수행하는가?

㉮ 연료계통의 부품교환 후
㉯ 윤활계통의 부품교환 후
㉰ 배기계통의 부품교환 후
㉱ 점화계통의 부품교환 후

● ① dry motering check: 연료 계통의 점검이나 분해 또는 교환시에 필요한 점검
② wet motering check: 정비나 부품을 교환했을 때 윤활계통의 누설점검 및 기능점검을 하기 위함

8. 가스 터빈 기관의 연소용 공기량은 일반적으로 연소실(combustion chamber)을 통과하는 총 공기량의 몇 %정도인가?

㉮ 25 ㉯ 50
㉰ 75 ㉱ 100

9. 항공기 기관의 오일필터가 막혔다면 어떤 현상이 발생하는가?

㉮ 엔진 윤활계통의 윤활 결핍현상이 온다.
㉯ 높은 오일압력 때문에 필터가 파손된다.
㉰ 오일이 바이패스 밸브(bypass valve)를 통하여 흐른다.
㉱ 높은 오일압력으로 체크밸브(check valve)가 작동하여 오일이 되돌아온다.

10. 열역학적 성질에는 강도성질과 종량성질이 있다. 다음 중 강도성질과 가장 관계가 먼 것은?

㉮ 온도 ㉯ 밀도
㉰ 압력 ㉱ 체적

● ① 강도성질(강성적 성질): 물질의 양과 관계없는 온도, 압력, 밀도, 비체적 등

② 종량성질: 물질의 양에 비례하는 성질로 체적, 질량 등

11. 터보 팬 엔진의 바이패스 비(Bypass Ratio)란?

㉮ $\dfrac{2차\ 공기량}{1차\ 공기량}$ ㉯ $\dfrac{1차\ 공기량}{2차\ 공기량}$

㉰ $\dfrac{1차\ 공기량}{전체\ 공기량}$ ㉱ $\dfrac{2차\ 공기량}{전체\ 공기량}$

12. 왕복기관의 점화시기를 점검하기 위하여 타이밍 라이트(timing light)를 사용할 때, 마그네토 스위치는 어디에 위치시켜야 하는가?

㉮ BOTH ㉯ OFF
㉰ LEFT ㉱ RIGHT

13. 이륙 또는 고고도 비행시 왕복 엔진의 출력을 최대로 하기 위하여 흡기 압력을 대기압 이상 압력으로 유지시켜주는 장치는?

㉮ 다기관(Manifold)
㉯ 애프터버너(Afterburner)
㉰ 캬뷰레터(Carburetor)
㉱ 슈퍼차져(Supercharger)

14. 외부 과급기(external supercharger)를 장착한 왕복엔진의 흡기계통 내에서 압력이 가장 낮은 곳은?

㉮ 기화기 입구 ㉯ 흡입 다기관
㉰ 과급기 입구 ㉱ 드로틀 밸브 앞

15. 터보제트기관에서 추력 비연료 소비율을 나타내는 식으로 가장 적합한 것은?(단, Wf : 연료의 중량유량, Fn : 기관의 진추력이며, 단위환산에 필요한 상수는 생략한다.)

㉮ $TSFC = \dfrac{W_f}{Fn}$ ㉯ $TSFC = \dfrac{W_f^2}{Fn}$

㉰ $TSFC = \dfrac{Fn}{W_f}$ ㉱ $TSFC = \dfrac{Fn^2}{W_f}$

● TSFC(추력비연료소비율): 1N 의 추력을 발생하기 위해 1시간 동안 기관이 소비한 연료량

16. 성형엔진에서 마그네토(magneto)를 보기부(accessory section)에 설치하지 않고 전방 부분에 설치하는 가장 큰 이점은 무엇인가?

㉮ 정비가 용이하다.
㉯ 냉각효율이 좋다.
㉰ 검사가 용이하다.
㉱ 설치제작비가 저렴하다.

17. 1기압, 15℃인 공기를 1초당 100kg씩 흡입하여 10기압으로 압축하고, 연소실에서 발열량이 1200kcal/kg인 연료를 1초당 1.2kg식 소비하는 터보제트 기관이 있다 이상적인 사이클 해석에 의하면 압축기 출구온도는 약 얼마인가? (단, 비열비 k는 1.4이다)

㉮ 139K   ㉯ 556K
㉰ 656K   ㉱ 1440K

● 브레이튼 사이클의 P-υ 선도에서
$\dfrac{T_1}{T_2} = \dfrac{T_4}{T_3} = \left(\dfrac{P_1}{P_2}\right)^{\frac{\kappa-1}{\kappa}}$ 이므로
$= \dfrac{15+273}{\chi} = \left(\dfrac{1}{10}\right)^{\frac{1.4-1}{1.4}}, \dfrac{288}{\chi} = \left(\dfrac{1}{10}\right)^{\frac{0.4}{1.4}}$

18. 팬 블레이드(Fan Blade)등의 저압 압축기(Low Pressure Compressor)에 사용되는 금속재료는?

㉮ 스테인리스 강 (Stainless Steel)
㉯ 내열 합금 (Heat Resistant Alloy)
㉰ 티타늄 합금 (Titanium Alloy)
㉱ 저 합금강 (Low Alloy Steel)

● Ti-6Al-4V 는 가장 잘 알려진 티타늄 합금으로 초음속 항공기의 기체 구조재, 가스터빈 기관의 압축기 블레이드, 팬 블레이드 등에 폭넓게 사용된다.

19. 터빈 깃(BLADE)의 냉각방법 중 깃을 다공성 재료로 만들고 내부는 중공으로 하여 [그림]의 화살표와 같이 차가운 공기가 터빈 깃을 통하여 스며 나오게 하는 냉각방법은?

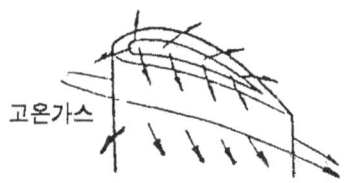
고온가스

㉮ 대류냉각(convection cooling)
㉯ 충돌냉각(impingement cooling)
㉰ 증발냉각(transpiration cooling)
㉱ 공기막냉각(air film cooling)

20. 다음 중 왕복기관의 출력에 가장 큰 영향을 미치는 압력은?

㉮ 다기관 압력(MAP) ㉯ 오일압력(Poil)
㉰ 연료압력(Pfuel)   ㉱ 섬프압력($P_{\Sigma}p$)

1. ㉮	2. ㉱	3. ㉱	4. ㉰	5. ㉱
6. ㉮	7. ㉯	8. ㉮	9. ㉰	10. ㉱
11. ㉮	12. ㉮	13. ㉱	14. ㉰	15. ㉮
16. ㉯	17. ㉯	18. ㉰	19. ㉰	20. ㉮

2008년도 산업기사 4회 항공기관

1. 다음 중 보상캠(compensated cam)이 사용되는 엔진형식은?

㉮ V-형(V-type)
㉯ 직렬형(Inline type)
㉰ 성형(Radial type)
㉱ 대향형(Opposit type)

● compensated cam: 마그네토의 브레이커 포인트의 개폐작용에 사용하는 캠으로서, 성형기관에서 주커넥팅로드와 부커넥팅로드의 운동궤적의 차이로 인한 점화시기의 차이를 보상하기 위하여 가지는 각 엔진별 고유한 캠

2. 정압비열 0.114kcal/kg·℃인 기체 5kg을 정압상태 0℃에서 20℃까지 가열하였다면 이 때 공급된 열량은 몇 kcal인가?

㉮ 11.4   ㉯ 22.8
㉰ 88.0   ㉱ 114

● 0.114kcal/kg·℃는 기체 1kg을 1℃ 올리는데 0.114kcal가 필요한 것이므로, 5kg을 20℃ 올리는데는 100배의 값이 필요하다.

3. 가스터빈기관의 연료 중 항공 가솔린의 증기압과 비슷한 값을 가지고 있으며, 등유와 낮은 증기압의 가솔린과의 합성연료이고, 군용으로 주로 많이 쓰이는 원료는?

㉮ 제트 A형   ㉯ JP-4
㉰ AV-GAS   ㉱ JP-6

● AV-GAS(Aviation Gasoline): 항공용 가솔린으로 왕복 기관의 연료

4. 터보제트 엔진의 터빈에 대한 설명으로 틀린 것은?

㉮ 연소실에서 연소된 고속가스에서 운동에너지를 흡수하여 축에 전달시켜 준다.
㉯ 1단계 터빈의 냉각은 오일냉각방법을 쓰고 있다.
㉰ 충동터빈을 지나는 가스의 압력과 속도는 변하지 않고 흐름의 방향을 바꾸어 준다.
㉱ 반동터빈은 가스의 속도와 압력을 변화시켜 준다.

5. 오토사이클의 열효율에 대한 설명으로 틀린 것은?

㉮ 압축비가 증가하면 열효율은 증가한다.
㉯ 압축비가 1이라면 열효율은 무한대가 된다.
㉰ 동작유체의 비열비가 1이라면 열효율은 0이 된다.
㉱ 동작유체의 비열비가 증가하면 열효율도 증가한다.

● $\eta_{tho} = 1 - \dfrac{1}{\epsilon^{\kappa-1}}$

6. 다음 중 왕복 기관의 기화기에 있는 혼합기 조절장치에 대한 설명으로 틀린 것은?

㉮ 후방 흡입형, 니들형, 공기구형 등이 있다.
㉯ 해당 출력에 적합한 혼합비가 되도록 연료량을 조정한다.
㉰ 혼합비 조정 밸브를 닫으면 연료의 분출량이 줄어들어 혼합비가 희박해진다.
㉱ 고도 증가에 따른 공기밀도의 감소로 인하여 혼합비가 희박한 상태로 되는 것을 방지한다.

7. 압력 7atm, 온도 300℃ 인 0.7㎥의 이상기체가 압력 5atm, 체적 0.56㎥의 상태로 변화했다면 온도는 약 몇 ℃가 되는가?

㉮ 54 ㉯ 87
㉰ 115 ㉱ 187

▶ 이상 기체의 상태방정식에 의해
$$\frac{P_1 \cdot v_1}{T_1} = \frac{P_2 \cdot v_2}{T_2},$$
$$\frac{7 \times 0.7}{(300+273)} = \frac{5 \times 0.56}{x}$$
x=327 (°K) 이므로 ℃로 단위 환산한다.

8. 아음속 여객기에 장착된 터보팬기관의 공기 흡입구 형식으로 적합한 것은?

㉮ 확산형 (Divergent)
㉯ 수축형 (Convergent)
㉰ 수축-확산형 (Convergent-divergent)
㉱ 확산-축소형 (Divergent-convergent)

9. 왕복기관의 크랭크 축(Crank shaft)은 기관부의 뼈대인 만큼 강인한 재료로 구성되어야 하는데 다음 중 그 구성 재료로 가장 적합한 것은?

㉮ 티타늄강
㉯ 마그네슘합금
㉰ 스테인리스강
㉱ 크롬-니켈-몰리브덴강

10. 이륙 시 정속 프로펠러에서 rpm과 피치각은 어떤 상태가 되어야 가장 효율적인가?

㉮ 높은 rpm과 큰 피치각
㉯ 낮은 rpm과 큰 피치각
㉰ 높은 rpm과 작은 피치각
㉱ 낮은 rpm과 작은 피치각

11. 피스톤의 단면적 120㎠, 행정거리 50㎝인 실린더 14개를 갖는 4행정 왕복기관이 1800 rpm으로 작동할 때 평균 유효압력이 20kgf/㎠라면 지시마력은 몇 ps인가?

㉮ 3200 ㉯ 3360
㉰ 4520 ㉱ 6720

▶ $iHP = \frac{PLANK}{75 \times 2 \times 60} = \frac{20 \cdot 0.5 \cdot 120 \cdot 1800 \cdot 14}{75 \times 2 \times 60}$
(행정길이는 분모의 75Kg·m/sec 와의 단위통일을 위해 m단위로 바꾸어야 한다)

12. 그림과 같은 단순 가스터빈 사이클의 P-V선도에서 압축기가 공기를 압축하기 위하여 소비한 일은 선도의 어떤 면적과 같은가?

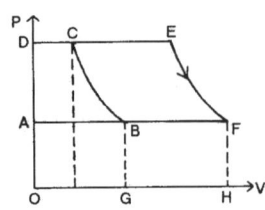

㉮ 도형 ABCDA의 면적
㉯ 도형 BCEFB의 면적
㉰ 도형 OGBCDO의 면적
㉱ 도형 AFEDA의 면적

▶ 연소실의 가스는 터빈에서 팽창하여 일(보기 ㉱의 면적)을 하는데, 그 중 일부는 압축기를 구동(보기 ㉮의 면적)하는 데 사용되고, 나머지는 사이클의 순 일(보기 ㉯의 면적)로서 비행기를 추진시키는데 사용된다.

13. 엔진정격(Engine Rating)은 정해진 조건하에서 엔진을 운전할 경우 보증되고 있는 엔진의 성능 값을 말하는데 다음 중 이에 속하지 않는 것은?

㉮ 이륙출력
㉯ 최대연속출력
㉰ 사용가능연료 및 오일의 등급
㉱ 최대하강출력

14. 다음 중 축류 압축기의 실속을 방지하기 위한 방법이 아닌 것은?

㉮ 확산형 배기 덕트를 장착한다.
㉯ 다축 기관의 구조를 사용한다.
㉰ 가변스테이터(stator)를 장착한다.
㉱ 블리이드 밸브(bleed valve)를 장착한다.

15. 항공용 왕복기관의 압축비를 옳게 나타낸 것은?(단, V_d는 행정체적, V_c는 연소실 체적이다.)

㉮ $\dfrac{V_c - V_d}{V_c}$ ㉯ $\dfrac{V_c + V_d}{V_d}$

㉰ $\dfrac{V_c + V_d}{V_c}$ ㉱ $\dfrac{V_c - V_d}{V_d}$

16. 제트 엔진 부분에서 다음 중 압력이 가장 높은 부위는?

㉮ 터빈 입구   ㉯ 압축기 입구
㉰ 터빈 출구   ㉱ 압축기 출구

17. 제트기관 항공기가 300m/s의 속도로 비행할 때 배기가스속도가 900m/s라면 이 기관의 추진효율은 몇 %인가?

㉮ 30   ㉯ 50
㉰ 60   ㉱ 70

▶ $\eta_p = \dfrac{2V_a}{V_j + V_a} = \dfrac{2 \times 300}{900 + 300}$

18. 가스터빈 기관용 원심식 압축기에 대한 설명으로 틀린 것은?

㉮ 시동출력이 낮다.
㉯ 단당 압축비가 높다.
㉰ 회전 속도 범위가 넓다.
㉱ 대형 기관과 주동력 장치에 주로 사용한다.

19. 엔진오일 탱크 내 호퍼(hopper)의 주목적은?

㉮ 오일을 냉각시켜 준다.
㉯ 오일 압력을 상승시켜 준다.
㉰ 오일 내의 연료를 제거시켜 준다.
㉱ 시동 시 오일의 온도 상승을 돕는다.

20. 프로펠러를 장비한 경항공기에서 감속기어 (Reduction gear)를 사용하는 가장 주된 이유는?

㉮ 깃 길이를 짧게 하기 위하여
㉯ 깃 끝 부분에서의 실속방지를 위하여
㉰ 프로펠러 회전속도를 증가시키기 위하여
㉱ 깃의 진동을 방지하고 구조를 간단히 하기 위하여

▶ 프로펠러 감속기어는 유성기어식(planetary gear type)이 많이 사용된다.

1. ㉰	2. ㉮	3. ㉯	4. ㉯	5. ㉯
6. ㉱	7. ㉮	8. ㉮	9. ㉱	10. ㉰
11. ㉯	12. ㉮	13. ㉱	14. ㉮	15. ㉰
16. ㉱	17. ㉯	18. ㉱	19. ㉱	20. ㉯

2009년도 산업기사 1회 항공기관

1. 가스터빈기관 계통 중에서 마그네틱 칩 디텍터(Magnetic Chip Detector)를 점검하여야 하는 계통은?

   ㉮ 연료계통　　㉯ 시동계통
   ㉰ 윤활계통　　㉱ 발전계통

2. 항공기 터빈기관의 오일 계통에서 사용되는 그림과 같은 압력오일펌프의 명칭은?

   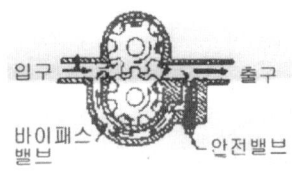

   ㉮ 기어식　　㉯ 베인식
   ㉰ 루츠식　　㉱ 플런저식

3. 왕복기관의 저압점화계통에서 각각의 스파크 플러그(spark plug)에 필요한 것은?

   ㉮ 변압기　　㉯ 캠
   ㉰ 콘덴서　　㉱ 브레이커 포인트

4. 다음 항공기 기관 중 추진체에 의해 발생되는 최종 기체가 다른 것은?

   ㉮ 왕복 기관　　㉯ 램제트 기관
   ㉰ 터보팬 기관　　㉱ 터보제트 기관

5. 일반적으로 왕복기관 실린더 내의 최대 폭발압력이 발생하는 시점은?

   ㉮ 피스톤의 정확한 상사점에서
   ㉯ 피스톤의 상사점 후 크랭크각 약 10°에서
   ㉰ 피스톤의 상사점 후 크랭크각 약 25°에서
   ㉱ 피스톤의 하사점 후 크랭크각 약 25°에서

6. 표준상태에서의 이상기체 20ℓ 를 5기압으로 압축하였을 때 부피는 몇 ℓ 가 되겠는가?(단, 변화과정 중 온도는 일정하다)

   ㉮ 0.25　　㉯ 2.5
   ㉰ 4　　㉱ 10

   ▶ 이상 기체의 상태방정식은 등온 변화일 때
   $Pv =$ 일정, $P_1 v_1 = P_2 v_2$, $v_2 = \dfrac{P_1 v_1}{P_2} = \dfrac{1 \cdot 20}{5}$

7. 프로펠러의 슬립(slip)에 대한 설명으로 옳은 것은?

   ㉮ 기하학적 피치와 유효피치의 차이
   ㉯ 블레이드의 정면과 회전면 사이의 각도
   ㉰ 프로펠러가 1회전하는 동안 이동한 거리
   ㉱ 허브 중심으로부터 블레이드를 따라 인치로 측정되는 거리

   ▶ $slip = \dfrac{GP - EP}{GP} \times 100$

8. 왕복기관 연료계통에 사용되는 이코노마이저 밸브가 닫힌 위치로 고착되었을 때 발생하는 현상에 대한 설명으로 옳은 것은?

㉮ 순항속도 이하에서 노킹이 발생하게 된다.
㉯ 순항속도 이하에서 조기점화가 발생하게 된다.
㉰ 순항속도 이상에서 지연점화가 발생하게 된다.
㉱ 순항속도 이상에서 디토네이션이 발생하게 된다.

9. 터보제트 기관에서 연료 유량과 제트노즐 출구의 압력차를 무시했을 경우 진추력(Net thrust)을 옳게 나타낸 식은?(단, Fn : 진추력, Wf : 연료의 흐름량, Wa : 흡입 공기의 유량, Vj : 배기 가스의 속도, Va : 비행 속도, Aj : 배기노즐의 면적, g : 중력가속도, Pa : 대기 압력, Pj : 배기노즐에서의 정압이다)

㉮ $Fn = \dfrac{Wa}{g}(Vj - Va)$

㉯ $Fn = \dfrac{Va}{g}Aj + Pa$

㉰ $Fn = \dfrac{Wf}{g}(Va - Vj)$

㉱ $Fn = \dfrac{Wa}{g}Aj(Pj - Pa)$

● ① 터보 제트 기관의 총추력: $F_g = \dfrac{W_a}{g}V_j$

② 터보 제트 기관의 비추력: $F_s = \dfrac{(V_j - V_a)}{g}$

10. 전기식 시동기(Electric Starter)에서 클러치(Clutch)의 작동 토크값을 설정하는 장치는?

㉮ Clutch Plate
㉯ Clutch Housing Slip
㉰ Rachet Adjust Regulator
㉱ Slip Torque Adjustment Unit

11. 다음 중 왕복기관의 체적효율(Volumetric efficiency)을 높이는 방법이 아닌 것은?

㉮ 흡입공기 온도를 낮춘다.
㉯ 높은 고도에서 작동시킨다.
㉰ 과급기(supercharger)를 사용한다.
㉱ 흡입구 및 기화기의 압력손실을 낮춘다.

● 체적 효율 = $\dfrac{\text{실제 흡입된 가스의 체적}}{\text{행정체적}} \times 100$

12. 다발 항공기에서 프로펠러의 회전속도를 자동적으로 조절하고 모든 프로펠러를 같은 회전속도로 유지하기 위한 장치를 무엇이라고 하는가?

㉮ 조속기   ㉯ 피치변경모터
㉰ 동조기   ㉱ 슬립링(Slip ring)

13. 가스를 팽창 또는 압축시킬 때 주의와 열의 출입을 완전히 차단시킨 상태에서 변화하는 과정을 나타낸 식은? (단, P는 압력, v는 비체적, T는 온도, k는 비열비이다.)

㉮ Pv=일정   ㉯ Pvk=일정
㉰ $\dfrac{P}{T}$=일정   ㉱ $\dfrac{T}{v}$=일정

● ㉮ : 등온과정
㉯ : 단열과정
㉰ : 정적과정, 정압과정은 $\dfrac{v}{T}$=일정

14. 열역학에서 사용되는 단위에 대한 설명으로 옳은 것은?

㉮ 1PS 마력은 145kgf·m/s 이다.
㉯ 1BTU는 물 1 lb의 온도를 1℃ 높이는데 필요한 열량을 말한다.
㉰ 비열이란 일정 유체 1 kg을 1시간 끓이는데 필요한 열량을 말한다.
㉱ 화씨 온도는 얼음의 융점과 물의 비등점 사이를 180등분한 눈금을 이용한다.

① 1PS: 75 kgf·m/s
② 1BTU: 물 1lb의 온도를 1°F 높이는데 필요한 열량
③ 비열: 일정 유체 1kg을 1℃ 올리는데 필요한 열량

15. 항공기 엔진에서 발생하는 역화(Backfiring)의 가장 큰 원인이 되는 것은?

㉮ 점화시기가 빠른 경우
㉯ 혼합비가 희박한 경우
㉰ 혼합비가 농후한 경우
㉱ 흡입 밸브가 고착된 경우

① over rich mixture(과농후 혼합비) : afterfire (후화)
② over lean mixture (과희박 혼합비) : backfire (역화)

16. 가스터빈기관의 배기부에서 배기파이프(Exhaust Pipe) 또는 테일 파이프라고도 하며, 터빈을 통과한 배기가스를 대기중으로 유도하기 위한 통로 역할을 하는 부분의 명칭과 그림에서 이에 해당하는 것을 옳게 짝지은 것은?

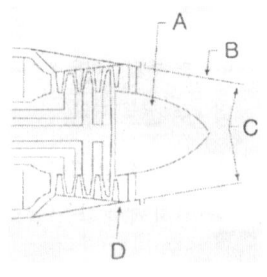

㉮ 배기 노즐 – A
㉯ 배기 덕트 – B
㉰ 배기 콘 – C
㉱ 테일 콘 – D

17. 왕복기관에 사용되는 과급기로 얻을 수 있는 효과가 아닌 것은?

㉮ 기관의 마력당 중량을 낮춘다.
㉯ 흡기 압력을 높여 평균유효압력을 증가시킨다.
㉰ 공기 흐름량을 조절하여 매니폴드를 보호한다.
㉱ 연료 기화를 촉진시켜 연료 소비율을 감소시킨다.

18. 피스톤 링의 끝은 링 홈에 링을 끼운 상태에서 끝 간격을 갖도록 하여야 한다. 이러한 피스톤 링의 끝 간격 모양 중 제작이 쉽고, 사용하기 편리한 형태로 일반적으로 가장 널리 이용되는 것은?

㉮ 직선형   ㉯ 쐐기형
㉰ 계단형   ㉱ 테이퍼형

19. 가스터빈 기관에서 사용하는 압축기 중 원심형과 비교하여 축류형의 장점은?

㉮ 무게가 가볍다.
㉯ 압축기의 효율이 높다.
㉰ 시동 출력이 낮다.
㉱ 회전 속도 범위가 넓다.

20. 항공기에 장착되어 있는 터보제트 기관을 시동하기 전에 점검해야 할 사항이 아닌 것은?

㉮ 추력 측정
㉯ 엔진의 흡입구
㉰ 엔진의 배기구
㉱ 연결부분 결합상태

1. ㉰	2. ㉮	3. ㉮	4. ㉮	5. ㉯
6. ㉰	7. ㉮	8. ㉱	9. ㉮	10. ㉱
11. ㉯	12. ㉰	13. ㉯	14. ㉱	15. ㉯
16. ㉯	17. ㉰	18. ㉮	19. ㉯	20. ㉮

2009년도 산업기사  항공기관

1. 왕복기관 시동시 스로틀(Throttle)밸브가 정상 작동할 때보다 적게 열린다면 발생되는 현상으로 옳은 것은?
   - ㉮ 역화
   - ㉯ 농후혼합비
   - ㉰ 조기점화
   - ㉱ 희박혼합비

2. 다음 중 가스터빈기관의 트림(trim)작업시 조절하는 것이 아닌 것은?
   - ㉮ 연료제어장치(FCU)
   - ㉯ 터빈블레이드 각도
   - ㉰ 가변정익베인(VSV)
   - ㉱ 사용 연료의 비중

   ● engine trimming: 제작회사가 정해 놓은 정격추력에 해당하는 기관 압력비가 얻어지도록 주기적으로 기관의 여러 가지 작동 상태를 조정하는 작업

3. 다음 중 가스터빈기관에서 축류 압축기의 실속이 발생하는 경우가 아닌 것은?
   - ㉮ 흡입구로 들어오는 난류나 분열된 흐름 때문에 속도벡터를 감소시켜 받음각이 커지는 경우
   - ㉯ 갑작스런 기관 가속으로 인한 과다한 연료흐름때문에 연소실의 역압력이 커져서 속도벡터를 감소시켜 받음각이 커지는 경우
   - ㉰ 갑작스런 감속에 의한 희박한 혼합비 때문에 연소실의 역압력이 감소되어 속도벡터를 증가시켜 받음각이 작아지는 경우
   - ㉱ 가변 스테이터가 설치된 압축기의 회전 속도가 일정하게 유지되는 경우

4. 터빈 기관에서 과열시동(hot start)을 방지하기 위하여 확인하여야 하는 계기는?
   - ㉮ 토크 미터
   - ㉯ EGT 지시계
   - ㉰ 출력 지시계
   - ㉱ RPM 지시계

   ● hot start: 가스터빈 기관 시동시 배기가스온도(EGT)가 규정된 한계값 이상으로 증가하는 현상

5. 9개 실린더를 갖고 있는 성형기관(Radial engine)의 마그네토 배전기(Distributor) 6번 전극에 꽂혀있는 점화 케이블은 몇 번 실린더에 연결시켜야 하는가?
   - ㉮ 2
   - ㉯ 4
   - ㉰ 6
   - ㉱ 8

6. 가역과정의 1사이클을 하는 열역학적 시스템에 대하여 열역학 제1법칙과 가장 관계가 먼 식은?(단, Q_{cycle} : 열에 의한 1사이클 동안의 순에너지 전달량, W_{cycle} : 일에 의한 1사이클 동안의 순에너지 전달량, ΔE_{cycle} : 시스템의 에너지 변화량이다)

㉮ $W_{cycle} = 0$
㉯ $Q_{cycle} = W_{cycle}$
㉰ $\Delta E_{cycle} = 0$
㉱ $\Delta E_{cycle} = Q_{cycle} - W_{cycle}$

● 열역학 제1법칙은 에너지 보존 법칙이다.

7. 다음 중 로커 아암의 부싱이나 베어링의 내경을 측정하는데 가장 적절한 측정 기기는?

㉮ Deep Gage
㉯ Thickness Gage
㉰ Dial Gage
㉱ Telescoping Gage

8. 4사이클 왕복기관의 제동마력[PS]을 구하는 식으로 옳은 것은?(단, P : 제동평균 유효압력[kgf/cm²], K : 실린더수, A : 피스톤 단면의 넓이[cm²], L : 행정거리[m], N : 기관의 회전수[rpm]이다)

㉮ $\dfrac{PLANK}{75 \times 60}$ ㉯ $\dfrac{PLANK}{75 \times 2 \times 60}$
㉰ $\dfrac{PLANK}{550}$ ㉱ $\dfrac{PLANK}{5500}$

9. 다음 중 터빈 깃의 내부를 중공으로 제작하여 차가운 공기가 지나가게 함으로써 터빈 깃을 냉각하는 방법은?

㉮ 필름냉각(Film Cooling)
㉯ 대류냉각(Convection Cooling)
㉰ 충돌냉각(Impingement Cooling)
㉱ 증발냉각(Transpiration Cooling)

10. 다음 중 가스터빈기관의 주요 구성품 3가지에 해당하지 않는 것은?

㉮ 터빈(Turbine)
㉯ 연소기(Combustor)
㉰ 샤프트(Shaft)
㉱ 압축기(Compressor)

● 가스발생기(gas generator): 압축기, 연소실, 터빈

11. 다음 중 가스터빈기관의 성능을 판정하기 위하여 공기유량(Wa)을 결정하는 보정식(Correction)으로 옳은 것은?
(단, $\delta = \dfrac{P}{P_0}$, $\theta = \dfrac{T}{T_0}$, P=입구압력, T=입구온도, P_0와 T_0는 각각 표준대기의 압력과 온도이다)

㉮ $\dfrac{Wa\delta}{\sqrt{\theta}}$ ㉯ $\dfrac{Wa}{\delta\sqrt{\theta}}$
㉰ $\dfrac{Wa\sqrt{\theta}}{\delta}$ ㉱ $\dfrac{Wa}{\sqrt{\theta}}$

12. 다음 중 연료를 직접 분사하여 특별한 장치가 없이 압축열에 의한 자연착화를 시키는 압축 점화 방법의 기관은?

㉮ 가스 기관 ㉯ 가솔린 기관
㉰ 디젤 기관 ㉱ Hesselman 기관

● 내연기관의 점화 방법에 의한 분류: 전기 점화 기관(spark-ignition engine), 압축 점화 기관(compression-ignition engine), 열점 점화 기관(hot-bulb ignition engine)

13. 가스터빈기관에서 축류식 압축기의 단수를 n, 단당 압력비를 Ys라 할 때 이 압축기의 전체 압력비 Y를 구하는 식으로 옳은 것은?

㉮ $Y = n \times Ys$ ㉯ $Y = n^{Ys}$
㉰ $Y = n + Ys$ ㉱ $Y = (Ys)^n$

14. 왕복기관에서 흡입밸브가 상사점 이전 30°에서 열리고 하사점 이후 60°에서 닫히며, 배기밸브가 하사점 이전 60°에서 열리고 상사점 이후 15°에서 닫히는 경우 밸브오버랩(valve overlap)은 몇 도인가?

㉮ 15° ㉯ 45°
㉰ 60° ㉱ 75°

● 밸브 오버랩은 흡입 밸브와 배기 밸브가 동시에 열려있는 기간의 각도로서, 흡입 밸브의 상사점 전 열림 각도와 배기 밸브의 상사점 후 닫힘 각도를 더하면 된다.

15. 다음 중 프로펠러 조속기의 파일롯(Pilot)밸브의 위치를 결정하는데 직접적인 영향을 주는 것은?

㉮ 엔진오일 압력
㉯ 조종사의 위치
㉰ 펌프오일 압력
㉱ 플라이 웨이트(fly weight)

16. 다음 중 비행 상태에 따라 프로펠러 회전 속도를 일정하게 유지하기 위하여 프로펠러 블레이드 루트각을 자동적으로 조절하는 정속 조절 장치는?

㉮ 커프스(Cuffs)
㉯ 스피너(Spinner)
㉰ 가버너(Governor)
㉱ 동조 장치(Synchro system)

● 조속기: governor

17. 제트 기관류의 발명 순서를 시대 순으로 옳게 나열한 것은?

㉮ 헤로의 에어리파일 → 중국 금나라의 로켓 → 브랜카의 터빈장치 → 휘틀의 터보제트 기관
㉯ 헤로의 에어리파일 → 중국 금나라의 로켓 → 휘틀의 터보제트 기관 → 브랜카의 터빈장치
㉰ 중국 금나라의 로켓 → 헤로의 에어리파일 → 브랜카의 터빈장치 → 휘틀의 터보제트 기관
㉱ 중국 금나라의 로켓 → 헤로의 에어리파일 → 휘틀의 터보제트 기관 → 브랜카의 터빈장치

● 헤로의 에어리파일(기원전 100~200년전), 중국 금나라 로켓(1200년 초기), 브랜카의 터빈장치(1629년), 모스의 터보 과급기(1900년), 휘틀의 터보제트기관(1937년)

18. 부자식 기화기를 사용하는 왕복기관에서 연료는 어느 곳을 통과할 때 분무화되는가?

㉮ 기화기 입구
㉯ 연료펌프 출구
㉰ 부자실(Float Chamber)
㉱ 기화기 벤튜리(Carburetor Venturi)

19. 공기의 정압비열이 0.24kcal/kg·℃라면 정적비열은 약 몇 kcal/kg·℃ 인가?(단, 비열비는 1.4 이다)

㉮ 0.17   ㉯ 0.34
㉰ 0.53   ㉱ 5.83

● 비열비$(\gamma) = \dfrac{\text{정압비열}(C_p)}{\text{정적비열}(C_v)}$, ∴ $C_v = \dfrac{C_p}{\gamma}$

20. 다음 중 가스터빈기관의 효율이 높을수록 얻을 수 있는 장점이 아닌 것은?

㉮ 연료 소비율이 작아진다.
㉯ 활공거리를 길게 할 수 있다.
㉰ 같은 적재연료에서 항속거리를 길게 할 수 있다.
㉱ 필요한 적재 연료의 감소분만큼 유상하중을 증가시킬 수 있다.

1. ㉯	2. ㉯	3. ㉱	4. ㉯	5. ㉮
6. ㉮	7. ㉰	8. ㉯	9. ㉯	10. ㉰
11. ㉰	12. ㉰	13. ㉱	14. ㉯	15. ㉱
16. ㉰	17. ㉮	18. ㉱	19. ㉮	20. ㉯

2009년도 산업기사 4회 항공기관

1. 오토 사이클의 열효율을 옳게 나타낸 것은?

   ㉮ $1 - \dfrac{1}{\epsilon^{k-1}}$ ㉯ $\dfrac{k-1}{\epsilon^{k-1}}$

   ㉰ $1 - \epsilon^{\frac{1}{k-1}}$ ㉱ $\dfrac{1}{1 - \epsilon^{k-1}}$

2. 가스터빈 기관의 공압 시동기(Pneumatic starter)에 공급되는 고압공기 동력원이 아닌 것은?

   ㉮ 다른 기관의 배기가스(Exhaust gas)
   ㉯ 다른 기관의 블리드 공기(Bleed air)
   ㉰ 지상동력장치(GPU, ground power unit)
   ㉱ 보조동력장치(APU, auxiliary power unit)

3. 다음 중 터보 팬 기관에서 터빈 노즐 가이드 베인(Turbine Nozzle Guide Vane)의 냉각에 주로 사용 되는 것은?

   ㉮ 저압 압축기 배출공기
   ㉯ 고압 압축기 배출공기
   ㉰ 팬 배기 공기(Fan Discharge Air)
   ㉱ 연소실의 냉각구멍을 통해 들어온 공기

4. 프로펠러를 설계할 때 프로펠러 효율을 높이기 위한 방법으로 가장 옳은 것은?

   ㉮ 재질이 강한 강 합금으로 제작한다.
   ㉯ 프로펠러의 전연(Leading Edge)은 두껍게 한다.
   ㉰ 프로펠러 팁(Tip) 근처는 얇은 에어포일 단면을 사용한다.
   ㉱ 프로펠러의 팁(Tip)과 전연(Leading Edge)의 모양을 같게 한다.

5. 다음 중 고공에서 극초음속으로 비행하는데 성능이 가장 좋은 기관은?

   ㉮ 터보 팬기관   ㉯ 램 제트기관
   ㉰ 펄스 제트기관   ㉱ 터보 제트기관

6. 고정 피치 프로펠러를 장착한 항공기의 프로펠러 회전속도를 증가시키면 블레이드는 어떻게 되는가?

   ㉮ 블레이드 각(Blade Angle)이 증가한다.
   ㉯ 블레이드 각(Blade Angle)이 감소한다.
   ㉰ 블레이드 영각(Angle of Attack)이 증가한다.
   ㉱ 블레이드 영각(Angle of Attack)이 감소한다.

   ● 고정 피치 프로펠러는 깃각(Blade Angle)이 변하지 않는다.

7. 다음과 같은 가스터빈기관의 기본구성도와 브레이튼사이클(Brayton cycle)에서 연소기의 가열량을 옳게 나타낸 것은?

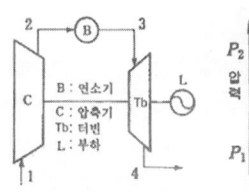
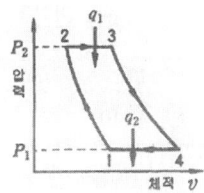

㉮ $c_p(T_2 - T_1)$ ㉯ $C_p(T_3 - T_2)$
㉰ $C_p(T_3 - T_4)$ ㉱ $C_p(T_1 - T_4)$

● 1-2: 단열 압축, 2-3: 정압 수열(가열)
  3-4: 단열 팽창, 4-1: 정압 방열

8. 다음 중 내연기관이 아닌 것은?

㉮ 디젤기관 ㉯ 가스터빈기관
㉰ 가솔린기관 ㉱ 증기터빈기관

9. 왕복기관의 기화기빙결로 인하여 나타나는 현상이 아닌 것은?

㉮ 출력 감소 ㉯ 흡기압력 감소
㉰ 디토네이션 ㉱ 역화(Backfire)

● Detonation은 자기발화 온도와 관련

10. 다음 중 터보제트기관에서 배기노즐(Exhaust nozzle)의 주목적은?

㉮ 배기가스를 균일하게 정류만 하기 위하여
㉯ 배기가스의 온도를 높게 조절하기 위하여
㉰ 배기가스의 고온에너지를 압력에너지로 바꾸어 추력을 얻기 위하여
㉱ 배기가스의 압력에너지를 속도에너지로 바꾸어 추력을 얻기 위하여

11. 피스톤 핀과 크랭크축을 연결하는 막대이며, 피스톤의 왕복 운동을 크랭크축으로 전달하는 일을 하는 기관의 부품은?

㉮ 실린더 배럴 ㉯ 피스톤 링
㉰ 커넥팅 로드 ㉱ 플라이 휠

12. 가스터빈기관에서 터빈 블레이드의 진동을 축소시키고 공기흐름 특성을 개선시키는 것은?

㉮ 충동형 블레이드(Impulse blade)
㉯ 쉬라우드 블레이드(Shrouded blade)
㉰ 전나무형 블레이드(Fir tree blade)
㉱ 도브 테일형 블레이드(Dove tail blade)

13. 왕복기관의 연료계통에서 증기폐색에 대한 설명으로 가장 옳은 것은?

㉮ 연료 펌프의 고착을 말한다.
㉯ 연료계통에 수증기가 형성되는 것을 말한다.
㉰ 캬브레터(Carburetter)에서의 연료 증발을 말한다.
㉱ 연료의 흐름속도가 클 때 관내 증기포를 만들어 연료흐름이 차단되는 것을 말한다.

● 증기폐색(Vapour Lock)은 연료 증기압이 연료 압력보다 클 때, 연료 온도가 높을 때 발생한다.

14. 가스터빈기관 연료의 성질로 가장 옳은 것은?

㉮ 발열량은 연료를 구성하는 탄화수소와 그 외 화합물의 함유물에 의해서 결정된다.
㉯ 연료 노즐에서의 분출량은 연료의 점도에는 영향을 받으나, 노즐의 형상에는 영향을 받지 않는다.
㉰ 유황분이 많으면 공해문제를 일으키지만 기관 고온 부품의 수명을 연장시킨다.

㉰ 가스터빈기관 연료는 왕복기관보다 인화점이 낮으므로 안전하다.

15. 다음 중 항공기 왕복기관의 효율과 마력에 대한 설명으로 틀린 것은?

㉮ 지시마력은 지압선도부터 구할 수 있다.
㉯ 축마력은 실제 크랭크축으로 부터 측정한다.
㉰ 연료소비율(SFC)은 1마력당 1시간동안의 연료소비량이다.
㉱ 기계효율은 지시마력과 이론마력의 비이다.

● 기계효율$(\eta_m) = \dfrac{bHP(제동마력)}{iHP(지시마력)} \times 100 \, (\%)$

16. 마그네토의 표시 DF18RN 의 설명으로 옳은 것은?

㉮ 단식이다.
㉯ 오른쪽으로 회전한다.
㉰ 실린더 수는 8개이다.
㉱ 베이스 장착 방식이다.

● D: Double(복식), F: Flange(플렌지 장착방식), 18: 실린더 수, R: Right(회전방향), N: Bendix (제작회사)

17. 일반적으로 왕복기관에서 가장 많이 사용되는 오일펌프 형식은?

㉮ Vane type ㉯ Piston type
㉰ Gear type ㉱ Centrifugal type

18. 온도 20℃의 이상기체가 압력 760mmHg인 공간 100㎥에 채워져 있다. 만약 밀폐된 공간 500㎥으로 등온팽창 하였다면 이 때의 압력은 몇 mmHg 인가?

㉮ 152 ㉯ 304
㉰ 3040 ㉱ 3800

● 이상 기체의 상태방정식, $Pv = RT$, 등온 변화일 때 $Pv = Constant$, $P_1v_1 = P_2v_2$
$$\therefore P_2 = \dfrac{v_1}{v_2} \cdot P_1 = \dfrac{100}{500} \cdot 760$$

19. 항공기 왕복기관의 부자식 기화기에서 가속 펌프의 주된 기능으로 옳은 것은?

㉮ 고고도에서 혼합비를 희박하게 한다.
㉯ 고출력으로 작동할 때 추가공기를 공급한다.
㉰ 이륙 시 기관구동펌프의 회전 속도를 증가 시킨다.
㉱ 스로틀(Throttle)이 갑자기 열릴 때 추가 연료를 공급한다.

● 이코너마이져: 순항 출력 이상의 고출력에서 추가 연료를 공급한다.

20. 가스터빈기관의 점화계통에 대한 설명 중 틀린 것은?

㉮ 유도형과 용량형이 있다.
㉯ 점화시기 조절장치가 없다.
㉰ 기관 작동 중에 항상 점화한다.
㉱ 높은 에너지의 전기 스파크를 이용한다.

1	2	3	4	5	6	7	8	9	10
㉮	㉮	㉯	㉰	㉯	㉰	㉯	㉱	㉰	㉱
11	12	13	14	15	16	17	18	19	20
㉰	㉯	㉰	㉮	㉱	㉯	㉰	㉮	㉱	㉰

2010년도 산업기사 1회 항공기관

1. 체적을 일정하게 유지시키면서 단위질량을 단위 온도로 높이는 데 필요한 열량을 무엇이라 하는가?
   ㉮ 단열 ㉯ 정압비열
   ㉰ 비열비 ㉱ 정적비열

2. 실린더 내의 유입 혼합기 양을 증가시키며, 실린더의 냉각을 촉진시키기 위한 밸브 작동은?
   ㉮ 흡입 밸브 래그 ㉯ 배기 밸브 래그
   ㉰ 흡입 밸브 리드 ㉱ 배기 밸브 리드

   ● valve lead: 밸브 작동이 상사점이나 하사점 전에서 이루어는 것
   valve lag: 밸브 작동이 상사점이나 하사점 후에서 이루어는 것

3. 1개의 정압과정과 1개의 정적과정 그리고 2개의 열과정으로 이루어진 사이클은?
   ㉮ 오토사이클 ㉯ 카르노사이클
   ㉰ 디젤사이클 ㉱ 역카르노사이클

   ● • 오토사이클 : 2개의 단열과정과 2개의 정적과정
   • 카르노사이클 : 2개의 단열과정과 2개의 등온과정
   • 브레이튼사이클 : 2개의 단열과정과 2개의 정압과정

4. 정속 프로펠러(Constant speed propeller)는 각을 자동으로 변경하여 일정한 속도를 유지하는데 이런 역할을 하는 것은?
   ㉮ 평형 스프링
   ㉯ 조속기(Speed governor)
   ㉰ 쿼드란트 조종장치(Quadrant controller)
   ㉱ 거버너 릴리프 밸브(Governor relief valve)

5. 기관정격(Engine Rating)은 정해진 조건하에서 기관을 운전할 경우 보증되고 있는 기관의 성능값을 말하는데 다음 중 이에 속하지 않는 것은?
   ㉮ 이륙출력
   ㉯ 최대연속출력
   ㉰ 최대하강출력
   ㉱ 사용가능연료 및 오일의 등급

6. 왕복기관에서 실린더 배기밸브의 과열을 방지하기위해 밸브내부에 삽입하는 물질은?
   ㉮ 합성오일 ㉯ 수은
   ㉰ 금속나트륨 ㉱ 실리카겔

7. 섭씨 15℃를 환산하였을 때 가장 옳게 나타낸 것은?
   ㉮ 절대온도 59k ㉯ 랭킨온도 59°R
   ㉰ 절대온도 518k ㉱ 랭킨온도 518°R

   ● 15℃ = 288°k = 59°F = 518°R

8. 마그네토의 임펄스 커플링(Impulse coupling)의 주된 목적은?
   ㉮ 시동시 마그네토의 부하를 흡수한다.
   ㉯ 시동시 마그네토의 토크를 방지한다.
   ㉰ 시동시 마그네토의 밸브 타이밍을 조정한다.
   ㉱ 시동시 마그네토가 고속으로 회전하도록 도와준다.

9. 왕복기관을 장착한 비행기가 이륙한 후에도 최대 정격 이륙 출력으로 계속 비행하는 경우에 대한 설명으로 옳은 것은?
   ㉮ 기관이 과열되어 비행이 곤란해진다.
   ㉯ 공기흡입구가 결빙되어 출력이 저하된다.
   ㉰ 연료소모가 많지만 1시간 이내에서 비행할 수 있다.
   ㉱ 일반적으로 기관의 최대 출력을 증가시키기 위한 방법으로 자주 사용한다.

▶ 이륙 출력은 엔진 과열 방지를 위해 1~5분 정도로 제한한다.

10. 가스터빈기관용 원심식 압축기에 대한 설명으로 틀린 것은?
    ㉮ 시동 출력이 낮다.
    ㉯ 단당 압축비가 높다.
    ㉰ 회전 속도 범위가 넓다.
    ㉱ 대형 기관과 주동력 장치에 주로 사용한다.

11. 가스터빈기관을 통해 지나는 공기흐름량이 322lb/s 이고, 흡입구 속도가 600ft/s, 출구 속도가 800ft/s 이면 발생하는 추력은 약 몇 lbs 인가?

   ㉮ 2000   ㉯ 4000
   ㉰ 8000   ㉱ 12000

▶ $F = \dfrac{Wa}{g}(Vj - Va) = \dfrac{322}{32.2}(800 - 600)$

12. 프로펠러에 빙결형성이 항공기의 비행성능에 미치는 영향으로 옳은 것은?
    ㉮ 추력이 감소하고, 과도한 진동을 초래한다.
    ㉯ 추력은 증가하지만, 과도한 진동이 발생한다.
    ㉰ 항공기 실속 속도가 감소하고, 소음이 증가한다.
    ㉱ 항공기 실속 속도가 증가하고, 소음이 감소한다.

13. 민간 대형 여객기에 적합한 터보팬 기관의 특징으로 옳은 것은?
    ㉮ 초고속비행에 적합하며, 터보제트기관에 비해 추진효율은 나쁘다.
    ㉯ 저속비행에 적합하며, 터보제트기관에 비해 추진효율이 우수하다.
    ㉰ 고속비행에 적합하며, 터보제트기관에 비해 추진효율이 우수하다.
    ㉱ 저속비행에 적합하며, 터보제트기관에 비해 추진효율은 나쁘다.

14. 공기의 밀도가 감소하는 고고도에서 항공기 왕복기관의 출력이 감소하는데 그 원인으로 가장 옳은 것은?
    ㉮ 연료흐름 속도의 감소
    ㉯ 연료/공기 혼합비의 과희박
    ㉰ 연료/공기 혼합비의 과농후
    ㉱ 기화기와 다기관 사이의 차압증가

● 고도가 증가할수록 공기 밀도의 증가로 인하여 흡입 공기 감소

15. 가변 스테이터 구조의 목적으로 옳은 것은?

㉮ 동익의 회전속도를 일정하게 한다.
㉯ 유입공기의 절대속도를 일정하게 한다.
㉰ 동익에 대한 유입공기의 받음각을 일정하게 한다.
㉱ 동익에 대한 유입공기의 상대속도를 일정하게 한다.

● VSV(Variable Stator Vane): 압축기 중 전방 부분에 위치하며, 압축기 실속(Compressor Stall) 방지 방법 중 하나이다.

16. 다음 중 점화플러그를 구성하는 주요부분이 아닌 것은?

㉮ 전극 ㉯ 세라믹 절연체
㉰ 보상 캠 ㉱ 금속 쉘(Shell)

● 보상 캠 : Compensated cam - 성형 기관의 마그네토에서 브레이커 포인트의 개폐에 사용되며, 실린더 간 점화 시기의 차이를 없애주는 역할을 한다.

17. 가스터빈 연소실의 공기흡입구에 있는 선회 베인(Swirl vane)에 대한 설명으로 옳은 것은?

㉮ 캔형 연소실에는 없다.
㉯ 연소 영역을 길게 한다.
㉰ 1차 공기에 선회를 준다.
㉱ 연료노즐 부근의 공기속도를 빠르게 한다.

18. 일반적으로 장거리를 순항하는 가스터빈기관 항공기의 가장 효율적인 고도를 36000 ft로 정한 이유는?

㉮ 36000 ft가 가스터빈 기관 항공기의 비행에 알맞은 제트기류를 이루고 있기 때문이다.
㉯ 36000 ft 이상부터는 기온이 일정해지고 기압이 강하하기 때문이다.
㉰ 36000 ft 이상부터는 기압과 기온이 급격히 강하기 때문이다.
㉱ 36000 ft 이상부터는 기압이 일정해지고 기온이 강하기 때문이다.

19. 항공기 왕복기관에서 유입 공기에 의한 임팩트 압력 및 벤튜리에 의한 부압의 차이로 유입 공기량을 측정하는 방식의 기화기는?

㉮ 압력 분사식 기화기
㉯ 부자식 기화기
㉰ 경계 압력식 기화기
㉱ 충동식 기화기

● A chamber: 임팩트 공기 압력
 B chamber: 벤튜리 목 부분의 부압
 C chamber: 계량된 연료 압력
 D chamber: 미계량된 연료 압력

20. 가스터빈 기관의 연료조절 장치의 수감부분에서 수감하는 주요 작동변수가 아닌 것은?

㉮ 기관의 회전수
㉯ 압축기 입구 온도
㉰ 연료펌프의 출구 압력
㉱ 동력레버의 위치

● FCU 의 수감요소: RPM, CIT, CDP, PLA

1	2	3	4	5	6	7	8	9	10
㉱	㉰	㉰	㉯	㉯	㉯	㉰	㉰	㉮	㉱
11	12	13	14	15	16	17	18	19	20
㉮	㉮	㉰	㉰	㉰	㉰	㉰	㉯	㉮	㉰

2010년도 산업기사 2회 항공기관

1. 6기통, 4행정 왕복기관의 제동마력이 300ps, 회전속도가 2400rpm 일 때 토크는 약 몇 kgf 인가?

(단, 1ps 는 75kgf · m/s 이다.)

㉮ 67.8   ㉯ 75.2
㉰ 89.5   ㉱ 119.3

● 계산시 반드시 단위 환산 필요

$$P = T \cdot \omega = T \cdot 2\pi n, \therefore T = \frac{P}{2\pi n} = \frac{300 \cdot 75}{2 \cdot \pi \cdot \frac{2400}{60}}$$

2. 왕복기관에서 발생하는 노크현상과 관계가 가장 먼 것은?

㉮ 압축비   ㉯ 연료의 기화성
㉰ 실린더 온도   ㉱ 연료의 옥탄가

● Vapour lock: 연료의 기화성과 관계

3. 다음 중 일반적으로 라인정비(Line maintenance)에서 할 수 없는 작업은?

㉮ 배기노즐 장탈
㉯ 기관 압축기 분해
㉰ 보기장치의 교환
㉱ 연료제어장치의 교환

4. 왕복기관 윤활계통에서 윤활유의 역할이 아닌 것은?

㉮ 금속가루 및 미분을 제거한다.
㉯ 금속 부품의 부식을 방지한다.
㉰ 연료에 수분의 침입을 방지한다.
㉱ 금속면 사이의 충격 하중을 완충시킨다.

5. 가스터빈기관의 열효율을 향상시키는 방법으로 가장 거리가 먼 것은?

㉮ 터빈 냉각 방법을 개선한다.
㉯ 배기가스온도를 증가시킨다.
㉰ 기관의 내부 손실을 방지한다.
㉱ 고온에서 견디는 터빈 재질을 사용한다.

6. 가스터빈기관의 이론 사이클에서 흡열반응은 어떤 시기에 이루어지는가?

㉮ 정압 상태   ㉯ 정적 상태
㉰ 단열 팽창   ㉱ 단열 압축

● 브레이튼 사이클: 단열 압축, 정압 수열, 단열 팽창, 정압 방열

7. 왕복기관의 마그네토 브레이커 포인트(Breaker point)가 고착되었다면 어떤 현상을 초래하는가?

㉮ 기관 시동시 역화가 발생한다.
㉯ 마그네토의 작동이 불가능하다.
㉰ 고속 회전 점화시 과열현상이 발생한다.
㉱ 스위치를 off 해도 기관이 정지하지 않는다.

8. 화씨 온도에서 물이 어는 온도와 끓는 온도는 각각 몇 °F 인가?

㉮ 어는 온도: 0, 끓는 온도: 100
㉯ 어는 온도: 12, 끓는 온도: 192
㉰ 어는 온도: 22, 끓는 온도: 202
㉱ 어는 온도: 32, 끓는 온도: 212

9. 그림과 같은 브레이튼 사이클(Brayton Cycle)에서 2-3 과정은?

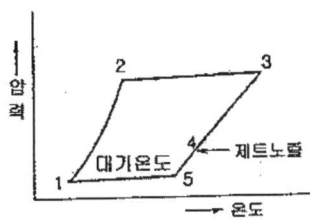

㉮ 압축과정   ㉯ 연소과정
㉰ 팽창과정   ㉱ 방출과정

10. 가스터빈기관의 역추력 장치에 관한 설명으로 틀린 것은?

㉮ 정상 착륙시 제동 능력 및 방향 전환 능력을 도우며, 제동 장치의 수명을 연장시켜 준다.
㉯ 공기 역학적 차단 장치인 Cascade reverser와 기계적 차단 장치인 Clamshell reverser가 있다.
㉰ 항공기의 속도가 느린 시기에 효과가 있으며 속도가 빠른 경우에는 배기가스가 기관에 재흡입되어 실속을 일으킬 수 있다.
㉱ 터빈 리버서는 전체 역추력의 20~30% 정도에 지나지 않고 고장의 발생률이 높아 팬 리버서만을 사용하기도 한다.

● 역추력 장치를 항공기 속도가 너무 느릴 때까지 사용하면 배기가스가 다시 기관 흡입관으로 흡입되어 압축기 실속을 일으킬 수 있다.(재흡입 실속)

11. 축류형 압축기에서 1단(Stage)의 의미를 옳게 설명한 것은?

㉮ 저압 압축기(Low compressor)를 말한다.
㉯ 고압 압축기(High compressor)를 말한다.
㉰ 1열의 로터(Rotor)와 1열의 스테이터(Stator)를 말한다.
㉱ 저압압축기(Low compressor)와 고압압축기(High compressor)를 합하여 일컫는 말이다.

12. 아음속 항공기에 사용되는 기관의 공기흡입 덕트는 일반적으로 어떤 형태인가?

㉮ 확산형 덕트(Divergent duct)
㉯ 수축형 덕트(Convergent duct)
㉰ 수축-확산형 덕트
  (Convergent-Divergent duct)
㉱ 가변공기 흡입 덕트
  (Variable Geometry Air Inlet duct)

13. 다음 중 프로펠러 블레이드(Propeller blade)에 작용하는 응력이 아닌 것은?

㉮ 인장응력   ㉯ 구심응력
㉰ 굽힘응력   ㉱ 비틀림 응력

● 프로펠러에 작용하는 외력과 응력 관계:
추력 - 굽힘응력
원심력 - 인장응력
비틀림력 - 비틀림응력

14. 다음 중 후기 연소기가 없는 터보제트기관에서 전압력이 가장 높은 곳은?

㉮ 공기 흡입구 ㉯ 압축기 입구
㉰ 압축기 출구 ㉱ 터빈 출구

15. 왕복기관의 저속(Idle)에서 혼합기가 아주 희박할 때 발생하는 가장 중요한 현상은?

㉮ 기관 rpm이 상승한다.
㉯ 출력이 급격히 증가한다.
㉰ 시동시 역화가 발생할 수 있다.
㉱ 점화플러그에 탄소를 침착시킨다.

▶ Back fire(역화): 혼합비가 Over lean 상태일 때 발생
After fire(후화): 혼합비가 Over rich 상태일 때 발생

16. 비행속도가 V, 회전속도가 n(rpm)인 프로펠러의 1회전 소요시간이 $\frac{60}{n}$초 일 때 유효피치를 나타내는 식은?

㉮ $\frac{60V}{n}$ ㉯ $\frac{60n}{V}$
㉰ $\frac{nV}{60}$ ㉱ $\frac{V}{60}$

17. 터보팬 제트기관의 1차 공기량이 50kgf/s, 2차 공기량 60kgf/s, 1차 공기 배기속도 170m/s, 2차 공기 배기속도 100m/s 이라면 이 기관의 바이패스비(Bypass ratio)는 얼마인가?

㉮ 0.59 ㉯ 0.83
㉰ 1.2   ㉱ 1.7

▶ $BPR = \frac{W_S}{W_P} = \frac{60}{50}$

18. 왕복기관의 지상 시운전시 최대 마력이 되지 않는다면 예상되는 원인이 아닌 것은?

㉮ 기화기에 결빙이 형성되어 있다.
㉯ 이그나이터의 간극이 규정값 이상이다.
㉰ 기화기 히트(Heat)가 ON 위치에 있다.
㉱ 스로틀(Throttle)이 완전히 전개되지 않는다.

19. 항공기 왕복기관에서 다이나믹 댐퍼의 주된 역할로 옳은 것은?

㉮ 정적 평형 유지
㉯ 축에 가해지는 압축하중 방지
㉰ 크랭크축의 원심력 하중 증가
㉱ 크랭크축의 비틀림(Torsion) 진동을 흡수

▶ counter weight: 크랭크 축 회전시 정적 평형 유지

20. 기관의 공기 흡입구에 얼음이 생기는 것을 방지하기 위한 기관 방빙 방법으로 옳은 것은?

㉮ 더운 물을 기관 인렛(Inlet)속으로 분사한다.
㉯ 배기가스를 인렛 스트러트(Inlet strut)에 보낸다.
㉰ 압축기 통과 전의 청정한 공기를 입구(Inlet) 쪽으로 순환시킨다.
㉱ 압축기의 고온 브리드 공기를 흡입구(Inlet), 인렛 가이드 베인(Inlet guide vane)으로 보낸다.

1	2	3	4	5	6	7	8	9	10
㉰	㉯	㉯	㉮	㉯	㉮	㉱	㉱	㉯	㉰
11	12	13	14	15	16	17	18	19	20
㉰	㉮	㉯	㉰	㉰	㉮	㉰	㉯	㉱	㉱

2010년도 산업기사 4회 항공기관

1. 열역학 제2법칙에 대한 설명이 아닌 것은?

   ㉮ 에너지 전환에 대한 조건을 주는 법칙이다.
   ㉯ 열과 일 사이의 에너지 전환과 보존을 말한다.
   ㉰ 열은 그 자체만으로는 저온 물체로부터 고온 물체로 이동할 수 없다.
   ㉱ 자연계에 아무 변화를 남기지 않고 어느 열원의 열을 계속하여 일로 바꿀 수는 없다.

   ● 열역학 제1법칙: 에너지 보존 법칙

2. 항공기 왕복기관 연료의 옥탄가에 대한 설명으로 틀린 것은?

   ㉮ 연료의 제폭성을 나타낸다.
   ㉯ 옥탄가는 낮을수록 기관의 효율이 좋아진다.
   ㉰ 연료의 이소옥탄이 차지하는 체적비율을 말한다.
   ㉱ 옥탄가가 높을수록 기관의 압축비를 더 높게 할 수 있다.

3. 지시마력이 나타내는 식 $iHP = \dfrac{P_{mi}LANK}{75 \times 2 \times 60}$ 에서 N이 의미하는 것은?

   (단, Pmi : 지시평균 유효압력, L : 행정길이, A : 피스톤 넓이, K : 실린더 수이다.)

   ㉮ 기계효율
   ㉯ 축마력
   ㉰ 기관의 회전수
   ㉱ 제동평균 유효압력

4. 다음 중 추진시 공기를 흡입하지 않고 기관 자체 내의 고체 또는 액체의 산화제와 연료를 사용하는 비공기 흡입 기관은?

   ㉮ 로켓   ㉯ 펄스제트
   ㉰ 램제트   ㉱ 터보프롭

5. 왕복기관의 마그네토가 2차 고전압을 발생할 수 있는 최소 회전속도를 무엇이라고 하는가?

   ㉮ E-갭 스피드(E-gap speed)
   ㉯ 아이들 회전수(Idle speed)
   ㉰ 2차 회전수(Secondary speed)
   ㉱ 커밍-인 스피드(Coming-in speed)

6. 대형 터보팬기관에서 역추력 장치를 작동시키는 방법은?

   ㉮ 플랩 작동시 함께 작동한다.
   ㉯ 항공기의 자중에 따라 고정된다.
   ㉰ 제동장치가 작동될 때 함께 작동한다.
   ㉱ 스로틀 또는 파워레버에 의해서 작동한다.

7. 다음 중 마찰마력을 옳게 표현한 것은?

   ㉮ 제동마력과 정격마력의 차
   ㉯ 지시마력과 제동마력의 차

㉰ 지시마력과 정격마력의 차
㉱ 기관의 용적효율과 제동마력의 차

● fHP = iHP−BHP

8. 다음 중 민간 항공기용 가스터빈기관에 사용되는 연료는?

㉮ Jet A-1 ㉯ Jet B-5
㉰ JP-4   ㉱ JP-8

9. 배기노즐에서 온도 310℃인 가스가 등엔트로피 과정으로 분사 팽창하여 온도가 298℃가 되었다면 배기가스의 분출 속도는 약 몇 m/s 인가? (단, 공기의 정압비열은 0.249 kcal/kg・℃ 이다.)

㉮ 50.5   ㉯ 111.8
㉰ 151   ㉱ 158.1

10. 초크(Choked) 또는 테이퍼 그라운드(Taper-ground)실린더 배럴을 사용하는 가장 큰 이유는?

㉮ 시동시 압축압력을 증가시키기 위하여
㉯ 정상 작동온도에서 실린더의 원활한 작동을 위하여
㉰ 정상적인 실린더 배럴(Cylinfer barrel)의 마모를 보상하기 위하여
㉱ 피스톤 링(Piston ring)의 마모를 미리 알기 위하여

● Choked bore cylinder: 실린더 상사점 부근의 안지름이 하사점 부근의 지름보다 작게 만든 것

11. 프로펠러의 역추력(Reverse thrust)은 어떻게 발생하는가?

㉮ 프로펠러의 회전속도를 증가시킨다.
㉯ 프로펠러의 회전강도를 증가시킨다.
㉰ 부(Negative)의 블레이드 각으로 회전시킨다.
㉱ 정(Positive)의 블레이드 각으로 회전시킨다.

● Propeller pitch 변화:
역피치 - 저피치 - 고피치 - 페더링

12. 정속 프로펠러에서 프로펠러가 과속상(Over speed)가 되면 플라이 웨이트(Fly weight)는 어떤 상태인가?

㉮ 밖으로 벌어진다.
㉯ 무게가 감소한다.
㉰ 안으로 오므라진다.
㉱ 무게가 증가된다.

● Over speed - fly weight 벌어짐 - pilot valve 올라감 - 윤활유 배출 - 고피치로 변경 - 회전수 감소 - On speed

13. 왕복기관의 크랭크 핀(Crank pin)이 일반적으로 속이 비어있는 목적이 아닌 것은?

㉮ 윤활유의 통로를 형성한다.
㉯ 크랭크 축의 중량을 감소시킨다.
㉰ 크랭크 축의 냉각효과를 갖는다.
㉱ 탄소 퇴적물이 모이는 공간으로 활용된다.

14. 압축기 입구에서 공기의 압력과 온도가 각각 1기압, 15℃이고, 출구에서 압력과 온도가 각각 7기압, 300℃일 때, 압축기의 단열 효율은 몇 % 인가? (단, 공기의 비열비는 1.4이다.)

㉮ 70   ㉯ 75
㉰ 80   ㉱ 85

● $\eta_c = \dfrac{T_{2i} - T_1}{T_2 - T_1}, \dfrac{T_{2i}}{T_1} = (\dfrac{P_2}{P_1})^{\frac{\kappa-1}{\kappa}}$

$\therefore T_{2i} = T_1 \cdot (\dfrac{P_2}{P_1})^{\frac{\kappa-1}{\kappa}}$

$= (273 + 15) \cdot (\dfrac{7}{1})^{\frac{1.4-1}{1.4}} = 502\,(K)$

$\eta_c = \dfrac{502 - 288}{573 - 288}$

15. 터보팬기관의 추력에 비례하며 트리밍(Triming) 작업의 기준이 되는 것은?

㉮ 연료유량 ㉯ 기관압력비(EPR)
㉰ 대기온도 ㉱ 터빈입구온(TIT)

● Engine trimming : 제작 회사에서 정해 놓은 정격 추력에 해당하는 기관 압력비가 얻어지지 않을 수도 있기 때문에 주기적으로 기관의 여러 가지 작동 상태를 조정하는 것

16. 다음 중 축류 압축기의 실속을 방지하기 위한 방법이 아닌 것은?

㉮ 확산형 배기덕트를 장착한다.
㉯ 다축 기관의 구소를 사용한다.
㉰ 가변 스테이터(Stator)를 장착한다.
㉱ 블리드 밸브(Bleed valve)를 장착한다.

17. 왕복기관의 체적효율에 영향을 미치지 않는 것은?

㉮ 기관 회전수
㉯ 부적절한 밸브 타이밍
㉰ 기화기 공기온도
㉱ 연료와 공기의 혼합비

18. 왕복기관 마그네토에 사용되는 콘덴서의 용량이 너무 작으면 발생하는 현상은?

㉮ 점화플러그가 탄다.
㉯ 브레이커 접점이 탄다.
㉰ 기관시동이 빨리 걸린다.
㉱ 2차권선에 고전류가 생긴다.

● 콘덴서의 용량이 너무 클 때: 점화가 잘 이루어지지 않는다.

19. 가스터빈기관의 공기흡입 덕트(Duct)에서 발생하는 램 회복점을 옳게 설명한 것은?

㉮ 램 압력상승이 최대가 되는 항공기의 속도
㉯ 마찰압력 손실이 최소가 되는 항공기의 속도
㉰ 마찰압력 손실이 최대가 되는 항공기의 속도
㉱ 흡입구 내부의 압력이 대기 압력으로 돌아오는 점

● 압력 회복점: 압축기 입구에서의 정압 상승이 덕트 안에서 마찰로 인한 압력 강화와 같아지는 항공기 속도 즉, 압축기 입구 정압이 대기압과 같아지는 항공기 속도. 압력 회복점은 낮을수록 좋다.

20. 항공기에 장착되어 있는 터보제트기관을 시동하기 전에 점검해야 할 사항이 아닌 것은?

㉮ 추력 측정
㉯ 엔진의 흡입구
㉰ 엔진의 배기구
㉱ 연결부분 결합상태

1	2	3	4	5	6	7	8	9	10
㉯	㉯	㉰	㉮	㉱	㉯	㉮	㉮	㉱	㉯
11	12	13	14	15	16	17	18	19	20
㉰	㉮	㉰	㉯	㉯	㉮	㉱	㉯	㉱	㉮

2011년도 산업기사 1회 항공기관

1. 왕복기관의 작동상태 중 배기밸브는 닫혀있고 흡입밸브가 닫히고 있다면 피스톤의 행정은?

㉮ 흡입행정 ㉯ 압축행정
㉰ 동력행정 ㉱ 배기행정

2. 가스터빈기관의 역추력장치 작동에 대한 설명으로 옳은 것은?

㉮ 항공기의 지상 접지후 또는 지상 후진 시 작동한다.
㉯ 작동하기 시작한 후 항공기가 완전히 정지할 때까지 사용하여야 한다.
㉰ 항공기의 지상 속도가 일정속도 이하가 되면 작동을 멈춰야 한다.
㉱ 반드시 항공기의 지상 접지 전 작동하며 접지와 동시에 멈춘다.

3. 왕복기관에서 시동전에 반드시 프리오일링(Pre-oiling)을 하여야 하는 경우는?

㉮ 엔진오일 교환시
㉯ 오일라인 교환시
㉰ 오일 여과기 교환시
㉱ 새로운 기관으로 교환시

4. 완전가스 상태변화에서 처음 상태보다 압력이 2배, 체적이 3배로 되었다면 나중 온도는 처음의 몇배가 되겠는가?

㉮ 0 ㉯ 1.5
㉰ 6 ㉱ 8

$\dfrac{P_1 \nu_1}{T_1} = \dfrac{P_2 \nu_2}{T_2}, \therefore \dfrac{P_1 \nu_1}{T_1} = \dfrac{2P_1 \cdot 3\nu_1}{T_2}$

5. 다음 중 비행 상태에 따라 프로펠러 회전 속도를 일정하게 유지하기 위하여 프로펠러 블레이드 루트각을 자동적으로 조절하는 정속 조절 장치는?

㉮ 커프스(Cuffs)
㉯ 스피너(Spinner)
㉰ 가버너(Governor)
㉱ 동조장치(Synchro system)

6. 가스터빈기관의 흡입구에 형성된 얼음이 압축기 실속을 일으키는 이유는?

㉮ 공기흐름을 방해하므로
㉯ 공기압력을 증가시키므로
㉰ 공기속도를 증가시키므로
㉱ 공기 전압력을 일정하게 하므로

7. 왕복기관에 사용되는 점화플러그의 전기불꽃(Spark) 강도에 가장 큰 영향을 미치는 것은?

㉮ 점화진각
㉯ 실린더내의 압력
㉰ E-gap 각도
㉱ 2차 콘덴서의 용량

8. 부자식 기화기(Float type carburetor)에서 부자(Float)의 높이(Level)를 조절하는데 사용되는 일반적인 방법은?

㉮ 부자의 축을 길거나 짧게 조절
㉯ 부자의 무게를 증감시켜서 조절
㉰ 부자의 피봇 암(Pivot arm)의 길이를 변경
㉱ 니들 밸브시트에 심(Shim)을 추가하거나 제거시켜 조절

9. 낮은 기온 중의 왕복기관 시동을 돕기 위한 오일희석(Oil Dilution) 장치에서 엔진오일을 희석시키는 것은?

㉮ Alcohol   ㉯ Gasoline
㉰ Propane   ㉱ Kerosene

● Oil dilution system: 추운 기후에서 시동을 위해 기관 정지 전에 연료를 윤활 계통으로 보내 작동시킴으로서 윤활유의 점도를 낮추는 것

10. 일반적인 가스터빈기관의 시동시 시간에 따른 기관 회전수 및 배기가스온도를 나타낸 그래프에서 시동기가 꺼지는 곳은?

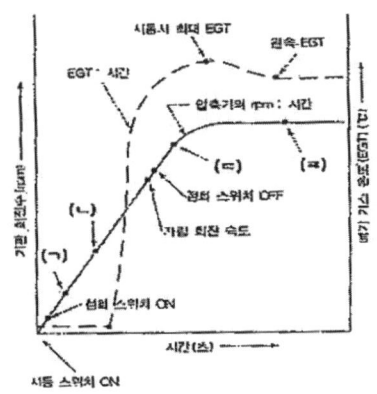

㉮ (ㄱ)   ㉯ (ㄴ)
㉰ (ㄷ)   ㉱ (ㄹ)

● 시동 스위치 ON - 점화 스위치 ON - 연료 공급 - 불꽃 발생 - 자립회전 속도 - 점화 스위치 OFF - 시동기 OFF - 압축기의 완속 rpm

11. 다음 중 등엔트로피 과정(Isentropic process)의 설명으로 옳은 것은?

㉮ 가역, 단열과정
㉯ 비가역, 단열과정
㉰ 가역, 등온과정
㉱ 비가역, 등온과정

12. 가스터빈기관 시동시 우선적으로 관찰하여야 하는 계기가 아닌 것은?

㉮ 배기가스온도(EGT)
㉯ 연료유량
㉰ 엔진RPM(N1 and N2)
㉱ 엔진오일 압력

13. 다음 중 가스터빈기관의 가스 발생기(Gas generator)에 포함되지 않는 것은?

㉮ 터빈   ㉯ 연소실
㉰ 후기 연소기   ㉱ 압축기

14. 프로펠러의 슬립(Slip)에 대한 설명으로 옳은 것은?

㉮ 기하학적 피치와 유효 피치의 차이
㉯ 블레이드의 정면과 회전면 사이의 각도
㉰ 프로펠러가 1회전하는 동안 이동한 거리
㉱ 허브 중심으로부터 블레이드를 따라 인치로 측정되는 거리

● $slip = \dfrac{GP-EP}{GP} \times 100$

15. 다음 중 추진체에 의해 발생되는 최종 기체가 다른 것은?

㉮ 왕복기관 ㉯ 램제트기관
㉰ 터보팬기관 ㉱ 터보제트기관

16. 가스터빈기관 추력에 영향을 미치는 요소가 아닌 것은?

㉮ 엔진 rpm ㉯ 비행 속도
㉰ 비행 고도 ㉱ 비행 반경

17. 저속으로 작동중인 왕복기관에서 흡입계통 (Induction system)으로 역화(Backfire)가 발생되었다면 원인은?

㉮ 너무 과도한 혼합기
㉯ 너무 희박한 혼합기
㉰ 너무 낮은 완속운전(Idle speed)

▶ Afterfire - over rich mixture

18. 왕복기관의 지시마력을 PS 단위로 계산하는 식은?

(단, Pmi=지시평균유효압력(kg/㎠), L=행정길이(m) Pmb=제동평균유효압력(kg/㎠), K=실린더 수 N=기관의 분당 회전수, bHP=제동마력 A=피스톤 단면적(㎠)이다.)

㉮ $\dfrac{75 \times 2 \times 60 \times bHP}{L \cdot A \cdot N \cdot K}$

㉯ $\dfrac{Pmi \cdot L \cdot A \cdot N \cdot K}{75 \times 2 \times 60}$

㉰ $\dfrac{75 \times 2 \times 60 \times Pmb}{L \cdot A \cdot N \cdot K}$

㉱ $\dfrac{Pmb \cdot L \cdot A \cdot N \cdot K}{75 \times 2 \times 60}$

19. 그림은 어떤 사이클을 나타낸 것인가?

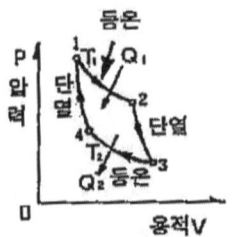

㉮ 정압 사이클 ㉯ 정적 사이클
㉰ 카르노 사이클 ㉱ 합성 사이클

▶ · 정적 사이클(오토 사이클) :
2개의 정적과정, 2개의 단열과정
· 정압 사이클(브레이튼 사이클) :
2개의 정압과정, 2개의 단열과정

20. 가스터빈의 윤활계통에 대한 설명으로 옳은 것은?

㉮ 윤활유 펌프는 피스톤(Piston)식이 주로 쓰인다.
㉯ 윤활유의 양을 측정 및 점검하는 것은 Drip stick이다.
㉰ 배유 윤활유에 함유된 공기를 분리시키는 것은 드웰 챔버(Dwell chamber)이다.
㉱ 냉각기의 바이패스 밸브는 입구의 압력이 낮아지면 바이패스시킨다.

1	2	3	4	5	6	7	8	9	10
나	다	라	다	다	가	나	라	나	다
11	12	13	14	15	16	17	18	19	20
가	나	다	가	가	라	나	나	다	다

2011년도 산업기사 2회 항공기관

1. 다음 그래프는 가스터빈기관의 각 부분에 대한 내부 가스흐름의 어떤 특성을 나타낸 것인가?

   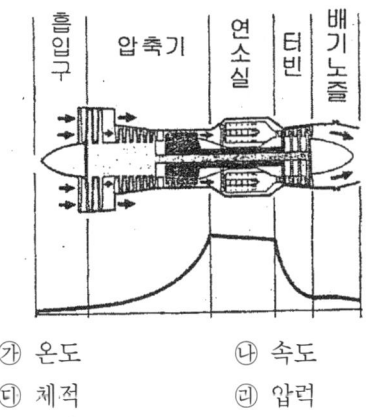

   ㉮ 온도 ㉯ 속도
   ㉰ 체적 ㉱ 압력

2. 비행 중이나 지상에서 기관이 작동하는 동안 조종사가 유압 또는 전기적으로 피치를 변경시킬 수 있는 프로펠러 형식은?

   ㉮ 정속 프로펠러(constant-speed propeller)
   ㉯ 고정피치 프로펠러(Fixed pitch propeller)
   ㉰ 조정피치 프로펠러
        (Adjustable pitch propeller)
   ㉱ 가변피치 프로펠러
        (Controllable pitch propeller)

3. 항공기기관에서 소기펌프(Scavenger pump)의 용량을 압력펌프(Pressure pump)보다 크게 하는 이유는?

   ㉮ 소기펌프의 진동이 더욱 심하기 때문
   ㉯ 압력펌프보다 소기펌프의 압력이 낮기 때문
   ㉰ 윤활유가 저온이 되어 밀도가 증가하기 때문
   ㉱ 소기되는 윤활유가 거품과 열에 의한 팽창으로 체적이 증가하기 때문

4. 그림은 어떤 장치의 회로를 나타낸 것인가?

   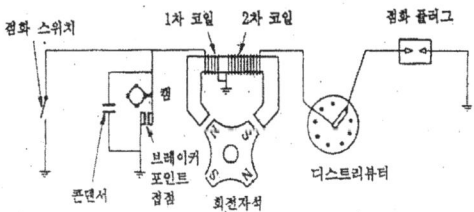

   ㉮ 축전지 점화계통
   ㉯ 혼합비 조절 연료계통
   ㉰ 고압 마그네토 점화계통
   ㉱ 저압 마그네토 점화계통

   ▶ 저압 점화계통(Low tension ignition system)은 변압기 코일이 각 점화 플러그 전에 위치한다.

5. 브레이튼 사이클(Brayton cycle)은 어떤 기관의 이상적인 기본 사이클인가?

   ㉮ 디젤기관   ㉯ 가솔린기관
   ㉰ 가스터빈기관 ㉱ 스털링기관

6. 항공기 왕복기관에서 유입 공기에 의한 임팩트 압력 및 벤투리에 의한 부압의 차이로 유일 공

기량을 측정하는 방식의 기화기는?

㉮ 압력 분사식 기화기
㉯ 부자식 기화기
㉰ 경계 압력식 기화기
㉱ 충동식 기화기

7. 왕복기관의 작동과정에 대한 설명으로 틀린 것은?

㉮ 항공용 왕복기관은 4행정 5현상 사이클이다.
㉯ 항공용 왕복기관에서 실제 일은 팽창행정에서 발생한다.
㉰ 4행정기관은 각 사이클 당 크랭크축이 2회전함으로서 1사이클이 완료된다.
㉱ 4행정기관은 2개의 정압과정과 2개의 단열과정으로 1사이클이 완료된다.

8. 프로펠러를 장비한 경항공기에서 감속기어(Reduction gear)를 사용하는 주된 이유는?

㉮ 깃 길이를 짧게 하기 위하여
㉯ 깃끝 부분에서의 실속 방지를 위하여
㉰ 프로펠러 회전속도를 증가시키기 위하여
㉱ 깃의 진동을 방지하고 구조를 간단히 하기 위하여

▶ 왕복 기관에서 감속기어는 유성 기어식을 많이 사용한다.

9. 가스터빈기관의 시동계통에서 자립회전속도(Self-accelerating speed)의 의미로 옳은 것은?

㉮ 시동기를 켤 때의 가스터빈 회전속도
㉯ 기관에 점화가 일어나서 배기가스 온도가 증가되기 시작하는 상태에서의 가스터빈 회전속도
㉰ 기관이 아이들(Idle) 상태에 진입하기 시작했을 때의 가스터빈 회전속도
㉱ 터빈에서 발생되는 동력이 압축기를 스스로 회전시킬 수 있는 상태에서의 가스터빈 회전속도

10. 수축형 배기노즐의 쵸크(Choke) 현상에 대한 설명으로 틀린 것은?

㉮ 마하 1에서 가스의 흐름은 안정된다.
㉯ 기관압력비(EPR) 계기가 1.89 이상을 지시할 때 배기노즐은 쵸크상태이다.
㉰ 가스가 쵸크된 오리피스를 빠져나갈 때는 반경방향이 아닌 축방향으로 가속된다.
㉱ 마하 1이 되면 가스흐름은 대기로 열린 배기노즐에서 쵸크되어진다.

11. 왕복기관의 압축비가 너무 클 때 일어나는 현상이 아닌 것은?

㉮ 조기점화(Preignition)
㉯ 디토네이션(Detonation)
㉰ 과열현상과 출력의 감소
㉱ 하이드로릭 락(Hydraulic-lock)

▶ 유압 폐쇄(Hydraulic-lock): 성형 기관의 하부 실린더에서 윤활유에 의해 발생하는 현상

12. 가스터빈기관의 연료가열기 작동검사에 대한 설명으로 틀린 것은?

㉮ 연료가열기 작동 중 기관 압력비는 미세하게 떨어진다.
㉯ 연료가열기에 의하여 연료온도가 상승함에 따라 오일 온도도 미세하게 상승한다.

㈋ 필터 바이패스 등(Filter bypass light)이 켜지면 연료가열장치는 작동이 정지된다.
㈃ 계기판의 기관압력비, 오일온도, 연료필터 상태로 확인 가능하다.

13. 차압 시험기를 이용한 압축점검(Compression check)을 피스톤이 하사점에 있을 때 하면 안되는 이유는?

㈎ 폭발의 위험성이 있기 때문에
㈏ 최소한 한 개의 밸브가 열려있기 때문에
㈐ 과한 압력으로 게이지가 손상되기 때문에
㈑ 실린더 체적이 최대가 되어 부정확하기 때문에

● 실린더 압축 시험은 모든 밸브가 닫혀 있는 상태에서 실린더의 누설을 시험하는 것이다.

14. 가스터빈기관 작동시 윤활계통에서 윤활유 압력이 규정값 이상으로 높게 지시되었다면 그 원인으로 볼 수 없는 것은?

㈎ 윤활유 공급관에 오물이 끼었다.
㈏ 윤활유 공급관이 베어링 레이스와 접촉되었다.
㈐ 윤활유 펌프의 릴리프 밸브 스프링이 파손되었다.
㈑ 베어링 쪽에 공급하는 윤활유 제트가 오므라들었다.

● 릴리프 밸브는 펌프 출구의 압력이 규정값 이상일 때 윤활유를 되돌아 가도록 하는 밸브로서 스프링이 파손되면 규정값 이하에서도 되돌아가게 된다.

15. 왕복기관이 완전히 정지하였을 때 흡입 매니폴드(Intake manifold)의 압력계가 나타내는 압력으로 옳은 것은?

㈎ 0 inHg
㈏ 59 inHg
㈐ 대기압력
㈑ 항공기 기종마다 다르다.

16. 가스터빈기관에 사용되는 윤활유의 구비조건으로 틀린 것은?

㈎ 인화점이 높을 것
㈏ 부식성이 클 것
㈐ 유동점이 낮을 것
㈑ 산화 안정성이 클 것

17. 왕복기관의 평균유효압력에 대한 설명으로 옳은 것은?

㈎ 사이클당 유효일을 행정거리로 나눈 값
㈏ 사이클당 유효일을 행정체적으로 나눈 값
㈐ 행정길이를 사이클당 기관의 유효일로 나눈 값
㈑ 행정체적을 사이클당 기관의 유효일로 나눈 값

● $W = F \cdot S = A \cdot P \cdot S = P \cdot V, \therefore P = \dfrac{W}{V}$

18. 원심식 압축기(Centrifugal flow compressor)의 장점이 아닌 것은?

㈎ 시동파워가 낮다.
㈏ 단당 큰 압력상승이 가능하다.
㈐ 축류식과 비교하여 구조가 간단하다.
㈑ 단 사이의 에너지 손실이 적어 다축연결이 유용하다.

19. 그림과 같은 오토사이클의 p-v 선도에서 v1=5m³/kg, v2=1m³/kg 인 경우 압축비는 얼마인가?

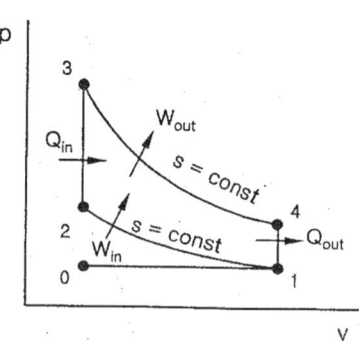

㉮ 0.2   ㉯ 2.5
㉰ 5   ㉱ 10

● $\epsilon = \dfrac{v_1}{v_2}$

20. 다음 중 공기 흡입기관이 아닌 제트기관은?

㉮ 로켓   ㉯ 램제트
㉰ 터보제트기관   ㉱ 펄스제트

1	2	3	4	5	6	7	8	9	10
㉱	㉱	㉱	㉰	㉰	㉮	㉱	㉯	㉱	㉰
11	12	13	14	15	16	17	18	19	20
㉱	㉰	㉯	㉰	㉰	㉯	㉯	㉱	㉰	㉮

2011년도 산업기사 4회 항공기관

1. 옥탄가 80 이라는 항공기 연료를 옳게 설명한 것은?

㉮ 노말헵탄 20%에 세탄 80%의 혼합물과 같은 정도를 나타내는 가솔린
㉯ 노말헵탄 80%에 세탄 20%의 혼합물과 같은 정도를 나타내는 가솔린
㉰ 이소옥탄 80%에 노말헵탄 20%의 혼합물과 같은 정도를 나타내는 가솔린
㉱ 이소옥탄 20%에 노말헵탄 80%의 혼합물과 같은 정도를 나타내는 가솔린

2. 그림은 어떤 열역학 사이클을 나타낸 것인가?

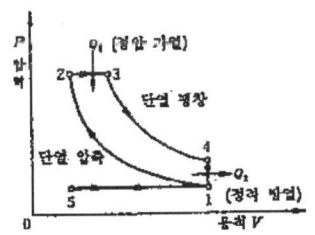

㉮ 합성사이클 ㉯ 정적사이클
㉰ 정압사이클 ㉱ 카르노사이클

▶ 정압사이클 :
• 디젤사이클-2개의 단열과정, 1개의 정압과정, 1개의 정적과정
• 브레이튼사이클-2개의 단열과정, 2개의 정압과정

3. 가스터빈기관의 윤활계통에서 저온탱크계통 (Cold tank type)에 대한 설명으로 옳은 것은?

㉮ 냉각기에서 냉각된 윤활유는 오일노즐을 거치면서 가열되며 오일탱크로 이동한다.
㉯ 윤활유탱크의 윤활유는 연료가열기에 의하여 가열된다.
㉰ 윤활유는 배유펌프에서 윤활유탱크로 곧바로 이동한다.
㉱ 냉각기가 배유펌프와 탱크사이에 위치하여 냉각된 윤활유가 탱크로 유입된다.

4. 성형왕복기관에서 기관정지 후 하부에 위치한 실린더에서 오일이 실린더 상부 쪽으로 스며들어 축적되는 현상은?

㉮ 베이퍼 락(Vapor lock)
㉯ 임팩트 아이스(Impact ice)
㉰ 하이드로릭 락(Hydraulic lock)
㉱ 이베포레이션 아이스(Evaporation ice)

5. 가스터빈기관에서 터빈을 통과하는 가스의 압력과 속도는 변하지 않고 흐름 방향만 바뀌는 터빈은?

㉮ 충동터빈   ㉯ 구동터빈
㉰ 반동터빈   ㉱ 이차터빈

▶ 충동 터빈: 반동도 0, 반동터빈: 반동도 50

6. 열역학에서 문제의 대상이 되는 지정된 양의 물질이나 공간의 지정된 영역을 무엇이라 하는가?

㉮ 물질(Substance) ㉯ 계(System)
㉰ 주위(Surrounding) ㉱ 경계(Boundary)

● 주위 : 계에 속하지 않는 계 밖의 모든 부분
  경계 : 계와 주위를 구분

7. 왕복기관의 오일탱크에 대한 설명으로 옳은 것은?

㉮ 일반적으로 오일탱크는 오일펌프 입구 보다 약간 높게 설치한다.
㉯ 물이나 불순물을 제거하기 위해 탱크 밑바닥에는 딥스틱이 있다.
㉰ 윤활유의 열팽창에 대비해서 드레인 플러그가 있다.
㉱ 오일탱크의 재질은 일반적으로 강도가 높은 철판으로 제작된다.

8. 프로펠러 날개의 루트 및 허브를 덮는 유선형의 커버로 공기흐름을 매끄럽게 하여 기관효율 및 냉각효과를 돕는 것은?

㉮ 램(Ram) ㉯ 커프스(Cuffs)
㉰ 가버너(Governor) ㉱ 스피너(Spinner)

● 커프스: 프로펠러 루트 부분을 에어포일 형태로 만들어 냉각 공기의 유입을 원활하게 함

9. 일반적인 초음속기의 배기노즐 형태로 적절한 것은?

㉮ 수축형 ㉯ 수축-확산형
㉰ 확산형 ㉱ 확산-수축형

10. 쌍발 항공기에 장착된 가스터빈기관의 공압 시동기(Pneumatic starter)에 필요한 고압공기로 사용이 불가능한 것은?

㉮ 램 공기(Ram air)
㉯ 보조동력장치에 의한 고압공기
㉰ 지상동력장비에 의한 고압공기
㉱ 시동된 타기관의 압축기 블리드공기

11. 왕복기관을 시동할 때 기화기 혼합조정 레버의 위치는?

㉮ "full rich"에 놓고 시동한다.
㉯ "auto rich"에 놓고 시동한다.
㉰ "full lean"에 놓고 primer로 시동한다.
㉱ "idle cut off"에 놓고 primer로 시동한다.

12. 다음 중 항공기 왕복기관의 흡입계통에서 작은 양의 공기누설이 기관 작동에 큰 영향을 미치는 경우는?

㉮ 저속 상태일 때
㉯ 고출력 상태일 때
㉰ 이륙출력 상태일 때
㉱ 연속사용 최대출력 상태일 때

13. 왕복기관에서 실린더의 압축비로 옳은 것은?
(단, V_c : 연소체적, V_s : 행정체적이다.)

㉮ $\dfrac{V_s}{V_c}$ ㉯ $\dfrac{V_c}{V_s}$

㉰ $1+\dfrac{V_s}{V_c}$ ㉱ $1+\dfrac{V_c}{V_s}$

● 압축비 = $\dfrac{\text{피스톤이 하사점에 있을 때의 실린더 체적}}{\text{피스톤이 상사점에 있을 때의 실린더 체적}}$

= $\dfrac{\text{연소실 체적}+\text{행정체적}}{\text{연소실 체적}} = 1+\dfrac{\text{행정체적}}{\text{연소실체적}}$

14. 피스톤의 지름이 16cm, 행정거리가 0.15m, 실린더 수가 6개인 왕복기관의 총 행정체적은

약 몇 L 인가?

㉮ 13   ㉯ 18
㉰ 23   ㉱ 28

● $V_d = L \cdot A \cdot K = 15 \cdot \dfrac{\pi \cdot 16^2}{4} \cdot 6 \ (cm^3)$
 $(1L = 1000 cm^3)$

15. 다음 중 연료를 직접 분사하여 특별한 장치가 없이 압축열에 의한 자연착화를 시키는 압축 점화 방법의 기관은?

㉮ 가스기관   ㉯ 가솔린 기관
㉰ 디젤기관   ㉱ Hesselman 기관

16. 터보제트기관에서 비행속도 V_a[ft/s], 진추력 F_n[lbf]을 이용하여 추력마력[hp]을 옳게 나타낸 것은?

㉮ $\dfrac{F_n \times V_a}{75}$ ㉯ $\dfrac{F_n \times V_a}{550}$

㉰ $\dfrac{F_n}{75 \times V_a}$ ㉱ $\dfrac{F_n}{550 \times V_a}$

● 추력마력[ps] = $\dfrac{F_n \times V_a}{75}$ (V_a[m/s], 진추력 F_n[kgf])

17. 아음속에서 연료 소비율과 소음이 작기 때문에 민간 여객기에 널리 이용되는 가스터빈기관 형식은?

㉮ 펄스제트기관   ㉯ 램제트기관
㉰ 터보제트기관   ㉱ 터보팬기관

18. 일반적인 프로펠러의 깃각(Blade Angle)에 대한 설명으로 옳은 것은?

㉮ 깃의 전 길이에 걸쳐 일정하다.
㉯ 일반적으로 프로펠러 중심에서 50% 되는 위치의 각도를 말한다.
㉰ 깃 뿌리(Blade Root)에서 깃 끝(Blade Tip)으로 갈수록 커진다.
㉱ 깃 뿌리(Blade Root)에서 깃 끝(Blade Tip)으로 갈수록 작아진다.

19. 항공기기관 점검시 작동 시간과 비행 사이클의 수에 따라 결정되는 검사는?

㉮ 일제 검사   ㉯ 주기 검사
㉰ 순간 검사   ㉱ 부정기 검사

20. 가스터빈기관의 연료조정장치에 대한 설명으로 옳은 것은?

㉮ 수감요소 중 기관회전수가 증가하면 연료를 증가시킨다.
㉯ 스로틀레버 급가속시 혼합비의 과희박으로 압축기 실속을 일으킬 수 있다.
㉰ 연료조정장치는 유압기계식과 압력식이 주로 쓰인다.
㉱ 수감요소 중 압축기 출구압력이 증가하면 연료를 증가시킨다.

● 연료조정장치의 수감요소 관계
① rpm: 증가시 연료 유량 증가
② CDP: 높아지면 연료량 감소
③ CIT: 증가하면 연료량 감소
④ PLA: 앞으로 밀면 연료량 증가

1	2	3	4	5	6	7	8	9	10
㉰	㉰	㉰	㉮	㉯	㉯	㉱	㉰	㉯	㉮
11	12	13	14	15	16	17	18	19	20
㉱	㉮	㉰	㉯	㉰	㉮	㉱	㉱	㉯	㉮

2012년도 산업기사 1회 항공기관

1. 기관부품에 대한 비파괴 검사 중 강자성체 금속으로만 제작된 부품의 표면결함을 검사 할 수 있는 방법은?

   ㉮ 형광침투검사 ㉯ 방사선 시험
   ㉰ 자분탐상검사 ㉱ 와전류탐상검사

2. 프로펠러 비행기가 비행 중 기관이 고장 나서 정지시킬 필요가 있을 때, 프로펠러의 깃각을 바꾸어 프로펠러의 회전을 멈추게 하는 조작을 무엇이라 하는가?

   ㉮ 슬립(Slip)
   ㉯ 비틀림(Twisting)
   ㉰ 피칭(Pitching)
   ㉱ 페더링(Feathering)

3. 증기폐쇄(Vapor lock)에 대한 설명으로 옳은 것은?

   ㉮ 기화기의 이상으로 액체연료와 공기가 혼합되지 않는 현상
   ㉯ 기화기에서 분사된 혼합가스가 거품을 형성하여 실린더의 연료유입을 폐쇄하는 현상
   ㉰ 혼합가스가 아주 희박해져 실린더로의 연료유입이 폐쇄되는 현상
   ㉱ 액체연료가 기화기에 이르기 전에 기화되어 기화기에 이르는 통로를 폐쇄하는 현상

● Vapor lock(증기 폐쇄)
  Hydraulic lock(유압 폐쇄)

4. 터보제트엔진기관의 추력연료소비율(TSFC)에 대한 설명으로 틀린 것은?

   ㉮ 추력 비연료소비율이 작을수록 경제성이 좋다
   ㉯ 추력 비연료소비율이 작을수록 기관의 효율이 좋다.
   ㉰ 추력 비연료소비율이 작을수록 기관의 성능이 우수하다.
   ㉱ 1kgf의 추력을 발생하기 위하여 1초 동안 기관이 소비하는 연료의 체적을 말한다.

5. 제트기관의 점화장치를 왕복기관에 비하여 고전압, 고에너지 점화장치로 사용하는 주된 이유는?

   ㉮ 열손실이 크기 때문에
   ㉯ 사용연료의 휘발성이 낮아서
   ㉰ 왕복기관에 비하여 부피가 크므로
   ㉱ 점화기 특성 규격에 맞추어야 하므로

6. 가스터빈기관의 연료조정장치(FCU)기능이 아닌 것은?

   ㉮ 연료흐름에 따른 연료필터의 사용여부를 조정한다
   ㉯ 출력레버위치에 맞게 대기상태의 변화

에 관계없이 자동적으로 연료량을 조절한다.
㉰ 출력레버위치에 해당하는 터빈입구온도를 유지한다.
㉱ 파워레버의 작동이나 위치에 맞게 기관에 공급되는 연료량을 적절히 조절한다.

● FCU의 구성요소
 - Computing section(수감부분)
 - Metering section (유량조절부분)

7. 제트기관에서 고온 고압의 강력한 전기불꽃을 일으키기 위해 저전압을 고전압으로 바꾸어 주는 것은?

㉮ 연료노즐(FuelNozzle)
㉯ 점화플러그(Ignition Plug)
㉰ 점화익사이터(Ignition Exiter)
㉱ 하이텐션 리드 라인
  (High-Tension Lead line)

8. 왕복기관으로 흡입되는 공기 중의 습기 또는 수증기가 증가할 경우 발생할 수 있는 현상으로 옳은 것은?

㉮ 체제효과가 증가하여 출력이 증가한다.
㉯ 일정한 RPM과 다기관 압력 하에서는 기관출력이 감소한다.
㉰ 고출력에서 연료요구량이 감소하여 이상 연소현상이 감소된다.
㉱ 자동 연료조정장치를 사용하지 않는 기관에서는 혼합기가 희박해진다.

● 공기 중에 습기 또는 수증기가 증가할수록 건조공기의 양은 감소한다.

9. 항공기 기관의 오일필터가 막혔다면 어떤 현상이 발생하는가?

㉮ 기관 윤활계통의 윤활 결핍현상이 온다.
㉯ 높은 오일압력 때문에 필터가 파손되다.
㉰ 오일이 바이패스 밸브(bypass valve)를 통하여 흐른다.
㉱ 높은 오일압력으로 체크밸브(check valve)가 작동하여 오일이 되돌아온다.

10. 왕복기관을 실린더 배열에 따라 분류할 때 대향형 기관을 나타낸 것은?

㉮   ㉯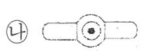

㉰   ㉱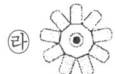

11. 가스터빈기관의 용량형 점화장치에서 이그나이터(igniter)가 장착되지 않은 상태로 작동할 때, 열이 축적되는 것을 방지 하는 것은?

㉮ 블리드 저항(Bleed resister)
㉯ 저장 축전기(Stroage capacitor)
㉰ 더블러 축전기(Doubler capacitor)
㉱ 고압 변압기(High tension transformer)

● Capacitor는 전하를 축적하는 역할을 하며, Transformer는 전압을 승압시킨다. Bleed 저항은 저장 축전기의 방전이 있은 후 다음 방전을 위해 트리거 콘덴서의 잔류 전하를 방출하는 역할과 이그나이터가 장착되지 않은 상태에서 점화 장치를 작동시켰을 때, 전압이 과도하게 상승하여 절연 파괴 현상이 발생하는 것을 방지한다.

12. 저출력 소형 항공기 왕복기관의 크랭크축에 일반적으로 사용되는 베어링은?

㉮ 볼(Bell)베어링
㉯ 롤러(Roller)베어링
㉰ 평형(Plate)베어링
㉱ 니들(Needle)베어링

● Plate(Plain) Bearing: 방사상 하중 담당
 - 저출력 기관의 크랭크축, 커넥팅로드에 사용
● Roller Bearing
 - 직선 롤러 베어링: 방사상 하중 담당
 - 테이퍼 롤러 베어링: 방사상 및 추력 하중 담당
 - 고출력 기관의 크랭크 축 주 베어링에 사용
● Ball Bearing: 방사상 및 추력 하중 담당
 - 대형 성형 기관이나 가스터빈 기관의 추력 베어링으로 사용

13. 항공기 왕복기관의 배기계통의 목적 및 용도로 틀린 것은?

㉮ 압력을 높이지 않고 가스를 배출한다.
㉯ 연소가스내의 유해성분 밀도를 높인다.
㉰ 기내 난방이나 수퍼차저의 구동 등에 사용된다.
㉱ 기화기 결빙이 우려 될 경우 흡기의 예열에 사용된다.

14. 정적비열 0.2kcal/kg·k인 이상기체 5kg이 일정압력 하에서 50kcal의 열을 받아 온도가 0℃에서 20℃까지 증가하였다. 이 때 외부에 한 일은 몇 kcal인가?

㉮ 4   ㉯ 20
㉰ 30   ㉱ 70

● $W = Q_1 - Q_2$, $Q_1 = 50kcal$,
 $Q_2 = mC_V(T_2 - T_1)$
    $= 5 \times 0.2 \times (293 - 273)$

15. 왕복기관의 마그네토 캠축과 기관크랭크축의 회전속도비를 옳게 나타낸 식은?

㉮ $\dfrac{N}{n}$ ㉯ $\dfrac{N}{2n}$
㉰ $\dfrac{N}{n+1}$ ㉱ $\dfrac{N+1}{2n}$

● 마그네토 캠축은 브레이커 포인트의 개폐에 사용되므로 1cycle 동안 크랭크축은 2회전, 캠축은 1회전하면 된다(성형 기관).

16. 고도가 높아지면서 나타나는 기관의 변화가 아닌 것은?

㉮ 기관 출력의 감소
㉯ 기압 감소로 오일소모 증가
㉰ 점화계통에서 전류가 새어나감(Leak out)
㉱ 기압 감소로 연료비등점이 낮아져 증기 폐색 발생

17. 엔탈피(Enthalpy)의 차원과 같은 것은?

㉮ 에너지   ㉯ 동력
㉰ 운동량   ㉱ 엔트로피

● 엔탈피는 내부 에너지와 유동 일의 합으로 정의된다.

18. 다음 중 일반적으로 프로펠러 방빙계통에서 사용되는 것은?

㉮ 에틸알콜
㉯ 변성(denatured)알콜
㉰ 이소프로필(isopropyl)알콜
㉱ 에틸렌글리콜(ethylee glycol)

19. 가스터빈기관의 고온부 구성품에 수리해야 할 부분을 표시할 때 사용하지 않아야 하는 것은?

㉮ Chalk   ㉯ Layout Dye
㉰ Felt-up Applicator   ㉱ Lead Pencil

● chalk:분필, lead pencil: 연필

20. 가스터빈기관 내부에서 가스의 속도가 가장 빠른 곳은?

㉮ 연소실   ㉯ 터빈 노즐
㉰ 압축기 부분   ㉱ 터빈 로터

1	2	3	4	5	6	7	8	9	10
㉰	㉱	㉱	㉯	㉮	㉰	㉯	㉰	㉯	㉯
11	12	13	14	15	16	17	18	19	20
㉮	㉰	㉯	㉰	㉯	㉯	㉮	㉰	㉱	㉯

2012년도 산업기사 2회 항공기관

1. 다음 그림과 같은 여과기의 형식은?

㉮ 디스크형(Disk type)
㉯ 스크린형(Screen type)
㉰ 카트리지형(Cartridge type)
㉱ 스크린-디스크형(Screen-disk type)

2. 다음 중 터빈 형식 기관에 해당되는 것은?

㉮ 로켓   ㉯ 램제트
㉰ 펄스제트   ㉱ 터보 팬

3. 열역학 제2법칙을 가장 잘 설명한 것은?

㉮ 일은 열로 전환될 수 있다.
㉯ 열은 일로 전환될 수 있다.
㉰ 에너지보존법칙을 나타낸다.
㉱ 에너지 변화의 방향성과 비가역성을 나타낸다.

● 열역학 제1법칙: 에너지 보존의 법칙

4. 가스터빈 기관에서 터빈 노즐(Turbine nozzle)의 주된 목적은?

㉮ 터빈의 냉각을 돕기 위해서
㉯ 연소 가스의 속도를 증가시키기 위해서
㉰ 연소 가스의 온도를 증가시키기 위해서
㉱ 연소 가스의 압력을 증가시키기 위해서

5. 축류형 압축기의 반동도를 옳게 나타낸 것은?

㉮ $\dfrac{\text{로터에 의한 압력 상승}}{\text{단당 압력 상승}} \times 100$

㉯ $\dfrac{\text{압축기에 의한 압력 상승}}{\text{터빈에 의한 압력 상승}} \times 100$

㉰ $\dfrac{\text{저압 압축기에 의한 압력 상승}}{\text{고압 압축기에 의한 압력 상승}} \times 100$

㉱ $\dfrac{\text{스테이터에 의한 압력 상승}}{\text{단당 압력 상승}} \times 100$

● 압축기의 반동도(reaction rate): 압축기 1단의 압력 상승 중에서 로터가 담당한 비율

6. 다음과 같은 밸브 타이밍을 가진 왕복 기관의 밸브 오버랩은 얼마인가?

(단, I.O : 25° BTC E.O : 55° BBC I.C : 60° ABC E.C : 15° ATC.)

㉮ 25°   ㉯ 40°
㉰ 60°   ㉱ 75°

● 밸브 오버랩(valve overlap): 배기 행정 말기와 흡입 행정 초기에 배기 밸브와 흡입 밸브가 동시에 열려 있는 구간

7. 가스터빈 기관을 시동하여 공회전(Idle)에 도달했을 때, 기관의 정상 여부를 판단하는 중요한 변수와 가장 관계가 먼 것은?

㉮ 진동   ㉯ 오일압력
㉰ 추력   ㉱ 배기가스온도

8. 부자식 기화기(Float-type carburetor)에 있는 이코노마이저 밸브(Economizer valve)의 작동에 대한 설명으로 옳은 것은?

㉮ 저속과 순항속도에서는 밸브가 열린다.
㉯ 최대 출력에서 농후한 혼합비를 만든다.
㉰ 순항시 최적의 출력을 얻기 위하여 농후한 혼합비를 유지한다.
㉱ 기관의 갑작스런 가속을 위하여 추가적인 연료를 공급한다.

● 가속 펌프: 기관의 급가속시 추가적인 연료 공급

9. 압축비와 가열량이 일정할 때, 이론적인 열효율이 가장 높은 사이클은?

㉮ 오토 사이클
㉯ 사바테 사이클
㉰ 디젤 사이클
㉱ 브레이튼 사이클

● 열효율 순서: 오토 사이클-사바테 사이클(합성 사이클)-디젤 사이클

10. 2단 가변피치 프로펠러 항공기의 프로펠러 효율을 좋게 유지하기 위한 운항 상태에 따른 각각의 사용피치로 옳은 것은?

㉮ 강하시에는 저피치(Low pitch)를 사용한다.
㉯ 순항시에는 고피치(High pitch)를 사용한다.
㉰ 이륙시에는 고피치(High pitch)를 사용한다.
㉱ 착륙시에는 고피치(High pitch)를 사용한다.

11. 고정 피치 프로펠러를 장착한 항공기의 프로펠러 회전속도를 증가시키면 블레이드는 어떻게 되는가?

㉮ 블레이드 각(Blade angle)이 증가한다.
㉯ 블레이드 각(Blade angle)이 감소한다.
㉰ 블레이드 영각(Angle of attack)이 증가한다.
㉱ 블레이드 영각(Angle of attack)이 감소한다.

● 고정 피치란 깃 각(blade angle)이 고정된 것

12. 피스톤 오일 링(Piston oil ring)에 의하여 모아진 여분의 오일은 어느 경로를 통하여 흐르는가?

㉮ 실린더 벽면의 작은 틈을 통하여
㉯ 피스톤 핀 중앙에 뚫린 구멍을 통하여
㉰ 피스톤 핀에 있는 드릴 구멍을 통하여
㉱ 피스톤 오일 링 홈에 있는 드릴 구멍을 통하여

13. 왕복 기관 윤활계통에서 윤활유의 역할이 아닌 것은?

㉮ 금속 가루 및 미분을 제거한다.
㉯ 금속 부품의 부식을 방지한다.
㉰ 연료에 수분의 침입을 방지한다.
㉱ 금속면 사이의 충격 하중을 완충시킨다.

14. 기관 흡입구의 장치 중 동일 목적으로 사용되어지는 것으로 짝지어진 것은?

㉮ 움직이는 쐐기형(Movable wedge) - 와류 분산기(Vortex dissipator)

㉯ 움직이는 스파이크(Movable spike) - 움직이는 베인(Movable vane)
㉰ 움직이는 베인(Movable vane) - 움직이는 쐐기형(Movable wedge)
㉱ 와류분산기(Vortex dissipator) - 움직이는 베인(Movable vane)

● Movable spike, movable wedge: 초음속 항공기의 가변 면적 흡입 덕트 구성품으로, 덕트를 수축 확산형 또는 확산형으로 바꾸어주는 장치
Vortex dissipater(vortex destroyer, blow-away jet): 지상에서 가스터빈 엔진 작동시 볼텍스에 의해 지상의 이물질이 엔진으로 흡입되는 것을 방지하기 위해 엔진 하부에서 지상으로 압축 공기를 분사하는 장치

15. 항공기용 왕복기관의 이론 마력은 250 PS, 지시 마력은 200 PS, 제동 마력은 140 PS 라면 이 기관의 기계 효율은 몇 % 인가?

㉮ 70 ㉯ 75
㉰ 80 ㉱ 85

● $\eta_m = \dfrac{bHP}{iHP} \times 100$

16. 성형기관에서 마그네토(Magneto)를 보기부(Accessory section)에 설치하지 않고 전방부분에 설치하여 얻는 가장 큰 이점은?

㉮ 정비가 용이하다.
㉯ 냉각 효율이 좋다.
㉰ 검사가 용이하다.
㉱ 설치제작비가 저렴하다.

17. 왕복기관 작동 중 점화스위치와 우측 마그네토를 연결한 선이 끊어졌을 때 나타나는 현상으로 옳은 것은?

㉮ 기관의 출력이 떨어진다.
㉯ 우측 마그네토 접점이 타버린다.
㉰ 우측 마그네토가 작동되지 않는다.
㉱ 점화 스위치를 off 에 놓아도 기관은 계속 작동한다.

● 점화 스위치와 마그네토를 연결하는 P-lead 선은 접지선으로서, 선이 연결되면 해당 마그네토가 작동하지 않는다. 그러므로 선이 끊어지더라도 작동 중에는 문제가 없으나 엔진 정지 시 점화 스위치를 off 해도 마그네토는 계속 작동하는 문제가 발생한다.

18. 다음 중 가스터빈 기관의 트림(Trim) 작업시 조절하는 것이 아닌 것은?

㉮ 연료제어장치
㉯ 가변정익베인
㉰ 터빈블레이드 각도
㉱ 사용 연료의 비중

● Engine trimming: 엔진의 정격 추력에 해당하는 기관 압력비가 나오도록 주기적으로 엔진의 여러 가지 작동 상태를 조정하는 작업

19. 다음 중 민간 항공기용 가스터빈 기관에 사용되는 연료는?

㉮ Jet A-1 ㉯ Jet B-5
㉰ JP-4   ㉱ JP-B

● 왕복 기관 연료: AV GAS(Aviation gasoline)
가스터빈 기관 연료: 군용과 민간용으로 분류

20. 터보팬 기관의 역추력장치 부품 중 팬을 지난 공기를 막아주는 역할을 하는 것은?

㉮ 블록 도어(Blocker Door)
㉯ 공기 모터(Pneumatic Motor)
㉰ 캐스케이드 베인(Cascade Vane)
㉱ 트랜슬레이팅 슬리브(Translating Sleeve)

● Cascade vane: blocker door에 의해 막힌 공기의 방향을 전방 쪽으로 향하도록 하는 장치

1	2	3	4	5	6	7	8	9	10
㉰	㉱	㉱	㉯	㉮	㉯	㉰	㉯	㉮	㉯
11	12	13	14	15	16	17	18	19	20
㉰	㉱	㉰	㉱	㉮	㉯	㉱	㉰	㉮	㉮

2012년도 산업기사 4회 항공기관

1. 다음 중 추진체에 의해 발생되는 주된 최종 기체가 다른 것은?
   ㉮ 램제트기관   ㉯ 터보프롭기관
   ㉰ 터보팬기관   ㉱ 터보제트기관

2. 가스터빈기관에서 가변정익(Variable stator vane)을 장착하는 가장 큰 이유는 언제 발생하는 실속을 방지하기 위해서인가?
   ㉮ 저속에서 가속과 감속시
   ㉯ 순항에서 가속과 감속시
   ㉰ 고속에서 가속과 감속시
   ㉱ 급강하에서 가속과 감속시

3. 항공기 가스터빈기관의 연료로서 필요한 조건이 아닌 것은?
   ㉮ 발열량이 클 것
   ㉯ 휘발성이 낮을 것
   ㉰ 부식성이 없을 것
   ㉱ 저온에서 동결되지 않을 것

4. 완전가스의 열역학적인 상태변화에 속하지 않는 것은?
   ㉮ 등온변화   ㉯ 가용변화
   ㉰ 정압변화   ㉱ 폴리트로픽변화

5. 프로펠러의 특정 부분을 나타내는 명칭이 아닌 것은?
   ㉮ 허브(Hub)   ㉯ 네크(Neck)
   ㉰ 블레이드(Blade) ㉱ 로터(Rotor)

6. 항공용 직접연료분사(Direct fuel injection)식왕복기관에서 연료가 분사되는 부분이 아닌 것은?
   ㉮ 흡입 매니폴드   ㉯ 흡입밸브
   ㉰ 벤튜리 목부분   ㉱ 실린더의 연소실
   ▶ Venturi는 연료량 조절을 위한 부분이다.

7. 왕복기관의 흡입 및 배기밸브가 실제로 열리고 닫히는 시기로 가장 옳은 것은?
   ㉮ 흡입밸브:열림/상사점, 닫힘/하사점
      배기밸브:열림/하사점, 닫힘/상사점
   ㉯ 흡입밸브:열림/상사점 전, 닫힘/하사점 전
      배기밸브:열림/하사점 후, 닫힘/상사점 후
   ㉰ 흡입밸브:열림/상사점 전, 닫힘/하사점 전
      배기밸브:열림/하사점 전, 닫힘/하사점 후
   ㉱ 흡입밸브:열림/상사점 전, 닫힘/하사점 후
      배기밸브:열림/하사점 전, 닫힘/상사점 후

8. 가스터빈기관의 공기흐름 중에서 압력이 가장 높은 곳은?
   ㉮ 압축기   ㉯ 터빈노즐

㉯ 디퓨저   ㉰ 터빈로터

9. 다음 중 가스터빈기관의 압축기 블레이드 오염 (Dirty)으로 발생되는 현상은?

   ㉮ Low R.P.M   ㉯ High R.P.M
   ㉰ Low E.G.T   ㉱ High E.G.T

● 연료 공기 혼합비의 과농후 현상 발생

10. 가스터빈기관의 시동기(Starter)는 일반적으로 어느 곳에 장착되는가?

    ㉮ 보기기어박스   ㉯ 타코미터
    ㉰ 연료 조절장치   ㉱ 블리드 패드

11. 그림과 같이 압력(P)-부피(V)선도 상의 오토 사이클 (Ottocycle)에서 과정 1→2, 3→4는 어떤 변화인가?

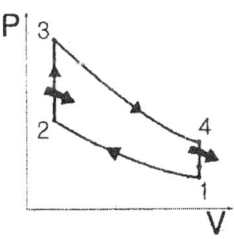

    ㉮ 등온 압축, 등온 팽창
    ㉯ 단열 압축, 등온 팽창
    ㉰ 등온 압축, 단열 팽창
    ㉱ 단열 압축, 단열 팽창

● Otto cycle은 2개의 단열과정과 2개의 정적과정으로 이루어진다.

12. 기관오일계통의 부품 중 베어링부의 이상 유무와 이상 발생 장소를 탐지하는데 이용되는 부품은?

    ㉮ 오일 필터
    ㉯ 마그네틱 칩 디텍터
    ㉰ 오일압력 조절밸브
    ㉱ 오일필터 막힘 경고등

13. 가스터빈기관 연소실의 2차 공기에 대한 설명으로 옳은 것은?

    ㉮ 14 - 18 : 1 의 최적 혼합비를 유지한다.
    ㉯ 스웰가이드베인이 있어 강한선회를 주어 적당한 난류를 발생시킨다.
    ㉰ 2차 공기는 연소실로 유입되는 전체공기의 약25% 정도이다.
    ㉱ 흡입된 공기로 연소가스를 희석하여 연소실 출구 온도를 낮춘다.

14. 9개 실린더를 갖고 있는 성형기관(Radial engine)의 마그네토 배전기(Distributor) 6번 전극에 꽂혀있는 점화 케이블은 몇 번 실린더에 연결시켜야 하는가?

    ㉮ 2   ㉯ 4
    ㉰ 6   ㉱ 8

● 9기통 성형기관 점화 순서:
  1-3-5-7-9-2-4-6-8

15. 왕복기관의 작동 중 점검하여야 할 사항과 가장 관계가 먼 것은?

    ㉮ 흡기압력   ㉯ 공기 블리드
    ㉰ 배기가스온도   ㉱ 엔진오일의 압력

16. 다음 중 윤활유의 점도를 나타내는 것은?

    ㉮ MIL   ㉯ SAE
    ㉰ SUS   ㉱ NAS

MIL: Military Specification
SAE: Society of Automotive Engineers
SUS: Saybolt Universal Second
NAS: National Aerospace Standard

17. 가스터빈기관의 저속 비행시 추진효율이 좋은 순서대로 나열된 것은?

㉮ 터보팬 > 터보프롭 > 터보제트
㉯ 터보프롭 > 터보제트 > 토보팬
㉰ 터보프롭 > 터보팬 > 터보제트
㉱ 터보제트 > 터보팬 > 터보프롭

18. 프로펠러 깃각(Blade angle)은 에어포일 시위선(Chord line)과 무엇과의 사이각으로 정의 되는가?

㉮ 회전면
㉯ 프로펠러 추력 라인
㉰ 상대풍
㉱ 피치변화시 깃 회전 축

19. 항공용 왕복기관의 기본 성능요소에 관한 설명으로 틀린 것은?

㉮ 총 배기량은 기관이 2회전 하는 동안 1개의 실린더 에서 배출한 배기가스의 양이다.
㉯ 기관의 총 배기량이 증가하면 기관의 최대 출력이 증가한다.
㉰ 열에너지로부터 기계적 에너지로 변환 되는 전체마력을 지시마력(Indicated horse power)이라 한다.
㉱ 구동장치나 프로펠러에 전달되는 실직적인 마력을 축마력(Shaft horse power)이라 한다.

20. 왕복기관에서 흡기압력이 증가할 때 나타나는 효과는?

㉮ 충진 체적이 증가한다.
㉯ 충진 체적이 감소한다.
㉰ 충진 밀도가 증가한다.
㉱ 연료, 공기 혼합기의 무게가 감소한다.

1	2	3	4	5	6	7	8	9	10
㉯	㉮	㉯	㉯	㉱	㉰	㉱	㉰	㉱	㉮
11	12	13	14	15	16	17	18	19	20
㉱	㉯	㉱	㉮	㉯	㉰	㉮	㉮	㉮	㉰

2013년도 산업기사 1회 항공기관

1. 열역학에서 가역과정에 대한 설명으로 옳은 것은?

㉮ 마찰과 같은 요인이 있어도 상관없다.
㉯ 계와 주위가 항상 불균형 상태이어야 한다.
㉰ 주위의 작은 변화에 의해서는 반대과정을 만들 수 없다.
㉱ 과정이 일어난 후에도 처음과 같은 에너지양을 갖는다.

2. 가스터빈 기관의 교류 고전압 축전기 방전 점화 계통(A.C capacitor discharge ignition system)에서 고전압 펄스(Pulse)를 형성하는 곳은?

㉮ 접점(Breaker)
㉯ 정류기(Rectifier)
㉰ 멀티로브 캠(Multilobe cam)
㉱ 트리거 변압기(Trigger transformer)

▶ 교류 고전압 축전기 방전 점화 계통은 115V, 400Hz의 교류를 이용하며, 고전압 트리거 변압기에서 20,000V 정도의 고전압이 유기된다.

3. 프로펠러 깃의 허브중심으로부터 깃 끝까지의 길이가 R, 깃각이 β일 때 이 프로펠러의 기하학적 피치는?

㉮ $2\pi R \tan\beta$ ㉯ $2\pi R \sin\beta$
㉰ $2\pi R \cos\beta$ ㉱ $2\pi R \sec\beta$

4. 왕복기관에서 발생되는 진동의 원인이 아닌 것은?

㉮ 토크의 변동
㉯ 오일 조절 링의 마모
㉰ 크랭크 축의 비틀림 진동
㉱ 왕복 관성력과 회전 관성력의 불균형

5. 터보제트기관에서 비추력을 증가시키기 위하여 가장 중요한 것은?

㉮ 고회전 압축기의 개발
㉯ 고열에 견딜 수 있는 압축기의 개발
㉰ 고열에 견딜 수 있는 터빈 재료의 개발
㉱ 고열에 견딜 수 있는 배기 노즐의 개발

▶ 열효율을 증가(추력의 증가)시키기 위해서는 터빈 입구 온도(TIT)를 높일 수 있는 방법의 개발(고온에 견디는 터빈 재질 개발과 터빈 냉각 방법 개선)과 압축기 및 터빈의 단열 효율을 높이는 것(기관의 내부 손실 감소)이다.

6. 9개의 실린더를 갖고 있는 성형기관(Radial engine)의 점화순서로 옳은 것은?

㉮ 1, 2, 3, 4, 5, 6, 7, 8, 9
㉯ 8, 6, 4, 2, 1, 3, 5, 7, 9
㉰ 1, 3, 5, 7, 9, 2, 4, 6, 8
㉱ 9, 4, 2, 7, 5, 6, 3, 1, 8

7. 가스터빈기관의 연료부품 중 연료소비율을 알려주는 것은?

㉮ 연료 매니폴드(Fuel manifold)
㉯ 연료 오일냉각기(Fuel oil cooler)
㉰ 연료 조절장치(Fuel control unit)
㉱ 연료흐름 트랜스미터
 (Fuel flow transmitter)

8. 다음 중 내연기관이 아닌 것은?

㉮ 가스터빈기관 ㉯ 디젤기관
㉰ 증기터빈기관 ㉱ 가솔린기관

9. 피스톤의 지름이 16cm, 행정거리가 0.15m, 실린더 수가 6개인 왕복기관의 총 행정체적은 약 몇 cm^3 인가?

㉮ 18095 ㉯ 19095
㉰ 20095 ㉱ 21095

● 총 행정체적(총배기량) = $\dfrac{\pi \cdot 16^2}{4} \times (0.15 \times 100) \times 6$

10. 정속 프로펠러를 장착한 항공기가 순항시 프로펠러 회전수를 2300rpm에 맞추고 출력을 1.2배 높이면 회전계가 지시하는 값은?

㉮ 1800rpm ㉯ 2300rpm
㉰ 2700rpm ㉱ 4600rpm

● 정속 프로펠러는 엔진 출력에 관계없이 정해진 rpm으로 회전하며, 출력을 증가시키면 깃 각만 증가한다.

11. 항공기 왕복기관의 회전속도가 증가함에 따라 마그네토 1차 코일에서 발생되는 전압의 변화를 옳게 설명한 것은?

㉮ 증가한다.
㉯ 감소한다.
㉰ 일정한 상태를 지속한다.
㉱ 전압조절기 맞춤에 따라 변한다.

12. 가스터빈기관의 핫 섹션(Hot section)에 대한 설명으로 틀린 것은?

㉮ 큰 열응력을 받는다.
㉯ 가변 스테이터 베인이 붙어 있다.
㉰ 직접 연소가스에 노출되는 부분이다.
㉱ 재료는 니켈, 코발트 등의 내열합금이 사용된다.

● 가변 스테이터 베인은 cold section인 압축기(앞쪽)에 위치한다.

13. 가스터빈 기관에서 사용하는 합성 오일은 오래 사용할수록 어두운 색깔로 변색되는데 이것은 오일 속의 어떤 첨가제가 산소와 접촉되면서 나타나는 현상인가?

㉮ 점도지수 향상제 ㉯ 부식방지제
㉰ 산화방지제 ㉱ 청정분산제

14. 가스터빈기관에서 배기가스의 온도 측정 시 저압 터빈 입구에서 사용하는 온도 감지센서는?

㉮ 열전대(Thermocouple)
㉯ 써모스탯(Thermostat)
㉰ 써미스터(Thermistor)
㉱ 라디오미터(Radiometer)

● 열전대(열전쌍-thermocouple)의 종류 : 크로멜-알루멜(가스터빈 기관의 EGT 측정)
철-콘스탄탄(왕복 기관의 CHT 측정)

15.
초기압력과 체적이 각각 $P_1=1000N/cm^2$, $V_1=1000cm^3$ 인 이상기체가 등온상태로 팽창하여 체적이 $2000cm^3$ 이 되었다면, 이 때 기체의 엔탈피 변화는 몇 J 인가?

㉮ 0 ㉯ 5
㉰ 10 ㉱ 20

▶ 등온 변화일 때 이상 기체의 상태 방정식은 Pv=일정 이며, 온도가 일정하므로 내부 에너지의 변화도 없다. 엔탈피는 내부 에너지와 유동 에너지의 합이므로 엔탈피의 변화는 없다.

16.
터보제트기관과 왕복기관의 오일 소비량을 옳게 나타낸 것은?

㉮ 터보제트기관 = 왕복기관
㉯ 터보제트기관 ≥ 왕복기관
㉰ 터보제트기관 > 왕복기관
㉱ 터보제트기관 < 왕복기관

17.
오일펌프 릴리프밸브(Oil pump relief valve)의 역할은?

㉮ 오일냉각기를 보호한다.
㉯ 오일계통에 오일의 압력을 증가시킨다.
㉰ 오일계통이 막힐 경우 재순환 회로에 오일을 공급한다.
㉱ 펌프출구의 압력이 높을 때 펌프입구로 오일을 되돌린다.

18.
항공기용 왕복기관의 연료계통에서 베이퍼 록(Vapor lock)의 원인이 아닌 것은?

㉮ 연료 온도 상승
㉯ 연료의 낮은 휘발성
㉰ 연료에 작용되는 압력의 저하
㉱ 연료탱크 내부 슬로싱(sloshing)

▶ 증기 폐색(증기 폐쇄: vapor lock)

19.
항공용 왕복기관의 플로트(float)식 기화기에 대한 설명으로 옳은 것은?

㉮ 플로트실 유면은 니들밸브와 시트(seat) 사이에 와셔(washer)를 첨가하면 유면이 상승한다.
㉯ 플로트실 유면은 니들밸브와 시트사이에 와셔를 제거하면 유면이 하강한다.
㉰ 주 연료노즐에서 분사량은 플로트실의 압력과 벤투리의 압력차에 따라 결정된다.
㉱ 니들밸브와 시트사이의 와셔를 제거하면 공급연료의 감소로 혼합비가 희박해진다.

20.
왕복기관에 사용되는 기어(Gear)식 오일펌프의 사이드 클리어런스(Side clearance)가 크면 나타나는 현상은?

㉮ 오일 압력이 높아진다.
㉯ 오일 압력이 낮아진다.
㉰ 과도한 오일 소모가 나타난다.
㉱ 오일펌프에 심한 진동이 발생한다.

▶ 기어에서 간극(클리어런스)이 너무 크면 오일펌프의 제 기능(오일에 압력을 가해 공급)을 원활하게 하지 못하게 되므로 정해진 압력보다 낮아진다.

1	2	3	4	5	6	7	8	9	10
㉱	㉱	㉮	㉯	㉰	㉯	㉯	㉰	㉮	㉯
11	12	13	14	15	16	17	18	19	20
㉮	㉯	㉰	㉮	㉮	㉱	㉱	㉯	㉰	㉯

2013년도 산업기사 2회 항공기관

1. 독립된 소형 가스터빈기관으로 외부의 동력 없이 기관을 시동시키는 시동 계통은?

    ㉮ 전동기식 시동계통
    ㉯ 공기 터빈식 시동계통
    ㉰ 가스 터빈식 시동계통
    ㉱ 시동-발전기식 시동계통

    ● 공기 터빈식 시동기 : 가장 많이 사용되는 공기식 시동기(뉴매틱-pneumatic starter)
    시동-발전기식 시동기 : 전기식 시동기의 일종으로서 시동시에는 시동기, 시동 후에는 발전기 역할을 함으로서 무게의 감소를 가져온다.

2. 왕복기관의 오일 냉각기 흐름조절 밸브(Oil cooler flow control valve)가 열리는 조건은?

    ㉮ 기관으로부터 나오는 오일의 온도가 너무 높을 때
    ㉯ 기관으로부터 나오는 오일의 온도가 너무 낮을 때
    ㉰ 기관오일펌프 배출체적이 소기펌프 출구체적보다 클 때
    ㉱ 소기펌프 배출체적이 기관오일펌프 입구체적보다 클 때

    ● 오일 냉각기 흐름조절 밸브(윤활유 온도 조절 밸브)는 일종의 바이패스 밸브로서 냉각기로 들어오는 윤활유의 온도가 규정값 이하이면 냉각기를 거치지 않고 바로 흐르게 한다.

3. 비행 중 기관 고장시 프로펠러를 페더링(Feathering)시켜야 하는 이유로 옳은 것은?

    ㉮ 기관의 진동을 유발해 화재를 방지하기 위하여
    ㉯ 풍차(Windmill) 효과로 인해 추력을 얻기 위하여
    ㉰ 프로펠러 회전을 멈춰 추가적인 손상을 방지하기 위하여
    ㉱ 전면과 후면의 차압으로 프로펠러를 회전시키기 위하여

    ● 페더링(feathering)은 다발 항공기에서 기관 고장시 프로펠러 회전에 의한 항력 증가를 방지하고, 엔진 회전에 의한 엔진의 고장 부위의 확대를 방지한다.

4. 가스터빈기관에서 연료계통의 여압 및 드레인 밸브(P&D valve)의 기능이 아닌 것은?

    ㉮ 일정 압력까지 연료 흐름을 차단한다.
    ㉯ 1차 연료와 2차 연료 흐름으로 분리한다.
    ㉰ 연료 압력이 규정치 이상 넘지 않도록 조절한다.
    ㉱ 기관 정지시 노즐에 남은 연료를 외부로 방출한다.

5. 가스터빈기관에서 주로 사용하는 윤활계통의 형식은?

    ㉮ dry sump, jet and spray
    ㉯ dry sump, dip and splash
    ㉰ wet sump, spray and splash
    ㉱ wet sump, dip and pressure

● dry sump 계통은 탱크와 섬프가 별도로 있으며, scavenge pump(배유 펌프, 귀유 펌프)가 있다.

6. 정속 프로펠러(Constant-speed propeller)는 기관 속도를 정속(on-speed)으로 유지하기 위해 프로펠러 피치를 자동으로 조정해 주도록 되어 있는데 이러한 기능은 어떤 장치에 의해 조정되는가?

㉮ 3-way 밸브
㉯ 조속기(Governor)
㉰ 프로펠러 실린더(Propeller cylinder)
㉱ 프로펠러 허브 어셈블리(Propeller hub assembly)

7. 윤활계통 중 오일 탱크의 오일을 베어링까지 공급해주는 것은?

㉮ 드레인계통(Drain system)
㉯ 가압계통(Pressure system)
㉰ 브레더계통(Breather system)
㉱ 스캐빈지 계통(Scavenge system)

8. 과급기(Supercharger)를 장착하지 않은 왕복기관의 경우 표준 해면상(Sea level)에서 최대 흡기압력(Maximum manifold pressure)은 몇 inHg인가?

㉮ 17
㉯ 27.2
㉰ 29.92
㉱ 30.92

● 해면에서의 기압: 760mmHg = 29.92inHg = 14.7psi = 1013 hPa 등

9. 축류식 압축기의 1단당 압력비가 1.6이고, 회전자 깃에 의한 압력 상승비가 1.3일 때 압축기의 반동도는?

㉮ 0.2
㉯ 0.3
㉰ 0.5
㉱ 0.6

● 반동도 = $\dfrac{\text{로터 깃에 의한 압력상승}}{\text{단의 압력상승}} \times 100$
$= \dfrac{P_2 - P_1}{P_3 - P_1} \times 100(\%) = \dfrac{1.3P_1 - P_1}{1.6P_1 - P_1} = \dfrac{0.3}{0.6} \times 100(\%)$

10. 가스터빈기관에서 rpm의 변화가 심할 때 그 원인이 아닌 것은?

㉮ 주연료장치 고장
㉯ 연료 라인의 결빙
㉰ 가변 정기 베인 리깅 불량
㉱ 연료 부스터 압력의 불안정

11. 브레이튼 사이클(Brayton cycle)의 이론 열효율을 옳게 표시한 것은? (단, rp 압력비, k 비열비이다.

㉮ $1 - \gamma_p^{\frac{1}{\kappa - 1}}$
㉯ $1 - \gamma_p^{\frac{\kappa - 1}{\kappa}}$
㉰ $1 - \gamma_p^{\frac{\kappa}{\kappa - 1}}$
㉱ $1 - \gamma_p^{\frac{1 - \kappa}{\kappa}}$

● $\eta_B = 1 - \left(\dfrac{1}{\gamma_p}\right)^{\frac{k-1}{k}}$

12. 왕복기관과 비교한 가스터빈기관의 특징으로 틀린 것은?

㉮ 단위 추력당 중량비가 낮다.
㉯ 대부분의 구성품이 회전운동으로 이루어져 진동이 많다.
㉰ 고도에 따라 출력을 유지하기 위한 과급기가 불필요하다.
㉱ 가스터빈기관은 롤러베어링 또는 볼베어링을 주로 사용한다.

13. 지시마력이 80hp인 항공기 왕복기관의 제동

마력이 64hp라면 기계효율은?

㉮ 0.20　　㉯ 0.25
㉰ 0.80　　㉱ 1.25

▶ $\eta_m = \dfrac{bHP}{iHP} = \dfrac{64}{80}$

14. 왕복기관에 노크현상을 일으키는 요소가 아닌 것은?

㉮ 압축비　　㉯ 연료의 옥탄가
㉰ 실린더 온도　　㉱ 연료의 이소옥탄

▶ 이소옥탄은 왕복 기관 연료 중 노크가 가장 잘 일어나지 않는 연료이다.

15. 다음 중 공기 흡입기관이 아닌 제트기관은?

㉮ 로켓　　㉯ 램제트
㉰ 펄스제트　　㉱ 터보 팬

16. 가스터빈기관의 추력에 영향을 미치는 요소가 아닌 것은?

㉮ 옥탄가　　㉯ 고도
㉰ 기관RPM　　㉱ 비행속도

17. 고고도에서 비행시 조종사가 연료/공기 혼합비를 조정하는 주된 이유는?

㉮ 결빙을 방지하기 위하여
㉯ 역화를 방지하기 위하여
㉰ 실린더를 냉각하기 위하여
㉱ 혼합기가 농후해지는 것을 방지하기 위하여

▶ 혼합비 조절 장치(mixture control system)는 고고도에서 공기밀도의 감소로 인하여 혼합비가 농후해 지는 것을 방지하는 장치이며, 이 역할을 자동으로 해주는 AMC(automatic mixture control)가 있다.

18. 고압 점화 케이블을 유연한 금속제 관속에 넣어 느슨하게 장착하는 주된 이유는?

㉮ 접지회로 저항을 줄이기 위하여
㉯ 고고도에서 방전을 방지하기 위하여
㉰ 케이블 피복제의 산화와 부식을 방지
㉱ 작동 중 고주파의 전자파 영향을 줄이기 위하여

19. 왕복기관의 부자식 기화기에서 부자실(Float chamber)의 연료 유면이 높아졌을 때 기화기에서 공급하는 혼합비는 어떻게 변하는가?

㉮ 농후해진다.
㉯ 희박해진다.
㉰ 변하지 않는다.
㉱ 출력이 증가하면 희박해진다.

▶ 부자실의 유면이 높아지면 부자실 내의 연료 압력이 높아져 연료 공급량이 늘어난다.

20. 브레이튼 사이클(Brayton cycle)의 이상적인 기본 사이클 과정으로 옳은 것은?

㉮ 단열압축-등적가열-단열팽창-등적방열
㉯ 단열압축-등압가열-단열팽창-등적방열
㉰ 단열압축-등적가열-등압방열-단열팽창
㉱ 단열압축-등압가열-단열팽창-등압방열

▶ 오토 사이클 : 단열 압축-정적 가열(수열)-단열 팽창-정적 방열

1	2	3	4	5	6	7	8	9	10
㉰	㉯	㉰	㉮	㉯	㉯	㉰	㉰	㉮	㉯
11	12	13	14	15	16	17	18	19	20
㉱	㉯	㉰	㉱	㉮	㉮	㉱	㉯	㉮	㉱

2013년도 산업기사 4회 항공기관

1. 제트기관 항공기가 정지상태에서 단위면적(m^2) 당 40kg/s 질량을 속도 500m/s로 방출할 때 팽창압력은 대기압이며, 노즐 단면적은 $0.2m^2$ 라면 추력은 몇 kN인가?

   ㉮ 4　　　　　㉯ 8
   ㉰ 10　　　　 ㉱ 20

   ● $F = \dot{m}_a \cdot V_j = 40 \cdot 0.2 \cdot 500$ (N)

2. 가스터빈기관이 정해진 회전수에서 정격 출력을 낼 수 있도록 연료조정장치와 각종 기구를 조정하는 작업을 무엇이라 하는가?

   ㉮ 모터링(Motoring)
   ㉯ 트리밍(Trimming)
   ㉰ 크랭킹(Cranking)
   ㉱ 고장탐구(Troubleshooting)

3. 그림과 같은 단순 가스터빈기관의 P-V 선도에서 압축기가 공기를 압축하기 위해 소비한 일은 선도의 어떤 면적과 같은가?

   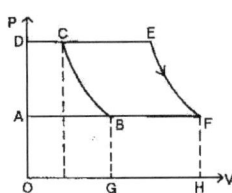

   ㉮ 도형 ABCDA　　㉯ 도형 BCEFB
   ㉰ 도형 OGBCDO　 ㉱ 도형 AFEDA

   ● 팽창일: 도형 ADEFA

4. 가스터빈기관의 압축효율이 가장 좋은 압축기 입구에서 공기 속도는?

   ㉮ 마하 0.1 정도　　㉯ 마하 0.2 정도
   ㉰ 마하 0.4 정도　　㉱ 마하 0.5 정도

5. 다음 중 역추력 장치를 사용하는 가장 큰 목적은?

   ㉮ 이륙시 추력 증가
   ㉯ 기관의 실속 방지
   ㉰ 재흡입 실속 방지
   ㉱ 착륙후 비행기 제동

6. 항공기용 왕복기관의 이상적인 사이클은?

   ㉮ 오토사이클　　㉯ 카르노사이클
   ㉰ 디젤사이클　　㉱ 브레이튼사이클

7. 왕복기관의 압력식 기화기에서 저속혼합조정(Idle mixture control)을 하는 동안 정확한 혼합비를 알 수 있는 계기는?

   ㉮ 공기압력계기
   ㉯ 연료유량계기
   ㉰ 연료압력계기
   ㉱ RPM 계기와 MAP 계기

   ● RPM: Revolution per minute (분당 회전수)
   MAP: Manifold absolute pressure(흡입 매니폴드 압력)

8. 프로펠러(Propeller)의 깃 트랙(Blade track)에 대한 설명으로 옳은 것은?

㉮ 프로펠러의 피치(Pitch) 각이다.
㉯ 프로펠러가 1회전하여 전진한 거리이다.
㉰ 프로펠러가 1회전하여 생기는 와류(Vortex)이다.
㉱ 프로펠러 블레이드(Propeller blade) 선단의 회전 궤적이다.

9. 왕복기관의 마그네토 낙차(Drop)를 점검할 때 좌측 또는 우측의 단일 마그네토 점검을 2~3초 이내에 해야 하는 이유로 가장 옳은 것은?

㉮ 기관이 과열될 수 있기 때문이다.
㉯ 마그네토에 과부하가 걸리기 때문이다.
㉰ 점화플러그가 오염(Fouling) 되기 때문이다.
㉱ 마그네토 과열로 기능을 상실하기 때문이다.

● 마그네토 낙차 시험(magneto drop check): 마그네토가 정상적으로 작동하는지 기관의 회전수를 점검하는 것으로 두 개의 마그네토를 작동하다가 한 개만 작동하도록 하여 회전수의 감소폭을 측정하여 규정값 이내인지 확인

10. 건식 윤활유 계통내의 배유 펌프의 용량이 압력 펌프의 용량보다 큰 이유로 옳은 것은?

㉮ 기관 부품에 윤활이 적절하게 될 수 있도록 윤활유의 최대 압력을 제한하고 조절하기 위해
㉯ 윤활유에 거품이 생기고 열로 인해 팽창되어 배유되는 윤활유의 양이 많아지기 때문
㉰ 기관이 마모되고 갭(Gap)이 발생하면 윤활유 요구량이 커지기 때문
㉱ 윤활유를 기관을 통하여 순환시켜 예열이 신속히 이루어지게 하기 위해서

11. 실린더 체적이 80 in3, 피스톤 행정체적이 70 in3 이라면 압축비는 얼마인가?

㉮ 7:1 ㉯ 8:1
㉰ 9:1 ㉱ 10:1

● ϵ(압축비) = $\dfrac{\text{실린더체적(연소실 체적 + 행정체적)}}{\text{연소실 체적(실린더체적 - 연소실체적)}}$

　　 = $\dfrac{80}{80-70}$

12. 이상기체에 대한 설명으로 틀린 것은?

㉮ 엔탈피는 온도만의 함수이다.
㉯ 내부에너지는 온도만의 함수이다.
㉰ 비열비(Specific heat ratio) 값은 항상 1이다.
㉱ 상태방정식에서 압력은 체적과 반비례 관계이다.

● κ(비열비) = $\dfrac{C_P(\text{정압비열})}{C_V(\text{정적비열})}$, 공기의 비열비는 1.4이다.

13. 정속 프로펠러를 장착한 왕복기관을 시동할 때, 프로펠러 제어 레버(Propeller control lever)를 어디에 위치시켜야 하는가?

㉮ LOW RPM ㉯ HIGH RPM
㉰ HIGH PITCH ㉱ VARIABLE

● 시동시에 기관의 회전력을 줄여주기 위해 LOW PITCH(HIGH RPM)로 한다.

14. 가스터빈기관의 윤활계통에 대한 설명으로 틀린 것은?

㉮ 가스터빈은 고회전하므로 윤활유 소모량이 많기 때문에 윤활유 탱크의 용량이 크다.
㉯ 주 윤활 부분은 압축기 축과 터빈축의 베어링부와 액세서리 구동기어의 베어링부이다.
㉰ 건식섬프형은 탱크가 기관 외부에 장착되고 윤활유의 공급과 배유는 펌프로 강압하여 이송한다.
㉱ 가스터빈 윤활계통은 주로 건식섬프형이고 습식섬프형은 저출력 왕복기관에 쓰인다.

15. 왕복기관에서 마그네토의 작동을 정지시키려면 1차 회로를 어떻게 하여야 하는가?

㉮ 접지에서 분리시킨다.
㉯ 축전지에 연결시킨다.
㉰ 점화스위치를 OFF 위치에 둔다.
㉱ 점화스위치를 BOTH 위치에 둔다.

● 점화 스위치를 off 위치로 하면 1차 회로가 접지되어 마그네토가 정지된다.

16. 케로신 연료를 주로 사용하는 제트기관의 연료와 공기 혼합비(공연비)에 대한 설명으로 틀린 것은?

㉮ 연소에 필요한 최적의 이론적인 공연비는 약 15:1 이다.
㉯ 연소실로 유입되는 공기 중 1차 공기만이 연소에 사용된다.
㉰ 연소실에서는 연소 효율을 높이기 위해 공연비를 14:1에서 18:1 정도로 제한한다.
㉱ 스웰 가이드 베인(Swirl Guide Vane)은 연소실에서 공기 유입량을 조절해 주는 역할을 한다.

● 선회 깃(swirl guide vane)은 연소실로 유입되는 공기에 와류를 형성시켜, 속도가 감소되도록 하여 보다 용이한 연소가 이루어지도록 하는 역할을 한다.

17. 일반적으로 가스터빈기관에서 프리터빈(Free turbine)이 부착된 기관은?

㉮ 터보제트   ㉯ 램제트
㉰ 터보프롭   ㉱ 터보팬

● 터빈에는 압축기용 터빈과 프리 터빈이 있으며, 그 중 프리 터빈은 터보 프롭 기관에서는 프로펠러를 회전시키며, 터보 샤프트 기관에서는 로터를 회전시킨다.

18. 왕복기관의 분류 방법으로 옳은 것은?

㉮ 연소실의 위치 및 냉각 방식에 의하여
㉯ 냉각 방식 및 실린더 배열에 의하여
㉰ 실린더 배열과 압축기의 위치에 의하여
㉱ 크랭크 축의 위치와 프로펠러 깃의 수량에 의하여

19. 가스터빈기관의 연료 분사 방법에 대한 설명으로 옳은 것은?

㉮ 1차 연료는 균등한 연소를 얻을 수 있도록 비교적 좁은 각도로 분사된다.
㉯ 1차 연료는 물분사와 함께 이루어지며 비교적 좁은 각도로 분사된다.
㉰ 2차 연료는 연소실 벽면보호와 균등한 연소를 위해 비교적 좁은 각도로 분사된다.
㉱ 2차 연료는 시동을 용이하게 하기 위해 비교적 넓은 각도로 분사된다.

● 1차 연료는 넓은 각도로 이그나이터에 가깝게 분사하고, 2차 연료는 좁은 각도로 멀리까지 분사한다.

20. 항공기 왕복기관의 회전수가 일정한 상태에서 고도가 증가할 때 기관출력에 대한 설명으로 옳은 것은? (단, 기온의 변화는 없으며, 과급기는 없다.)

㉮ 밀도가 감소하여 출력이 감소한다.
㉯ 밀도는 증가하나 출력은 일정하다.
㉰ 밀도가 증가하여 출력이 감소한다.
㉱ 밀도가 일정하므로 출력이 일정하다.

● 고도가 증가하면 공기 밀도가 감소하여 기관 출력이 감소되므로 이를 방지하기 위해 과급기(supercharger)를 사용한다.

1	2	3	4	5	6	7	8	9	10
㉯	㉮	㉮	㉱	㉱	㉮	㉰	㉰	㉰	㉯
11	12	13	14	15	16	17	18	19	20
㉯	㉰	㉯	㉮	㉰	㉱	㉰	㉯	㉰	㉮

항공산업기사 - 항공기관

개정증보판 1쇄 발행 / 2014년 2월 15일

엮 은 이 / 항공산업기사 검정연구회
펴 낸 이 / 이정수
펴 낸 곳 / 연경문화사
등   록 / 1-995호
주   소 / 서울시 강서구 양천로 551-24
　　　　　 한화비즈메트로 2차 807호
대표전화 / (02)332-3923
팩시밀리 / (02)332-3928
저작권자 ⓒ 연경문화사

값 9,000원
ISBN 978-89-8298-160-9 　　13550
ISBN 978-89-8298-158-6 　　세트

※ 본서의 무단 복제 행위를 금하며, 잘못된 책은 바꿔 드립니다.